U0183037

谭同学 著

人类学方法论的
中国视角

ANTHROPOLOGICAL
METHODOLOGIES
IN
THE CHINESE
PERSPECTIVE

社会科学文献出版社
SOCIAL SCIENCES ACADEMIC PRESS (CHINA)

本书出版得到中宣部"宣传思想文化青年英才"自主选题项目和云南大学"民族学一流学科建设"项目资金支持

目　录

前　言

　　促成本书所辑文字的，是我学习人类学的过程；促成其汇编成集的，则是我教授人类学、社会学的学生，以及常在一起侃人类学的师友。

　　1997年高考后，不谙世事的我，听信一种"哪门课考得好些，就填报哪个专业，这样，在同等条件下被录取的概率会大一些"的说法，加上考虑家境，读取了华中师范大学思想政治教育专业。那时的大学较之于今日，穷得厉害，但办学自主权稍大些。系里大部分老师做哲学研究，因人设课，我们上课大多也是哲学。硕士学习期间，专业是政治学理论，聚焦的则是乡村政治。因为关涉乡村，自然不得不读《乡土中国》，结果就迷上了人类学和社会学。当时，在有限的学术视野和网络中，我并没有找到系统了解人类学的机会，但研究开始转向关注乡村微观社会结构。复因种种变故，博士学习期间，专业转为政治社会学、马克思主义哲学、社会学，最终成了华中科技大学社会学系的首届博士毕业生。

　　我知道，自己所崇敬的费孝通先生，是将人类学、社会学和民族学融为一体做学问的。母校社会学系给我的讲师职位，未必不能兼及人类学。不过，后来因为机缘巧合，我还是选择了去中山大学人类学系做博士后。在那里，承蒙麻国庆老师指点，我尽可能地全程跟硕士生、博士生一起上专业课，参加博士生的读书会，对人类学的了解逐渐丰富起来。后又幸得留在该系工作，并且很顺利地晋升了教授、博士生导师，却始终不敢忘记告诫自己，实乃"半路出家"，继续学习不能断。该系有很长的南方民族研究传统，但在世纪之交的青年教师中，研究主题日益多样化，聚焦民族研究者反倒较少。麻老师希望我能兼做点民族研究，我欣然接受了这一建议。同时进行的，还有农村研究。在华南农村研究中心，麻老师和吴重庆老师如同传统手艺人，手把手带着我们一拨拨年轻人，琢磨乡村发展诸事。

这些学术脉络交织的结果，在我这里就是，不管好或者不好，学习人类学和对"三农"问题、民族"问题"的现实思索，始终缠绕在一起。身边有学友，或谓中国有无人类学并不重要，研究中国本身才重要；或谓研究中国者多而传承人类学者寡，因此，治人类学，学科更重要。对学者个人，我从不反对后种朋友。偌大一个中国，多些安心读书、思考学科（前途）的学人，是好事。在现代世界知识体系中，人类学是重要的。当代中国比以往任何时候，都更深地嵌在现代世界之中，人类学因此对中国也很重要。不过，就我而言，却是已然无法不结合中国现实做学问，不从中国的视角去看世界，而去追求"纯学术（技巧、知识乃至思想）"的人类学。而且，我很怀疑，撇开中国的主体性视角，是否有所谓"正宗"人类学的"科学真理"。

当然，撇开人类学发源地欧美的主体性视角，以及长期作为欧美人类学研究对象的其他亚非拉地区之主体性视角，同样也谈不上是什么"科学真理"。不过，即使从"纯学术"的角度看人类学，在其技巧、知识乃至思想体系中，欧美的话语霸权至今仍可谓赤裸裸。为此，突出非西方学术的主体性视角，不仅是必须的，而且弥足珍贵。作为人类学学者，在中国从业，且主要以中国自身为研究对象，我认为，适度强调中国视角的重要性，既合情也合理。

这种切身感受，对我来说，正是随着对人类学了解逐步深入开始的（尽管可能依然十分有限）。从政治学、社会学门径进入乡村研究时，觉得人类学强调的"整体论""他者眼光"，大可弥补某些研究倾向的自我中心、片面偏激之不足。然而，进入人类学门槛后，却又感到并不尽然。读了不少欧美人类学经典民族志，里头写满了"他者"社会文化生活的各种细节，却很少能听到此类"他者"真正"说话"的声音。他们似乎并不具有主体性，自己不会发声，而恰如实验室玻璃瓶里的青蛙，只是欧美人类学家研究发声、说理的证据，能够且只能够说明欧美哲学文化中的某些重要概念和理论。俨然"他者"的社会文化生活都是由西方概念组成的，这些概念都是由柏拉图或亚里士多德创造、由康德或萨德发展的，而且除了西欧和北美的精英文化圈子之外，没有人够资格去谈论。①

　　这么说，我并不是要因循诛心论，指责人类学家虚伪（哪怕是欧美的）。事实上，除了少数人可能始终在带着刻骨铭心的敌意去研究"他者"之外，人类学强调从"他者"的眼光理解"他者"，绝大多数并非有意自欺欺人。殖民时代之后的人类学尤其如此。当今世界人类学的智慧，更是在文化多元、反种族主义、反歧视等领域多有贡献。在理论上，自第二次世界大战后格尔茨（又译作吉尔兹、格尔兹）强调从"深描""他者"之"地方知识"入手进行"文化解释"以来，② 反思欧美人类学误将"他者"视作"没有历史的人民"，③ 反思"时间与他者"④ 的关系以及"写文化"⑤ 者，可谓蔚为大观。然而，为何一旦具体到人类学非常核心的操作性环节——田野调查和民族志书写，却依然常以欧美哲学概念"加工"田野经验材料，也即"他者"社会文化生活？为何"他者"作为主体的声音，始终很难出来（以至于某些后现代主义人类学家干脆认为，"我"感觉咋样，民族志就咋"写"⑥——但这样，何不就搞文学创作，还要人类学田野调查干什么呢）？此类问题，所涉因素甚多。但不管如何，诛心论定非明见。毋宁说，人类学现在是有些"眼高手低"，理论反思上认识到了问题，实践操作上做起来，却尚未能有效解决问题。以我愚见，进一步矫正、细化、完善认识层面的方法论，以及操作层面的方法，对于解决这些问题，可能相当重要。

　　从方法论的角度看，作为古典人类学转向现代的标志，田野调查法是克服欧洲中心主义"幽灵"的必要但非充分条件。"阐释"法是现代人类

---

① 〔英〕大卫·格雷伯：《无政府主义人类学碎片》，许煜译，广西师范大学出版社，2014，第112页。

② 参见〔美〕克利福德·格尔茨《文化的解释》，韩莉译，译林出版社，1999；〔美〕克利福德·格尔茨《地方知识》，杨德睿译，商务印书馆，2014。

③ 参见〔美〕埃里克·沃尔夫《欧洲与没有历史的人民》，赵丙祥等译，上海人民出版社，2006。

④ 参见〔德〕乔纳斯·费边《时间与他者》，马健雄、林珠云译，北京师范大学出版社，2018。

⑤ 参见〔美〕詹姆斯·克利福德、乔治·E. 马库斯编《写文化》，高丙中等译，商务印书馆，2006。

⑥ 〔英〕奈吉尔·巴利：《天真的人类学家》，何颖怡译，广西师范大学出版社，2011，第5页。

学转向当代的标志之一，其洞见在重视文化"转译"的主体性与"他者"的"上下文"，但因缺乏具体方法支撑，也给"幽灵"留下了后门。谁"阐释"谁，"阐释"什么，怎么"阐释"，皆存问题。极端后现代主义者甚至彻底解构了"阐释"的客观性。而其实，每个"他者"都有自己的"文史哲"传统。改变"他者"单向"被阐释"的地位，赋予"他者"之"文史哲"传统优先解释权，方可避免以所谓"普世理论"对"他者"指鹿为马。让"他者""说话"，并和"阐释者"平等"对话"，既是"文史哲"传统作为人类学方法论所需，也应是当代人类学迈向新时代的方法论基石。

完善阐释法，我们还必须明确，人类学家与田野对象其实是交互主体，语言为双方沟通的介质，其本体则是并接的多重宇宙论。当代人类学"本体论转向"强调多重宇宙论比较，但不能武断地异文合并以求纯化。阐释实为同一世界多元文化主体的话语权实践，仅从认识论上强调"裸呈"田野对象叙事或不同主体视角，并不能消除权力不对等。在此意义上，民族志并非"写"而是"做"出来的，"做"得好坏，不仅与不同主体的认识角度、水平有关，更与阐释的权力实践有关。

无视"做"人类学研究过程中的权力实践，以及作为人类学智慧源泉的"他者"社会文化生活经验，人类学所谓的"理论创新"难免走入死胡同。当代西方人类学诸多主流刊物所发的大量论文，用于陈述田野经验材料的文字往往只有六七百单词甚至更少，攀升到哲学分析的文字却常长达六七千单词，哲学意味十分浓厚。或如亚当·库珀（Adam Kuper）所批评，因质的内容被掏空，人类学其实已到了"终点"？[①] 当然，何为人类学质的内容，必定是个有争议的话题。不过，无论如何，田野经验在其中按说应该具有不可替代的地位。事实上，大量人类学者并不缺乏田野经验。尤其在欧美，做人类学博士学位论文研究，至少得有1年以上的田野调查，所接触"他者"社会文化生活的经验材料，必定不会太少。缘何这些丰富的经验材料，却无法进入论文，而只能在论文中占到1/10甚至更少

---

① Adam Kuper, *Anthropology and Anthropologists*, Oxford and New York: Routledge, 1996, pp. 176-177.

的篇幅？只能说，此类人类学研究路数，对欧美哲学的关心，其实远胜过对"他者"社会文化生活逻辑本身的关心。

经验材料堆积本身，自然并不代表人类学智慧。但是，从一滴水中果真能知道整个世界的奥秘，从筛选得如此稀薄的田野经验中，果真能可靠地琢磨出一套又一套的哲理分析？这种"做"法，难道不会加深感性到理性的鸿沟？甚至，即便以上问题皆不成问题，人类学将田野经验日益稀薄化，却将绝大部分精力用来讨论欧美哲学，难道能"做"得比哲学家们更专业、内行，水平更高？答案恐怕多少有点让人怀疑。依我有限的哲学修养看，即便是关于本体论反思以及现代性批判之类的"当代人类学"热门话题，其哲理讨论似乎也并没有超出海德格尔、鲍德里亚、德里达等哲学家的视界。甚至说得刻薄点，人类学家们想把自己打扮成极富哲学思想的智者，事实可能很残酷——顶多只能算得上欧美哲学与其他哲学之间的二流掮客。或者进一步来说，就算能"做"得过哲学家，那何不干脆就做一个专门研究欧美哲学的哲学家，还要人类学干什么？尤其是，还要深入"他者"社会文化生活，做田野调查干什么？

说到底，这其中依然有一个如何理解和处理人类学研究中"自我"与"他者"关系的问题。

在方法论上，作为人类学的基本技艺，民族志书写的难题之一，是"自我"无法从本体上变成"他者"，但若"他者"缺席，则会陷入"自我"唯主观论。它需要尊重"自我"与"他者"的差异，但不限于写差异，否则就只是猎奇。"自我"与"他者"皆不可缺，但若无互动，"他者"就是与"自我"无关的任意抽象，针对互动的自我反思更无从谈起。因此，不是"他者"，也非"自我"，唯因互动而情境性生发的、超出"自我"与"他者"的实践增量，才使"做"民族志成为可能。

这其中，民族志需以田野经验深描为基础，更需要与之相对应的理论抽象。面对田野经验与理论抽象之间的张力，民族志书写者必须尊重"他者"的主体性。否则，再翔实的经验叙述也只是一种装饰性的修辞，仅能满足民族志书写者或者读者关于"他者"的想象。谨慎地对待不同的经验类型和层次，对民族志书写的方法论警醒和理论自觉有其裨益。

具体就中国而言，在方法论上建立起了田野经验与中国社会文化结构整体研究之间的联系，将经验置于主位上，对人类学关于中国的实地研究具有文化自觉的意义。在应用研究方面亦如此，以扶贫研究为例，参与式扶贫有其高效环节，但它所依赖的治理理论，在国家观上强调弱化国家，在公民观上强调个体公民权为善治的前提，在族群复杂的社会中超越国家，则值得反思。政府主导扶贫确须完善，但若从管理式转为服务式扶贫，完全可在巨大成就上进一步精准化。精准扶贫立足文化自觉，将参与式理论祛魅并用其利，与反腐败和社会建设相结合，与社会治理并进，方能协同形成事半功倍的效应。

对于中国（乡村）经验中个案的代表性和自身社会研究的客观性问题，已有类型比较法和扩展（延伸）个案法等方法论对策，但如何从操作层面克服对个案经验的"麻痹症"，提高对自身社会经验的敏感性，仍值得探讨。区别于综合、专题、深描、多点民族志和区域比较等方法，类型比较视野下的深度个案将类型比较视野作为特殊的"他者"眼光，增强深度个案和本土社会研究的理论自觉。中国经验的厚重、广博与多样性决定了此种表述，以及中国研究本土化的必要性与可能性。

以区域性的华南研究为例，在社会文化与族群关系上，它具有方法论的意义。若对其进行拓展，将政治经济学的视野引入人类学，结合"中心与周边"关系分析，华南研究还具有另一层方法论意义：在此交叉视野下，因为华南具有"中心与周边"共存且共生的特点，一些学术问题域将会以新的方式呈现。

在中国，不少人类学同行与我一样，主要是研究中国自身，乃至本民族社会文化生活。人常戏称其为"家乡研究"。在方法论上，"家乡研究"需要注意一些与异文化研究有所不同的问题。苏轼诗云"不识庐山真面目，只缘身在此山中"，"家乡研究"也常会因"熟视"而"无睹"、"日用"却"不知"。这就需要研究者，以某种方式从"家乡""跳"出来，带上"他者"的眼光，方能见"庐山"真面目。将"庐山"经验与既有理论，或"山外"经验相参照，理论上更加自觉开放和谦虚谨慎，或是有益之举。通过深入调查，还不难发现，"庐山"常有不符"常识"却又在"情理"之中的经验事项。厘清这些"情理"，既是理解"庐山"经验的门径，又是激发学术活力的方法。

出于历史的原因，民族研究向来是人类学应用的一个重要领域，在中国尤其如此。人类学固然并不等同于民族学（如大样本人口计量分析，对民族学来说十分重要，人类学则未有因循此法者），但二者因交叠地带甚多，其方法论更迭，便也有着十分紧密的联系。例如，我国民族研究曾深受"阶级分析法"和"民族识别"的影响。这有其历史原因，也有其成效。但是，"阶级分析法"被教条化后，严重制约了民族研究。其后，"文化解释法"被广泛用于民族研究，也不乏成效。然而，民族研究因过于倚重此法，无法全面涵盖当代中国经济、社会、文化与政治转型的实践经验，陷入了新的制约。由此，在新时期，以透视实践经验为导向的社会科学视角，应是民族研究值得探索的方向。

若将人类学与民族研究方法论更迭，放入更长时段的学术史中去看，则不难发现，近代某些重要的方法论分歧、纠缠仍值得我们反思，并为当代民族研究提供某种参照。例如，20世纪二三十年代，围绕西南民族研究出现了三场分歧。它们表明：以"体质、语言和历史相结合"科学化区分"民族"，与其他方法论，以及径直"造国民"，均有张力；后因边疆危机、国家救亡，主权于民族研究的重要性凸显，但是通过否认中华民族的组成分子为"民族"以免人假借"民族自决"分裂中国，还是承认其差异、给予扶持、促进平等团结来维护主权，也有张力；急迫、粗糙地处理这些张力，让民族研究方法论转向"语言、历史和主权相结合"的潜在共识被忽略了。将三场分歧置入主权政治为坐标的宽广时空视野下，不难发现，有主体意识和理论自觉的本土化方法论，至今仍有其独特意义。

总之，与人类学同理，问题意识与理论视野对民族学知识的专业化生产极为重要。但是，专业化应是通过强化问题意识、拓展理论视野，加深对问题的理解深度，而不是设置知识壁垒。以此为参照，当代我国民族学在历史、社会乃至积累较厚实的民族文化研究等领域，皆仍有更新问题意识和理论视野的必要。而辩证协调人类学及相关学科的知识体系和研究方法，双向强化族别与专题研究、民族理论与经验研究、学术生产与政策研究，或是值得探索的方向。

应该说，目前中国人类学对方法论的关注尚不算多。究其缘由，这与其学科发展的历史曾一度被中断有关（这也说明，学科确实是重要的，哪怕是"纯学术"的学科建设）。

20世纪80年代，中国人类学才逐步开始得以恢复。较早参与复办人类学的学者之一容观复，于90年代初期写就的《人类学方法论》，① 可算此背景下较系统探讨人类学方法论的著作。除了介绍文化比较研究法、文化传播论、文化定量分析、结构功能分析、田野调查法和民族志类比分析法之外，还结合中国南方的黎族、瑶族、畲族历史研究，讨论了人类学方法论应用于中国研究应注意的一些重要问题。不过，从主体内容看，其所涉方法论，显然大部分属流行于20世纪上半叶者。其后，王铭铭、麻国庆等人在结合中国研究需要，重新引入当代西方人类学方法论方面，做了不少工作。②

然而，人类学或融汇了人类学思维方式的方法论著述，相对于中国人类学"追赶"式发展，乃至更广泛意义上的社会科学复苏发展来说，在数量上显然供不应求。以至于在世纪之交，约翰·曼伦、伯纳德·罗素等并非专业人类学家所撰写的人类学方法（论）著作，③ 被同样并非人类学家的"同行"，以"质的研究方法"名头译成中文，塞入其他论述，俨然成了"国内第一"的"社会科学研究"方法创新"著作"。大约10年后，讨论"民族志方法""质性研究方法"（其中大量属人类学方法，尤其是前者）的译著、著述才慢慢多起来。但是，以中国经验为基础，尤其是从以中国为主体的视角，在方法论上对相关问题予以反思性建构的讨论，仍不算太充分。本书所收我陆续写就的不成熟文字，也属此类尚不充分讨论中的只言片语。

将这些不成熟的文字汇编成集，初始想法源于人类学、社会学教学。近年来，有不少学生向我反映，学习人类学研究方法时，常用译著中的案例大多来自非洲、拉美、东南亚乃至中东。而我们的学生，对这些区域的

① 容观复：《人类学方法论》，广西民族出版社，1999。
② 较有代表性的如王铭铭：《社会人类学与中国研究》，三联书店，1997；麻国庆：《走进他者的世界》，学苑出版社，2001。
③ 参见 John Van Maanen, *Tales of the Field*: *On Writing Ethnography*, Chicago, London: The University of Chicago Press, 1988; Bernard H. Russell, *Research Methods in Anthropology*: *Qualitative and Quantitative Approaches*, London, New Deli: Sage Publications; Walnut Creek: AltaMira Press, 1995.

历史与现实往往缺少背景性的认识，因此学起来总觉得有些隔膜。再一个问题就是，学了这些方法后，要用于中国经验研究，还得慢慢琢磨如何对接。我曾有过的一些强调从中国视角出发，反思和建构人类学方法论的文字，尽管自认为仍极不成熟，但在他们看来，倒是相对亲切和易学易用。部分学生和师友建议我，不如再积累些文字，待到合适的时候结集成册，以便大家翻阅和进一步讨论、指正。我想，无论是对于自己阶段性地总结、反思过往学习人类学的过程，还是对将来进一步的学习以及教学，这都算是不错的建议。于是，就有了这本小书。

书中大部分文字写于不同年份，好些曾发表于《开放时代》《思想战线》等杂志，因此有部分参考文献前后用了不同译本，有些则是前为外文、后有了中译本。在我看来，文字一经发表，观点可再改，可重新论证，但已发文字本身则是覆水难收。为如实呈现多年学习人类学及其渐变的过程，本书对参考文献在文字上前后有出入者，未另作替换（但当初发表时，因杂志版面限制删减了部分内容，在本书中则采用了未删减版）。

出于同样的考虑，再三权衡后，本书收录了唯一的一篇批评性文字占全文 2/3 以上内容的文章。该文是就阎云翔教授《私人生活的变革》一书谈方法论的。写作原本对事不对人，对阎教授另一名作《礼物的流动》，本人与众多读者一样很欣赏。2014 年 12 月，阎教授在伦敦政治经济学院人类学系参加完一位博士生的论文答辩后，主家石瑞（Charles Stafford）教授在 Seigman 图书室组织了一场小规模的研讨会，讨论阎教授那时的几篇论文。轮到我发言时，我为自己曾写批评性文字的动机做了个简短的解释。阎教授回应得很大度。他表示：该文刊发后不久即有国内朋友转发给他看了；一本书出了英文版，数年后能再出中文版，又过几年后依然有人愿意对它进行评论和讨论，是一件值得作者高兴的事；批评对他而言，总体上是可接受的，该书原本是写给英语读者看的；他唯一不认可的是，批评中错误地认为其著作中的重要概念 "uncivil individual" 有 "粗野的、不文明的、失礼的、无文化的、未开化的" 之意，而他如果真要表达这些意思的话，会用 uncivilized 做修饰词。我的英语不好，想必这确实是一个错误（尽管我仍倾向于认为，uncivil 至少算不上什么积极含义乃至中性含义的词），加之该话题并非那场习明纳的主题，我们未再就此进行讨论。

后来，我还给阎教授传阅过另外一篇从未发表的拙作。它其实是本书收录的这篇批评性文字的姊妹篇，或者说那才是主篇，本篇只是辅篇。当时作此二文，是想为和几个朋友持续多年的"社会学与人类学'三人行'读书会"关于"转型中国民族志运动"的讨论，在方法论上做一个小结。不过，在一些师友的建议下，我后来决定不再公开发表此文。

愿这本小书能给对人类学方法论感兴趣的师友、学生带来些许启发。

第一篇 | **他者声音与"做"人类学**

第一章　作为人类学方法论的
"文史哲"传统

一　当代人类学的欧洲中心主义幽灵

从方法论上说，当代人类学乃是源于马凌诺斯基、拉德克利夫-布朗等人于 20 世纪 20 年代初运用的田野调查法。[①] 他们也由此被当代人类学视作现代人类学之父，表征与以往靠探险家、旅行者及其他人种学家收集的二手资料做研究的、"摇椅上"的人类学有根本区别。不过，在当代人类学者眼中，现代人类学诞生之初却有非常强的欧洲中心主义。当田野调查变成一种必备的研究方法之后，欧美人类学家纷纷赶往亚非拉殖民地或本国原住民保留区做田野调查，然后在此基础上撰写民族志，进而在社会和文化理论的探讨中建构人类学的话语。在其民族志中，田野调查对象往往被称作"野蛮的""未开化的""原始的"民族。不难理解，人类学家做出这些界定，参照的乃是欧洲的社会与文化，也即人们心目中"文明的"、"开化的"和"现代的"标杆。在欧洲中心主义的作用下，空间上不同区域的"他者"被理论抽象处理为时间差异，"现代"人类学的田野调查对象被当作欧洲人的"过去"，其"科学性"俨然无须再论证。欧洲中心主义像个"幽灵"一样，隐藏在人类学话语的字里行间，靠非理性的"迷信"力量，而不是理性的逻辑推理，模糊掉了空间与时间相互置换的逻辑裂缝，并宣称自己说服力十足。

[①] 〔英〕马凌诺斯基：《西太平洋的航海者》，梁永佳、李绍明译，华夏出版社，2002，第 3~18 页；〔英〕拉德克利夫-布朗：《安达曼岛人》，梁粤译，广西师范大学出版社，2005，第 1~3 页。

现代人类学的欧洲中心主义倾向，在第二次世界大战后成长起来的人类学家中，开始遭到系统性的质疑与批判。例如，沃尔夫曾批判欧洲中心主义的人类学固执地认为其田野调查对象尚处在原始社会，实际上是因为它偏执地认为欧洲这样的社会变迁代表历史进步，并由此阉割掉了他者的历史，将之视作没有经历任何时间流逝变化的人群。① 就连在人类学、哲学等领域影响甚著的列维-斯特劳斯也如此。第二次世界大战期间，他曾与人乘法国客货两用轮船、带着翻译去南美，沿途"探险"各类"大体上未受现代文明影响的原始文化社会"。② 明明当地人通过翻译已可与欧洲人交流，列维-斯特劳斯却仍漫不经心地认为，这些人与外界毫无联系，处在封闭的原始阶段，难以直接提供人类学家太多信息。以至于他认定，田野调查本就令人生厌，③ 遂依赖二手资料做人类学理论研究。借其在结构主义理论上的贡献，列维-斯特劳斯固然不失为现代人类学转向当代的大师，但这种去掉田野调查的做法，在方法论上并不能成为一种令人满意的解决方案。

与沃尔夫的批判相对照，其实马凌诺斯基田野日记事件早已在伦理上和方法论上，制造了一次现代人类学"危机"。1947 年，马凌诺斯基的遗孀出版了他的田野日记。一贯宣称田野调查价值中立、具有"跟自然科学一样"客观性的马凌诺斯基，④ 在日记中却彻头彻尾地是一副高高在上的欧洲人姿态。如他曾写道："在我眼中，土著的生活完全缺乏趣味和重要性，这里的东西和我的差距就像一只狗和我的差距一样"⑤，"去了趟村子，希望拍几张巴拉（bara）舞不同阶段的照片。我给出了一些半截香烟，于是看了几段舞蹈；然后拍了几张照片——但效果很不好。拍照光线不足，

---

① 〔美〕埃里克·沃尔夫：《欧洲与没有历史的人民》，赵丙祥等译，上海人民出版社，2006，第 450~451 页。

② 〔法〕克洛德·列维-斯特劳斯：《忧郁的热带》，王志明译，中国人民大学出版社，2009，第 257 页。

③ 〔法〕克洛德·列维-斯特劳斯：《忧郁的热带》，王志明译，中国人民大学出版社，2009，第 3 页。

④ 〔英〕马凌诺斯基：《西太平洋的航海者》，梁永佳、李绍明译，华夏出版社，2002，第 6 页。

⑤ 〔英〕勃洛尼斯拉夫·马林诺夫斯基：《一本严格意义上的日记》，卞思梅等译，广西师范大学出版社，2015，第 218 页。

因为他们不肯长时间摆造型，曝光时间也不足。——有几刻我对他们非常愤怒，特别是我给了他们说好的香烟后，他们居然四散离开了。总之，我对这些土著的态度无疑是倾向于'消灭这些畜生'"。[①] 田野日记事件不仅引发了一场对马凌诺斯基的缺席审判，更让人类学从古典转向现代以来的方法论受到了深刻的质疑。例如，许烺光就认为，马凌诺斯基的问题并非来自个人道德缺陷，而是其种族主义倾向使他在看待非西方社会文化时难以避免偏见。[②] 深受马凌诺斯基言传身教的利奇则认为，读者看到日记并非作者的原意，它本不应出版，免得如后来这样引人误解、无礼纠缠。[③] 而许烺光则再次声明，他讨论的是田野工作乃至整个人类学的方法论问题。[④] 这里值得进一步指出的是，综观许烺光的全文，其所指"种族主义"并不仅是种族偏见，而是欧洲中心主义的一种具体表现，后者才是根子。

与许烺光的批评相比，很显然，利奇的辩护与其说是解决问题，不如说是试图回避问题。现代人类学转向当代遇到的方法论危机，并非如此即可得到有效解决。系统地尝试直面方法论问题的人物，不得不提到格尔茨。

针对欧洲中心主义人类学将非西方社会去历史化的倾向，格尔茨首先从欧洲标准的"国家"观念（在这个意义上，国家是"有历史"的象征），开始反思现代人类学。例如，继马凌诺斯基、拉德克利夫-布朗等人之后第二代杰出的人类学家福忒斯、埃文斯-普里查德曾主导非洲政治研究，因非洲政治没有类似于（欧洲）所谓的"国家权力"以及"中央集权的国家结构"，而认定它们是"没有国家的政治结构"。[⑤] 格尔茨则认为，"国家"完全可能有其他的表征形式，如尼加拉的"国家"即通过仪式

---

① 〔英〕勃洛尼斯拉夫·马林诺夫斯基：《一本严格意义上的日记》，卞思梅等译，广西师范大学出版社，2015，第 103 页。

② Hsu Francis, "The Cultural Problem of the Cultural Anthropologist", *American Anthropologist*, No. 3, 1979, pp. 517-532.

③ Leach Edmund, "Malinowskiana: On Reading a Diary in the Strict Sense of the Term: Or the Self Mutilation of Professor Hsu", *Rain*, No. 36, 1980, pp. 2-3.

④ Hsu Francis, "Malinowskiana: A Reply to Dr. E. R. Leach", *Rain*, No. 39, 1980, pp. 4-6.

⑤ M. Fortes, E. E. Evans-Pritchard eds., *African Political Systems*, London, New York, Toronto: Oxford University Press, 1940, pp. 6-11.

"展演"的形式呈现。①

格尔茨在方法论上做出正面立论，则是阐释人类学。阐释人类学不再强调人类学对他者的观察就像自然科学对实验室中的研究对象那样客观，而是已经持有某种文化的研究者在参与他者的社会生活过程中，对他者文化的理解。在这个意义上，人类学所做的工作是在理解他者文化的基础上，对之进行解释。当然，这种解释绝非纯粹个人主观的"信口开河"，而必须进入当地文化的深层，在理解"地方性知识"的整体逻辑基础上，②描述和解释其"深层游戏"规则。③ 对此，格尔茨曾给出4个限定条件：人类学家的描述是解释性的；解释的是社会性会话流；解释需将这种会话内容从时间中解放出来，以他人能看懂的术语记录下来；解释的对象是微观的。④

格尔茨推动人类学方法论转向，在思想上当然有深刻的根据。事实上，第二次世界大战后，随着对理性主义极端化的反思，逻辑实证主义在哲学上的笼罩性地位即已被动摇，"语言学的转向"成为一种重新追寻人文意义的思想先锋。⑤ 以追究语义为宗旨的思潮，也就为阐释人类学奠定了哲理基础。但阐释的方法仍留下了两大问题：第一，以反思理性主义、逻辑实证主义为底色的哲学转向并未在此停止，而是进一步走向了更激进的后现代主义，后者开始侵蚀阐释人类学的哲理基础（详见后文）；第二，它虽因强调依照相对主义原则，在当地文化"上下文"中理解"地方性知识"，从而客观上有利于在某种程度上避免欧洲中心主义，但并未从具体方法上指出如何操作，因此容易由相对主义再滑向欧洲中心主义。例如，格尔茨为说明不同文化系统叠加之后会出现法律的"语言混乱"，曾举例道：在法国殖民统治的摩洛哥，一个叫科恩的人被当地强盗抢劫、两个朋

---

① 〔美〕克利福德·格尔兹：《尼加拉：十九世纪巴厘剧场国家》，赵丙祥译，上海人民出版社，1999，第159~160页。

② 〔美〕克利福德·吉尔兹：《地方性知识》，王海龙等译，中央编译出版社，2000，第242页。

③ 〔美〕克利福德·格尔茨：《文化的解释》，韩莉译，译林出版社，1999，第508页。

④ 〔美〕克利福德·格尔茨：《文化的解释》，韩莉译，译林出版社，1999，第27页。

⑤ Gustav Bergmann, *Logic and Reality*, Madison: The University of Wisconsin Press, 1964, p. 177.

友被杀；强盗来自殖民者尚未控制的部落，殖民当局明确表示其法律管不着此事；科恩依部落规则，靠私人暴力和谈判要回500只羊作为赔偿，但当局以其行为违反殖民法律为由将之投入了监狱。[①] 此类分析对殖民主义竟然也持"价值中立"态度，当地人所蒙受的苦难俨然只是为了说明某个人类学理论很有趣。从批评殖民主义的角度看，此类"阐释"不能不说遗漏或回避了对当地人而言极为要命的东西。

至于后现代主义，更在方法论上认为现代人类学从根本上就是错误的，但其错误不在欧洲中心主义，而在于认为客观地认识他者是可能的。在后现代主义者看来，人类学重要的其实只是"写文化"的艺术。[②] 在"写文化"过程中，作者的主观性是不可避免的。不仅逻辑实证主义在人类学中不可能，而且遵照当地文化"上下文"客观阐释"地方性知识"也不可能。由此，人类学家能做的，只是将自己在田野中的主体体验"写"出来。这种"怎么都可以"的方法，很显然并不排除欧洲中心主义。毕竟，这也可能是多种主体体验中的一种（而且，事实上是极为常见的一种）。

当然，当代人类学者并不都迷从后现代主义，甚至还有不少人批判后现代主义丢掉了现代人类学宝贵的客观精神和扎实田野工作方法。但值得注意的是，欧洲中心主义仍只是在价值上遭到批判，在方法论上却并未得到清算。一方面，包括后现代主义在内的当代人类学夸大了现代与古典人类学的差别，以至于认为前者是全新的东西，而其欧洲中心主义来自逻辑实证主义的不足。人们似乎忘记了，无论是古典还是现代人类学，在知识论本意上都是为了弥补欧洲人文社会科学知识的不足。因此，毋宁说现代人类学只是继承了古典人类学对他者的某些偏见。另一方面，当代人类学又近乎忽略了现代与古典人类学的根本区别，也即它强调立足于参与式观察的田野调查，理解他者的社会文化逻辑。虽然并非所有现代人类学者都完美地做到了这一点（以致有马凌诺斯基日记事件），但较之于古典人类学，这毕竟是从方法论上克服欧洲中心主义的开始，也是第二次世界大战

---

① 〔美〕克利福德·格尔茨：《文化的解释》，韩莉译，译林出版社，1999，第9~11页。
② 〔美〕詹姆斯·克利福德、〔美〕乔治·E. 马库斯编《写文化》，高丙中等译，商务印书馆，2006，第35页。

后人类学在人文社会科学中扮演的主要角色。倒是当代人类学，虽然在价值上批判欧洲中心主义，但是在方法论实践中，骨子里比现代人类学的先驱们充满了更强烈、更狡猾、幽灵般的欧洲中心主义。

二 被阐释的他者何以"自我"阐释

在方法论上从现代人类学转向当代的过程中，格尔茨具有承上启下的作用。其通过"深描"对他者文化进行"阐释"的方法，比现代人类学更自觉地承认田野调查中存在人类学家的主体性问题。但在当代人类学中，除此之外，还有更激进的后现代主义者。而其方法论源头也是格尔茨所承认的田野调查者的主体性，以及在具体操作层面缺乏方法论支撑，①和对西方中心主义的暧昧态度。只不过，它在这三个方面都走向了极端。

由此，要"捕捉"当代人类学方法论中的"幽灵"，还得从"阐释"入手。而从具体操作层面的方法看，"阐释"能否真正从他者视角出发、抓住他者文化的"深层游戏"规则，至少还牵涉两个问题。第一，选择什么样的田野经验进行阐释；第二，用什么样的话语（概念）系统对之进行初步加工，变成人类学及其他人文社会科学群体可理解的解释。

在第一个问题上，欧洲中心主义"幽灵"造成的偏差往往是，让研究者"鬼使神差"地只选择那些当下西方最流行的理论所感兴趣的社会文化现象，作为阐释的对象。加上学术"话语霸权"的影响，它使问题变得更加隐蔽。即使是非西方的学者，也一样可能会"幽灵""附身"（这也说明，它不是许烺光所批评的那般简单的"种族主义"偏见）。这里不妨举一个研究者本人后来承认遇到了问题，并自觉更正研究方法的例子。中国人类学者潘毅基于对珠三角某工厂的田野调查，撰写了一部旨在分析资本与女工关系的民族志（雏形是她在伦敦亚非学院的博士学位论文，出版当年曾获美国"赖特·米尔斯"社会科学奖，应算是有代表性的作品）。在

---

① 由于缺乏具体操作方法的指引，能否做好"阐释"似乎就依赖于阐释者的洞察力。以至于有学者认为，格尔茨本人能用好这种方法，全凭其个人天赋，其他人类学家很难重复运用（参见王海龙《细说吉尔兹》，载〔美〕克利福德·吉尔兹：《地方性知识》，王海龙等译，中央编译出版社，2000，第52页）。

该书中，大量篇幅关注的经验现象是女工的身体反应，如月经不调等，[①]而用以"阐释"此类经验的话语则主要是福柯的权力"规训"理论，[②] 也即资本形成的权力试图"规训"身体但遇到了反抗。[③] 依笔者有限的调研，当时劳工最关心甚至愤怒的事情却主要是：是否无止境加班；工伤能否得到公正处理；工资高低；子女有无可能随迁上学。在与笔者一次面谈中，潘毅坦承，曾同打工妹"同吃、同住、同劳动"一年多的她当然也注意到了这些现象，但当时欧美人类学家们主要感兴趣的却是福柯，影响了她的话题选择。回国工作后，潘毅才开始自觉直面田野经验本身，将它而不是欧洲正在流行的时髦理论，摆到研究的焦点位置上（并非"义和团"式地、不加区别地从整体上抛弃此类理论，但强调优先聚焦研究对象本身）。在调整研究方法后，潘毅独立或与人合作取得了大量聚焦劳工生活实际、更贴近实际，"阐释"田野经验的研究成果，如专注分包制、工资、劳动条件和时间等。[④]

在第二个问题上，欧洲中心主义同样可能像"幽灵"般使研究者不经意间套用已有霸权话语，用来"阐释"他者。其结果，当然只能是用理论剪裁经验，或者牵强附会甚至黑白颠倒。例如，针对二战后美国学界用"冲击—反应"模式"阐释"中国历史的现象，柯文曾提出方法论革新主张，"在中国发现历史"，尊重中国历史自身的主体性，同时注重借鉴其他学科理论与方法。[⑤] 但在实践中没有具体的可操作性方法做参照，不能避免人们直接用欧洲标准恣意剪裁中国历史。受此影响从事中国文化史研究的美籍华人孙隆基，虽承认中国历史有其内部演进动力，却径直生硬套用儿童心理学中"口腔阶段""肛门阶段""生殖器阶段"等概念来分割和"阐释"中国数千年文化的"深层结构"，并得出结论：中国人的"良知

---

① Pan Ngai, *Made in China: Women Factory Workers in a Global Workplace*, Durham and London: Duke University Press, 2005, pp. 166-187.

② 〔法〕米歇尔·福柯：《规训与惩罚》，刘北成等译，三联书店，1999，第 193 页。

③ Pan Ngai, *Made in China: Women Factory Workers in a Global Workplace*, Durham and London: Duke University Press, 2005, pp. 77-97.

④ 参见潘毅《全球化工厂体制与"道德理念重构"》，《开放时代》2005 年第 2 期；潘毅等《大工地：建筑业农民工的生存图景》，北京大学出版社，2012。

⑤ 〔美〕柯文：《在中国发现历史》，林同奇译，中华书局，2002，第 170 页。

系统"从根本上具有"口腔化""母胎化"倾向，有"吃"即"母胎"，"脏、臭、馊、腐"皆可，根本没有自我权利和社会正义的观念①（在道德情感上，其侮辱性无疑远甚于"有奶便是娘"的说法）。类似的方法论实践歧见再如，波特夫妇在广东东莞农村进行短期且相当受限制的田野调查后（几乎全程有干部陪同），发现姓氏与祖先观念等某些因素尚在"大集体"生产队社员身上有体现，就以西方人类学界分析中国汉人社会的习惯性概念"家族主义"作为判断标准，认为"革命"只是在中国社会的表层"刮擦"了一下，社会并无实质变化。② 而萧凤霞在相对宽松的田野调查条件下研究"国家与社会"关系时发现，"大集体"分掉了祖产，政治运动打击了宗族精英，则断定农民传统社会纽带彻底被根除、进入了"细胞化"（原子化）状态，政权已"内卷化"，③ "革命"完全中断了传统社会。④ 这两种"阐释"虽针锋相对，但"见风就是雨"的研究方法却惊人一致。

"幽灵"一旦深入骨髓，若研究者不去自觉反思，反而极力维护它作为教条的"神圣性"，在方法上则会滋生为满足时髦理论而刻意歪曲事实的畸形做法。例如，关于汉人的祖先崇拜，许烺光、弗里德曼等有广为人知的观点：它主要是基于亲属制度的情感信仰，祖先对于子孙是仁慈的。⑤ 在时兴理性选择理论的"指引"下，芮马丁却坚信人的行为都是理性的，汉人祖先崇拜的行为也不例外。基于对中国台湾地区溪南村的田野调查，

---

① 〔美〕孙隆基：《中国文化的深层结构》，广西师范大学出版社，2004，第 97~144 页。

② Potter, S., Potter, J., *China's Peasants*, Cambridge：Cambridge University Press, 1990, p. 269.

③ 格尔茨曾用此概念分析爪哇农民尽可能多投入劳动力以求提高农业产出的生计方式（Clifford Geertz, *Agricultural Involution*, Berkeley：University of California Press, 1963, p. 80）。杜赞奇从"国家与社会"视角分析 1900~1942 年华北乡村政治时，自格尔茨处借用它指称基层政权变为"营利性经纪"的过程（〔美〕杜赞奇：《文化、权力与国家》，王福明译，江苏人民出版社，1996，第 67 页）。萧凤霞所析"大集体"时期华南农村的状况，很显然与近代华北农村有天壤之别。

④ Siu F. Helen, *Agents and Victims in South China*, New Haven：Yale University Press, 1989, p. 169.

⑤ 〔美〕许烺光：《祖荫下：中国乡村的亲属、人格与社会流动》，王芃等译，（台北）南天书局，2001，第 42 页；〔英〕莫里斯·弗里德曼：《中国东南的宗族组织》，刘晓春译，上海人民出版社，2000，第 113 页。

她提出：子孙为祖先立牌位，前提是祖先曾留下遗产；① 可问题在于，她本人提供的田野材料与此"阐释"有非常明显的矛盾：无牌位者事实上留有旱田、锯木厂或砖窑给子孙；② 村中 5 个宗族，其中李姓宗族有人未留遗产，但在祠堂中有排位。③ 为一口咬定溪南村人崇拜祖先实际上是一种"唯利是图"的行为，从而可完美地用理性选择理论加以"阐释"，芮马丁不得不"掩耳盗铃"。如"霸权"式地"界定"只有水田算遗产，旱田、锯木厂、砖窑都不算；④ 在且只在这一论题上用 4 个宗族的资料，略掉李姓的资料；⑤ 反复引证 60 年前庄士敦提到的山东谚语"没有产业，没有神主"，⑥ 却完全不顾他曾明确指出它只适用于"倒房"的极端特殊关头。⑦ 正如余光弘指出，这种方法实乃"为了支持其理论，在溪南确实出现的现象可以被一笔抹杀，而未曾出现者也能凭空杜撰"。⑧

由此可见，说到底，阐释人类学在具体实践中终究绕不开"谁阐释谁"的问题。如果他者只有消极"被阐释"的地位，那么就不可能真正进入人类学的话语，成为人类学知识体系的一部分。相反，它唯一的作用就是为文化"阐释者"或文化"写手"，提供知识游戏的乐趣。甚至于，它连成为支持"阐释者"已有偏见的"证据"都不合格，"阐述者"不得不精心地去掉其"杂质"，方能说明"阐释者"最称心如意的、据说也是他者文化最深的"深层游戏"。但很显然，一旦如何"阐释"他者变成只有"阐释者"可以任意"阐释"的特权，人类学注重他者视角的基本方法论

---

① Ahern, Emily M., *The Cult of the Dead in a Chinese Village*, California: Stanford University Press, 1973, p. 154.

② Ahern, Emily M., *The Cult of the Dead in a Chinese Village*, California: Stanford University Press, 1973, p. 262.

③ Ahern, Emily M., *The Cult of the Dead in a Chinese Village*, California: Stanford University Press, 1973, pp. 102-103.

④ Ahern, Emily M., *The Cult of the Dead in a Chinese Village*, California: Stanford University Press, 1973, p. 154.

⑤ Ahern, Emily M., *The Cult of the Dead in a Chinese Village*, California: Stanford University Press, 1973, p. 140.

⑥ Ahern, Emily M., *The Cult of the Dead in a Chinese Village*, California: Stanford University Press, 1973, p. 141.

⑦ Johnston, R. F., *Lion and Dragon in Northern China*, New York: Dutton, 1910, p. 285.

⑧ 余光弘：《没有祖产就没有祖宗牌位?》，台湾"中央研究院"《民族学研究所集刊》1986 年第 62 期。余文对该书有系统深入的批判，可资参照。

意义也就被彻底消解了。"阐释者"又何必还假惺惺地、辛辛苦苦地深入他者生活做田野调查？阐释人类学作为一种方法论就算有暧昧之处，至少其核心主张还是极其明确的，绝非如此而已。如前已述，格尔茨可是非常强调经验的整体主义和"地方性知识"的"上下文"。所以，方法论上的一个关键点在于，必须让他者在"被阐释"的过程中有"自我""阐释"的可能。

而在这一点上，以上提及的偏颇"阐释"绝非个案。事实上，当代人类学即便不是全部、至少也是很普遍地习惯了直接用欧美流行的宏大哲学理论（后现代主义以反对宏大理论为旗帜，但讽刺的是它本身也成了诸多宏大理论的一种），去"阐释"他者"鸡零狗碎"的经验细节。至于他者文化中是否本身即可能存在"哲学"，以及"阐释者"所做出的"阐释"是否首先应在他者自身的"哲学"中讲得通，在方法论上并不是必经环节，在实践中也少有"阐释者"关心。其结果，如格雷伯所批评：当代"人类学家不再构思广阔的理论概述，而是依赖欧陆哲学家，他们能毫无疑问地跟你谈欲望、想象、自我、主权，仿佛这些概念都是由柏拉图或亚里士多德创造，由康德或萨德（De Sade）发展，而且除了西欧和北美的精英文化圈子之外，没有人会谈及……新的流行术语无一例外地来自拉丁文或希腊文，通常都是法语，偶尔是德语。"①

当然，必须着重声明，这里并不是说应该完全取消"阐释者""阐释"他者的权利。恰恰相反，我们必须承认这种权利的存在，而且，更能贴近他者社会文化实际的"阐释"必定是"阐释者"的"阐释"与他者的"自我""阐释"互动、协调的产物。只不过，在当代人类学中，"阐释者"的权力仍处于独大的地位，而他者"自我""阐释"的权力尚在方法论上缺乏足够的支撑。果欲收拾欧洲中心主义之"幽灵"，当代人类学再不能只作价值批判或道德承诺，而应从方法论的根子上有理论自觉地确保，让他者"说话"！

---

① 〔美〕大卫·格雷伯：《无政府主义人类学碎片》，许煜译，广西师范大学出版社，2014，第112页。

三　作为方法的"文史哲"与中国研究

若将抓住他者文化中自有的"哲学"框架，并保证对他者的"阐释"首先应在此"哲学"框架下讲得通，作为"阐释"方法的必经环节，形成一种方法论自觉，许多明显属于"阐释者"主观偏见乃至想象而与他者文化逻辑毫不相干的"阐释"，大抵从源头上可被当作"胡言乱语"予以避免。

下面不妨以中国研究为例，对此方法论关键环节略作详细讨论。作为知识体系的"文史哲"传统，自近代以来在西方科学知识体系的冲击下，已"降格"为中国文学、哲学、史学三个专业（以下各举一例），并日益变为人们眼中的"传统"专业知识领域。诸多贴近实际的人类学田野调查却表明，尽管现代社会文化正在系统地渗入乡村社会，但"文史哲"仍然作为一种整体性地认识世界和安排生活的方法，存在于现实的农民日常生活当中。若对其生活进行深度"阐释"，就离不开考察它们在"文史哲"传统中的意义。

如在如何认识家与自我乃至生命关系的问题上，吴飞发现，与基督宗教"罪性"观念影响下的西欧社会相比，受儒家"礼义"观念影响的汉人社会格外注重在"过日子"中获得人生和生命的价值。① 就人要结束自我生命这一极端问题而言，在前者是回归"罪性"或者自然的"神性"，"要么是一个社会偏离了正常状态，要么是一个人的精神状况偏离了正常状态"。② 可在中国语境中，"非正常人"的自杀根本不被认为是"自杀"，"尽管不能说中国没有因精神疾病或社会失范而导致自杀，但是，人们心目中的'自杀'，只可能发生在正常人的正常生活中，是人们在过日子当中发生的悲剧（或闹剧）"。③ 中国乡村中诸多的自杀者往往是因为"赌气"、"丢人"或"想不开"，而试图通过终结人生，以求家庭正义，也即

---

① 吴飞：《浮生取义》，中国人民大学出版社，2009，第32~33页。
② 吴飞：《自杀作为中国问题》，三联书店，2007，第14页。
③ 吴飞：《自杀作为中国问题》，三联书店，2007，第14~15页。

追求"缘情制礼"和"因礼成义"的"礼义"。^① 但是，因为终结人生，自杀最终也伤害了人伦，并不能完满地实现家庭正义给人生赋予的意义。这种自杀的文化逻辑，似乎并非人们熟知的涂尔干经典的自杀理论，也非当代人类学中广泛应用的精神病理分析，可以直接"阐释"。若不参照与"过日子"紧密相连的儒家"哲学"，它在社会文化生活中的真实含义，势必难以得到准确的理解。进而，它也难以作为一种有"上下文"的"地方性知识"，真正"整体性"地进入人类学的讨论话语。正如吴飞所述，对此类问题，"中国人不仅要给出自己的问法，而且要给出一个满意的中国式答案。这样的回答所提供的，并不仅仅是一种为西方自杀学填补漏洞的地方性知识，而必须为现代文明重新理解自己所陷身的悖谬做贡献"。^② 自杀研究当然只是一个具体案例，其背后呈现的方法论视角，则事关如何贴近"他者"社会文化生活实际，展开人类学的文化"阐释"。

再如，在如何认识国家与自我关系的问题上，农民很显然在相当大程度上也仍浸润在"文史哲"传统当中。不少研究者发现，农民在遇到自认为不公的事情而寻求国家力量支持时，首先想到的不是程序化的法制手段，而是信访或上访。无论是信访还是上访，都不仅是口头讲述，还需要文字表述。而在此过程中，最符合现代官僚体系及其办事程序需要的文本，无疑是以法律、政策为参照的有条理、理性地"摆事实""讲道理"的文书。但不少调查者发现，农民喜欢在信访和上访的文书中使用包括谚语、习语在内的诗体。^③ 对此，黄志辉从政治"哲学"上做了较深入的"阐释"。在其关于珠三角地区代耕农的调查中曾提及，有农民给国务院某些部门写信反映问题，不仅用诗歌"论述"其"事实"和"道理"，而且大量使用了粤语方言。^④ 若用芮德菲尔德将社会文化划分为"大传统"和"小传统"的说法，^⑤ 不难发现，正处在转型期的中国社会文化出现了多重

① 吴飞：《浮生取义》，中国人民大学出版社，2009，第117页。
② 吴飞：《自杀作为中国问题》，三联书店，2007，第16页。
③ 应星：《大河移民上访的故事》，三联书店，2001，第47页；董海军：《"作为武器的弱者身份"：农民维权抗争的底层政治》，《社会》2008年第4期。
④ 黄志辉：《以诗维权：代耕粮农的政治文学及其国家想象》，《开放时代》2012年第5期。
⑤〔美〕罗伯特·芮德菲尔德：《农民社会与文化》，王莹译，中国社会科学出版社，2013，第94页。

错位的“语法混乱”：诗歌作为传统中国“大传统”的一种标志性文学，现今至少在公文领域已被格式化的“法言法语”所替代；昔日难以掌握诗歌的“小传统”中的农民，在当代靠着国家普及教育有了些许书写诗歌的能力，却认为它仍是他们联系国家，也即“大传统”的纽带。涉事农民相信，“在这种东西里（上访书），加点诗才有味道，才能讲清事实”。① 毫无疑问，要让接访的工作人员懂得粤语诗歌的玄妙、愤怒以及其中“讲述”的道理，并非易事，农民的上访纷纷失败。在“大传统”已“白话”化的前提下，“小传统”中此类“政治文言”变成了地道的“他者”。与近年难以计数的套用斯科特“抵抗的艺术”概念，② 用来分析中国上访的研究相比，③ 这些农民似乎太缺乏“艺术细胞”。但不应忽视，对绝大多数农民而言，上访本是不得已而为之，缺乏“艺术”，实是常态。斯科特式的“艺术”背后是以“自由”“公民权”等政治“哲学”为基础的，而上访农民观念中与国家的关系，却是“父母”与“子女”式的“疼爱”与“孝敬”关系（可以说，特定的中国历史和哲学造就了这种政治“哲学”，从而也使农民偏爱这种上访“文学”。毕竟，“子女”自无须太过格式化“摆事实”，“父母”则应明白其疼痛的“道理”）。从这个角度看，套用斯科特的概念在“阐释”中翻新 1000 遍“艺术”花样，都远不如对上访农民“讨说法”与官僚体系“摆平、理顺”的实践机制略作“阐释”，④更贴近实际常态的社会文化逻辑。

① 黄志辉：《以诗维权：代耕粮农的政治文学及其国家想象》，《开放时代》2012 年第 5 期。
② 〔美〕詹姆斯·C. 斯科特：《弱者的武器》，郑广怀等译，译林出版社，2007，第 35 页。
③ 由此派生了一系列的“艺术”，例如：“依法抗争”（O'Brien Kevin, Li Lianjiang, "Suing the Local State: Administrative Litigation in Rural China", *The China Journal*, No. 51, 2004, pp. 75-96）、“依关系网络抗争”（冯仕政：《沉默的大多数》，《中国人民大学学报》2007 年第 1 期）、“以法抗争”（于建嵘：《当代中国农民的“以法抗争”》，《文史博览》2008 年第 12 期）、“依弱者身份抗争”（董海军：《“作为武器的弱者身份”：农民维权抗争的底层政治》，《社会》2008 年第 4 期）、“依势抗争”（董海军：《依势博弈》，《社会》2010 年第 5 期）、“依理抗争”（吴长青：《从“策略”到“伦理”的转变》，《社会》2010 年第 2 期）、“以身抗争”（王洪伟：《当代中国底层社会“以身抗争”的效度和限度分析》，《社会》2010 年第 2 期）、“以死抗争”（徐昕：《为权利而自杀》，载张曙光主编《中国制度变迁的案例研究》第 6 集，中国财政经济出版社、中山大学出版社，2008，第 255 页）、“表演式抗争”（黄振辉：《表演式抗争》，《开放时代》2011 年第 2 期）。
④ 应星：《大河移民上访的故事》，三联书店，2001，第 317~327。

言及此处，须再次强调，我们不必也不可能系统性地抛弃以西欧为中心形成的现代社会科学话语，以及种种当下的时髦理论。但同样须强调，若要"阐释"一个深受"文史哲"传统影响的"他者"，完全当作"文史哲"传统并不存在，撇开它，直接用所谓"普世理论"进行"阐释"，恐难免指鹿为马。

至于作为一种方法，通过"文史哲"研究中国社会，最早或可溯及太史公司马迁。他明确地指出，著史旨在"究天人之际，通古今之变"，① 也即通过历史"阐释"社会的"正统"之理，为天下苍生谋福。这种"史"的视角，在部分接受了现代政治观的梁启超那里，被视作简单的"帝王将相家谱"，② 显是以欧洲"进步"史观为标准忽略了它要"阐释"的道理。

倒是中西学训练至少均不亚于梁启超的陈寅恪，试图在融入了现代史观的历史书写，与传统史学对"正统"的关注之间，架起一座桥梁。其所著《柳如是别传》（以下简称《柳》）叙述的主线索，即明末清初名妓柳如是有别于"帝王将相"的人生史。③ 但由于当代史学家们虽崇尚源自西欧的历史人类学，④ 却又受专门史研究的思路影响太深，《柳》虽影响甚大，却不乏被误解。众多称颂者夸赞的乃是其"以诗证史"的技法，⑤ 而非其论题和基本方法论。就连对陈寅恪敬仰有加的历史学家严耕望也认为，该书"论题太小，又非关键人物"，"除了表彰柳如是一人之外，除了发泄一己激愤之外，实无多大意义"。⑥ 然而，陈寅恪在为王国维写挽联时即已洞穿个人生死之意，⑦ 且在 1953 年 11 月受邀任中国科学院中古史研究所所长的敏感时期，敢于要求在研究上以史料而不以教条主义为前提⑧（而其实，这正是马克思主义实事求是的态度）。若只为"发泄一己激愤"，他多的是途径，又何须在双目失明的风烛残年作此浩大工程。以笔者愚

① 司马迁：《报任安书》，习古堂国学网（http://www.xigutang.com/guwenguanzhi/6671.html），2016 年 11 月 10 日访问。
② 梁启超：《新史学》，载《饮冰室合集·文集》第 9 册，中华书局，1989，第 3~4 页。
③ 参见陈寅恪《陈寅恪集·柳如是别传》，三联书店，2009。
④ 〔法〕J. 勒高夫等：《新史学》，姚蒙译，上海译文出版社，1989，第 24 页。
⑤ 刘梦溪：《以诗证史、借传修史、史蕴诗心》，《中国文化》1990 年第 2 期。
⑥ 严耕望：《治史三书》，上海人民出版社，2011，第 172 页。
⑦ 陈寅恪：《陈寅恪集·金明馆丛稿二编》，三联书店，2009，第 246 页。
⑧ 卞僧慧：《陈寅恪先生年谱长编（初稿）》，中华书局，2010，第 284~285 页。

见,《柳》书写的虽非"帝王将相"历史,但它探讨的主旨却非另起炉灶,而正是陈寅恪此前在《唐代政治史述论稿》《隋唐制度渊源略论稿》中关注民族关系、儒家文化与社会"正统"问题的延续。[①] 从个体人生说,柳如是无疑是个悲剧,但陈寅恪所呈现的重点在其所持民族之义,延续以儒学为标识的"正统",以及为普罗大众生命、生活计的努力。由此,《柳》不可不谓以小人物人生史为经验材料,"阐释""大历史"道理的非凡之作。并且,就方法论而言,其"阐释"若说"旧",比之于梁启超的"新史学"无疑更全面而准确地把握住了司马迁式"旧史学"的主脉;若说"新",比之于当代西方史家在反思年鉴派"新史学"基础上形成的,并试图将人类学与史学相结合的"心态史"[②]"微观史"[③]"新文化史",[④] 又何止"超前"了一点点。

在社会学(人类学)领域,崇尚"人文史观"的潘光旦,[⑤] 也十分重视"文史哲"传统对于"阐释"中国经验的重要性。他较早运用考据诗词材料的方法,考察了明末女子冯小青短暂的人生史,"阐释"了其性心理背后的社会文化逻辑。[⑥] 此后费孝通提出广为人知的"差序格局"理论,[⑦] 无疑也显非简单套用功能论,而是深入的田野经验与"文史哲"传统相结合的理论抽象产物。费孝通垂暮之际曾着重探讨如何扩展社会学(人类学)传统界限的问题,[⑧] 更进一步强调了研究"天人之际""将心比心",具有理论上和现实上突破各种中心主义的双重意义。同时,他还强调,中国古代文明(如"心心相印")与神学解释学、理解社会学、现象学等在学术传统基础上发展出来的"互为主体性"一样,具有方法论意义。

---

① 参见陈寅恪《陈寅恪集·隋唐制度渊源略论稿 唐代政治史述论稿》,三联书店,2009。
② 参见〔法〕埃马纽埃尔·勒华拉杜里《蒙塔尤》,许明龙等译,商务印书馆,2007。
③ 参见 Ginzburg Carlo, *The Cheese and the Worms*, Baltimore: Johns Hopkins University Press, 1992.
④ 参见〔美〕林·亨特《新文化史》,姜进译,华东师范大学出版社,2011。
⑤ 潘光旦:《潘光旦文集》第 2 卷,北京大学出版社,1994,第 327 页。
⑥ 潘光旦:《潘光旦文集》第 1 卷,北京大学出版社,1993,第 1~66 页。
⑦ 费孝通:《费孝通文集》第 5 卷,群言出版社,1999,第 334~336 页。
⑧ 费孝通:《试谈扩展社会学的传统界限》,《北京大学学报》(哲学社会科学版) 2003 年第 3 期。

四 每个"他者"都有其"文史哲"

诚然,若坚持以欧洲中心为标准去打量他者文化的方法论,"文史哲"传统中的中国哲学能否算得上"哲学"本身尚待商榷。原因之一,据说是因为"哲学"必须有本体论,而中国哲学恰恰就没有本体论。[①] 我们这里无意介入此类争论,但须强调一点,此种文化至少有其自身关于世界的解释体系(故未尝不可将之视作带引号的"哲学"),人类学作文化"阐释"须得尊重这一解释体系,然后再用现代社会科学可交流的语言"转译"出来。当然,中国研究之于人类学,只是诸多论题中的一种。"文史哲"传统对于其他论题,是否同样重要?从方法论上说,确实如此。带引号的"文史哲"传统并不仅仅指儒家文明社会中的"大传统",而是说,每个"他者"都有其"文史哲"传统,也即"他"那个社会(群体)所持的对世界、历史以及文化表达方式的解释体系。

例如,这种"文史哲"传统对"阐释"该社会的方法论意义,在与儒家文明有显著区别的印度社会研究中,同样极为重要。

著名社会学、人类学家杜蒙在研究印度种姓制度时,就曾特意指出,它与个别的而非整个社会体系的贱民歧视,如日本的屠夫、中国的乐户,有本质区别。简单用贱民或歧视的概念,并不能切中种姓制度的要义。"因为真正的卡斯特(引者注:种姓制度)必须是整个社会都由一整套的卡斯特所组成",[②] 而后两种贱民则只是其社会中极小的一部分,社会的其他部分并不都是由一个个与职业、宗教相连的世袭群体组成。至于当时欧洲学界常用"社会阶层"来"阐释"种姓制度的做法(杜蒙著于1966年,法文首版),在杜蒙看来,则更是欧洲中心主义作祟的误解。对此,他说道:"讨论'社会阶层体系'(system of social stratification)的人有两点假设:①可以从整个社会中分析或抽离一个'社会阶层体系'出来;②这个

---

① 方朝晖:《"中学"与"西学":重新解读现代中国学术史》,《天津社会科学》2002年第3期。

② 〔法〕杜蒙:《阶序人Ⅱ:卡斯特体系及其衍生现象》,王志明译,(台北)远流出版事业股份有限公司,2007,第389页。

'体系'可以用群体形态学的特征完整地描绘出来，不必去管每一项行为底下都有的意识形态。因此，'卡斯特'这个词就被用来指称任何永久固定而且相对封闭的身份群体……根据这种标准，美国的'肤色隔离'的确可以视同一种卡斯特现象。很难想象出一种比这个更离谱的错误解释了。"① 对种姓制度作出如此离谱的"阐释"，究其缘由，杜蒙认为是"社会分层"概念背后本身即包含欧洲社会学痴迷的"平等主义"。在"平等主义"思维下，但凡不平等的社会文化现象即被视作"阶层"，因此完全阉割掉了种姓制度中包含的宗教（哲学）、历史、洁净观等核心内容。"平等主义"本身并非就不好，但不顾"他者"社会文化自身"文史哲"传统的"阐释"，而直接用"平等主义"剪裁事实的做法，无疑是幼稚的。对此，杜蒙尖锐地批评道："幼稚的平等主义，对其他的意识形态之成见，还有宣称要在此基础上立即建立起一门社会的科学：这些都是自以为是的我群中心主义之要素……我群中心主义的错误了解时常把研究现代的社会学简化成一种随波逐流的教义问答（a conformist catechism），与此对比之下，社会人类学则打开一条通往真正的比较社会学之路"。② 然而，遗憾的是，欧洲学界虽在时隔十余年之后，接受了杜蒙关于"社会阶层"与种姓制度区分的具体观点，却对杜蒙"阐释"他者时首重其"文史哲"传统，以克服"我族（西方）中心主义"的社会人类学方法论，并未给予应有的关注。

　　在某些社会中，毋庸置疑的确没有现代社会科学意义上的文学、史学和哲学，甚至连文字都没有。但是，这绝不意味着此类"他者"就没有自己对世界、历史以及文化表达方式的解释体系，也即"文史哲"传统。只不过，其"文史哲"传统主要隐藏在口头文学、历史传说、宗教神话以及生活智慧（哲学）当中罢了。下面不妨结合中国非儒家文化区的研究实例，对之略作探讨。

　　20世纪40年代初，田汝康前往位于云南西部的芒市村寨做田野调查

---

① 〔法〕杜蒙：《阶序人Ⅱ：卡斯特体系及其衍生现象》，王志明译，（台北）远流出版事业股份有限公司，2007，第388页。

② 〔法〕杜蒙：《阶序人Ⅱ：卡斯特体系及其衍生现象》，王志明译，（台北）远流出版事业股份有限公司，2007，第388~389页。

时，村中仅有极个别人能使用文字，甚至在整个芒市，也只有土司及少量贵族掌握了文字。① 然而，即便如此，田汝康发现，在此类"摆夷"（今称傣族）村落当中，亦有一整套关于世界、历史与人生的"解释"体系（也即本书所谓"文史哲"传统）。其中，"摆"是这一体系的关键所在。具体地说，"摆仅是一种宗教仪式，但是这个仪式却关联着摆夷的整个生活。"② 做"摆"通常会"挥霍"村民积累了大半生的财富，在未能深入理解"摆夷"自身"文史哲"传统的旁人眼中，"摆"像是无谓的消耗。从功能论的角度，田汝康认为，一方面，此乃当地自然条件极其优越，谋生十分容易，但土地属于土司，农民有权耕种却没有扩张的动力；另一方面，此地炎热、雨季过长、疟疾、瘴气易致人生病，故财富倾向于被用来消费而不是再生产。③ 而更重要的在于，在宗教、社会舆论和生活"哲学"的影响下，当地人认为，"唯一可能，也是正当的消耗财富的方法，在个人立场说，是用来争取社会地位……个人生活上的奢侈，不但不易得到别人的羡慕和推崇，反而有遭人唾弃和鄙视的可能。摆是财产到社会地位的一座桥。把积聚的财富在摆中尽量消耗完了，你才能得到一个受人尊敬的地位。"④ 此外，在"摆夷"对人生历史的划分体系中，人有 4 个社会年龄：受家庭抚育；受社会训练；负担社会工作，正式成为成人；退休。尽管在政治和经济上贵族与平民差别甚大，却都需要做"摆"才能从人生史的一个阶段转向下一个阶段。在仪式中，阶级区别被掩盖，即使是土司也得送礼并亲自庆贺，即使是大和尚也得做"摆"。⑤ "摆"创造了社会地位和价值，"这一个似乎很空虚似乎又很实在的宝座却引诱住了每个摆夷，逼着他们劳劳碌碌在尘世中工作受苦……它抓住每个人的心头，它给每个人生活的动力、人生的目标。在农田上劳作，在深夜里刺绣，为的是摆。"⑥ 总之，佛教及其相关的"文史哲"传统不仅是外人理解"摆夷"挥金如土做"摆"的关键，也是理解其重精神、轻物质的生活态度乃至打

---

① 田汝康：《芒市边民的摆》，云南人民出版社，2008，第 3 页。
② 田汝康：《芒市边民的摆》，云南人民出版社，2008，第 5 页。
③ 田汝康：《芒市边民的摆》，云南人民出版社，2008，第 78 页。
④ 田汝康：《芒市边民的摆》，云南人民出版社，2008，第 82 页。
⑤ 田汝康：《芒市边民的摆》，云南人民出版社，2008，第 96 页。
⑥ 田汝康：《芒市边民的摆》，云南人民出版社，2008，第 27 页。

开整个社会文化宝库的钥匙。若要"阐释"这样的社会文化，首先当然不得不参照当地人自身对世界、历史和人生的解释，也即其"文史哲"传统。否则，又岂能避免误解和偏见。

印度与"摆夷"两例大抵已明确了如下道理：特定社会文化总有其自身"文史哲"传统，"阐释"该社会文化，应当首重田野调查经验在这种"文史哲"传统中的意义。不过，我们还须进一步指出，带引号的"文史哲"传统还不单单指特定社会文化中的"大传统"，如印度之印度教、"摆夷"之佛教及其对世界、历史和人生的解释。就社会中的特定群体而言，其所尊崇的"小传统"即很可能是"他"那个群体的"文史哲"传统。在"阐释"此类社会群体的行为与文化时，这种"文史哲"传统，比"大传统"更直接而且重要。为清晰呈现二者的差别，以及作为方法论的"文史哲"传统所指，下面不妨结合儒家文化下的社会边缘群体研究，对之作一个简要分析。

在方法论上极其强调田野调查对社会史研究意义的秦宝琦，[①] 在研究中国会党和秘密教门时曾指出，侠之义气、暴力、末世信仰等特殊的哲学、宗教思想（而其形成则是一个复杂的历史过程），以及隐语、暗号等特殊表述方式，对秘密社会的形成和维系起着至关重要的作用。若不首先厘清这些东西，就完全没有讲（阐释）清楚秘密社会的可能。如在分析极有代表性并衍生出了大量其他组织的秘密会党天地会时，秦宝琦指出，"这种江湖义气、豪侠行径在中国历史上早已有之，但多是个人或少数人的活动，并没有如此旗帜鲜明地形成了一种组织团体。直到乾隆中叶后，在闽、粤一带出现了特殊的经济现象，涌现出了这样一大批特殊劳动者，他们迫切需要的是保卫自己，生存下去。长期流传在下层群众中而又不断被美化了的侠义行为就成了他们所理想和渴望的人际间关系的准绳。所以，他们大多崇尚义气，豪爽慷慨，疾恶如仇，爱打抱不平；同时，自由自在，来去随便，不受任何约束。"[②] 至于秘密教门则往往是以师徒传承的方式结成，"以入教可以消灾获福、免遭劫难相号召，以满足小生产者、

---

① 秦宝琦：《中国秘密社会新论》，福建人民出版社，2006，第54~60页。
② 秦宝琦：《中国秘密社会新论》，福建人民出版社，2006，第82~83页。

小私有者对前途、命运充满恐惧与不安的宗教需求"，并以末世论为基础，将儒、释、道三教的只言片语糅合在一起，"用通俗的语言、唱词等方式，把教义编成宝卷，以吸引徒众"。① 从社会结合机理上看，秘密社会显然受到了作为"大传统"的儒家文化影响（如利用拟制血缘关系模仿家庭、家族结构），但从根本上说起主导作用的是其自身所有的"小传统"。② 在这个"小传统"中，包含秘密社会对天人关系、亲属关系、人生哲理及世道轮回的独特解释，也即作为一种特殊的社会边缘群体的"文史哲"传统。若要"阐释"秘密社会的社会文化逻辑，至关重要的"上下文"首先也便是其独特的"小传统"。

诚然，即使人类学在"阐释"他者社会文化过程中，从方法论上优先注重田野经验在他者自身"文史哲"中的意义，也未必就能绝对避免误解。正如杜蒙在其巨著《阶序人》法文版问世十余年后再出英文全译本时，也还在反思用"依赖感"来描述种姓制度中低种姓对高种姓"崇拜"行为之习性仍不完美。③ 毕竟，人类学"阐释"他者社会文化其实是一个"转译"的过程。而依照解释学大师加达默尔的观点，绝对意义上的"偏见"在"解释"中是无法避免的。④ 不过，这绝不意味着，当代人类学无须从方法论上清算欧洲中心主义残余的"幽灵"。相反，它证明依靠学术理性和理论自觉，在方法论上本可找到具体的办法，最大限度地在"阐释"他者时改变其纯粹"被阐释"的地位，通过让他者"发声"以促进"阐释"不断接近"原意"。正是在这个意义上可以说，每个"他者"都有其"文史哲"传统，并具有方法论的价值。

忽略或拒绝承认此点，不仅给当代人类学方法论留下了暧昧的缺口，甚至也有可能掘掉整个人类学的根基。如受利奇影响甚深的库珀就认为：人类学的基石，是它曾给欧洲学界提供了无可替代的关于外部世界（异文化、他者）的知识；随着全球化格局出现，欧洲对世界的了解不再依赖人

---

① 秦宝琦：《中国秘密社会新论》，福建人民出版社，2006，第314页。
② 麻国庆：《家与中国社会结构》，文物出版社，1999，第143~146页。
③ 杜蒙：《阶序人Ⅱ：卡斯特体系及其衍生现象》，王志明译，（台北）远流出版事业股份有限公司，2007，第31页。
④ 〔德〕汉斯-格奥尔格·加达默尔：《真理与方法》上卷，洪汉鼎译，上海译文出版社，2004，第407页。

类学；现代人类学转向当代的过程中，在量上虽急剧扩张、很繁荣，质的核心却已被掏空，貌似"开始"实则已近"终点"。① 此番反思对揭示当代人类学的方法论"危机"虽有其洞见，却显然也将"欧洲中心"当成了主要的"阐释者"，而非西方社会则是"被阐释"的"他者"。殊不知，这些"他者"的"自我""阐释"，及其对西方的"阐释"才刚刚开始。若将人类学的基石恰当地看作，为增进不同文化的人们之间相互理解架起桥梁，可以说，让每个"他者""说话"、平等"对话"的人类学正逢其时。而在人类学的这一新时代里，每个"他者"的"文史哲"传统，既可以也应当发挥方法论的作用。

---

① Adam Kuper, *Anthropology and Anthropologists*, Oxford and New York: Routledge, 1996, pp. 176-177.

第二章 多重宇宙论并接的
交互主体性阐释

——兼论"做"民族志

自我与他者，在当代人文社会科学的诸多研究领域中，都是被聚焦的关系。人类学素以重视他者视角著称，并经由百余年探索与尝试，发展出了不少方法论，以克服自我中心主义。在某种程度上正缘于此，诸如政治、经济、宗教、旅游、工商、金融、体育乃至文学等冠以"某某人类学"的交叉研究领域，均与之建立起了勾连，方法论上亦有不同程度的叠加。其中，民族志作为人类学方法论常用的呈现方式，随之也受到广泛重视。可是，人类学本身却曾遭遇过严重的方法论危机。而且，尽管不少人类学从业者曾尝试革新方法论，以解决此类问题，但至今仍很难说就已经有了公认无疑的答案。以下，我们将结合部分民族志作品分析，对此类问题的历史与当前动态作一个简要梳理，并尝试提出些许自己的思考，以期抛砖引玉，对促进人类学尤其是民族志的方法论探讨，有所裨益。

一 现代人类学基本方法论危机
与阐释法的应对

以当今的眼光看，古典人类学比起现代人类学来，显得并不精致，更非没有缺陷。以至于现代人类学家常批评他们为"摇椅上的人类学家"，或者"文献民族学家"。[1] 可在其内部及所属时代知识共同体中，古典人类

---

[1] 〔美〕克莱德·克拉克洪：《论人类学与古典学的关系》，吴银玲译，北京大学出版社，2013，第 4 页。

学却没有遇到方法论的危机。就当今人们还熟悉的泰勒、弗雷泽、摩尔根、梅因、麦克伦南、巴霍芬等古典人类学家而言，其观点千差万别，但在方法论和基本时空处置手法上却如出一辙。他们都坚持用比较法，将不同空间的经验材料类型化，按照时间进行排列，空间的类型差别被当成时间的进化差别。这些研究，对其研究对象也即"他者"，事实上充满了各种误解。但通过对"他者"哪怕是错误的认识，来重新认识欧洲，也即"自我"，则取得了相当的成功。不仅是他们，而且在整个文明欧洲的知识界，即便具体观点上有争议，但其方法论都被认为是恰当的。在此类视角下，欧洲是如此的光辉、先进，无论是从时间还是空间来说，都应是毫无疑义的中心。

从维也纳条约到20世纪初，近百年大体和平的欧洲被残酷的"一战"打破。在欧洲中心的中心，大英帝国的知识界开始了现实反思的历程，其中也包括人类学。新一代人类学家或是出于半自觉（如拉德克利夫-布朗前往安达曼岛），或是偶然客观原因不得不（如马凌诺斯基因战争无法返英）开始基于实地的田野工作撰写民族志。在方法论上，这促成了人类学的现代转向。马凌诺斯基、拉德克利夫-布朗也被后人视作现代人类学的奠基者。这些研究，与古典人类学另一重要区别是，开始借用他者来反思自我，同时以人类学在他者社会文化中的新发现，来弥补欧洲知识界的不足。

不过，这次方法论革命，却也延续了古典人类学两样东西。其一是科学主义的比较法，只是主要不再拿澳洲与美洲做比较，而是隐性地拿亚、非、拉与西欧做比较。而且，马凌诺斯基还坚持认为，田野工作与自然科学的实验室观察方法在科学性上完全相同，在此基础上写就的民族志也是科学客观的（马凌诺斯基执教的伦敦政治经济学院人类学至今还保持着给硕士毕业生颁发科学学位的传统）；其二是隐性的欧洲中心论。这两者叠加起来，使原本虽然有问题但在古典人类学时代被忽略的方法论，在现代人类学中出现了危机。危机集中暴露出来引起人们注意的标志性事件，是马凌诺斯基的田野工作日记在其去世后于1947年面世（此前虽不乏学者质疑民族志的客观性，但未引起普遍的方法论质疑）。在日记中，马凌诺斯基常流露出对田野对象的鄙夷、厌恶之心，将之形容为"畜生"，甚至认为该"消灭这些畜生"。① 这与其常宣称堪比自然科学的客观主义观察，无疑形成了剧烈反差。而其欧洲中心主义也暴露无遗。

马凌诺斯基的学生辈，如利奇曾为其作辩护，认为作者写日记时根本没打算出版，事实上它也不应该出版并让人无礼纠缠。② 很显然，无论是就日记事件本身，还是就人类学方法论来说，利奇的回应都是失败的。于前者，写日记时没打算出版，难道不是更能说明当时作者看待田野对象的真实心态？于后者，则根本没有方法论反思和创新的意识。真正开始系统清理现代人类学方法论，并部分成功地解决此问题的集大成者还是美国人类学家格尔茨。

首先，格尔茨认为将亚、非、拉的田野对象当成"原始人""野蛮人"都是不合适的，而在方法上造成此误区的乃是因为人类学缺乏历史的眼光。以至于，格尔茨虽然没有像沃尔夫那样集中批评欧美人类学将非西方的他者当作"没有历史的人民"，③ 但一直在尝试将历史学注重时间变迁的方法论引入人类学。为此，他在普林斯顿大学高等研究院极力推动促进历史学家和人类学家合作交流。这个历史学家和人类学家的混合群体，虽然最后因人事纷纭而散伙，④ 但在理解社会的共时性与历时性方法论上，相互刺激、影响还是明显很深的。⑤ 从人类学角度看，这既有对此前人类学方法论中科学主义比较法的修正，也有对欧洲中心论的否定。⑥

---

① 〔英〕勃洛尼斯拉夫·马林诺夫斯基：《一本严格意义上的日记》，卞思梅等译，广西师范大学出版社，2015，第103页。
② Leach Edmund, "Malinowskiana: On Reading a Diary in the Strict Sense of the Term", *Rain*, No. 36, 1980, pp. 2-3.
③ 〔美〕埃里克·沃尔夫：《欧洲与没有历史的人民》，赵丙祥等译，上海人民出版社，2006，第8页。
④ 〔美〕克利福德·格尔茨：《追寻事实》，林经纬译，北京大学出版社，2011，第136~141页。
⑤ 〔美〕小威廉·休厄尔：《历史的逻辑》，朱联璧等译，上海人民出版社，2012，第172~173页。
⑥ 不知是否在某种程度上因为和历史学合作失败，格尔茨并未就如何将历史视角引入人类学在方法论上创新（与其同时代及其后的不少人类学家在这方面作了大量努力），尤其是如何与阐释法相结合，再作进一步讨论。而事实上，历史视角应当亦可以融入阐释法，成为人类学方法论的有机组成部分（因主题有异、篇幅有限，在此无法详述，有兴趣者可参看笔者拙文《作为人类学方法论的"文史哲"传统》）。

　　其次，格尔茨尝试重新界定田野工作基础上的民族志。依他的界定，田野工作并非对他者如自然科学般的观察过程，民族志也就不是这种观察的科学客观报告。在认识论上，格尔茨认为，田野工作实际上是人类学家接触田野对象，并尝试用自己的语言同时也是人类学同行看得懂的语言，"阐释"田野对象文化系统的过程。① 也即，人类学田野工作是带有主观性的，民族志也随之带有主观性。不过，这种阐释并不能随意裁剪、夸张或歪曲事实，因为田野对象的文化体系是一个"地方性知识"整体，② 有其"深层游戏"规则。③ 人类学家用民族志，阐释田野对象的地方性知识，揭示其深层逻辑，可谓"深描"。④ 不难看出，格尔茨这是以认识论上的相对客观主义（区别于马凌诺斯基的科学客观主义），匹配文化相对论。

　　"阐释"作为一种方法论，多少回应了人类学田野工作和民族志客观性所面临的质疑。它清楚地告诉人们，两者都是相对客观的。由于阐释要注重田野对象地方性知识的整体，也即将田野得到的知识在当地文化体系的"上下文"当中理解，在客观上有利于民族志摆脱欧洲中心论。阐释成为现代人类学方法论的新起点，此后即便方法论上有争议，也常围绕阐释而展开。从这个角度看，面对现代人类学的方法论危机，阐释法的应对是成功的。不过，阐释的方法也留下了，或者说带来了新的隐患。因为它在为民族志保留主观性余地，质疑科学客观主义和强调文化相对主义的同时，并没有一个刻度或参照系可以让人参照，允许主观到什么样的程度是合适的并可为知识共同体所接受。

　　因为没有这种刻度或参照系，一些激进后现代主义者干脆就认为，其实田野工作彻头彻尾都是主观的，民族志从本质上来说是"写文化"。⑤ 另一些更激进的人则从根本上否定了人类学家认识他者的可能，将人类学家

① 〔美〕克利福德·格尔茨：《文化的解释》，韩莉译，译林出版社，1999，第27页。
② 〔美〕克利福德·吉尔兹：《地方性知识》，王海龙等译，中央编译出版社，2000，第242页。
③ 〔美〕克利福德·格尔茨：《文化的解释》，韩莉译，译林出版社，1999，第508页。
④ 〔美〕克利福德·格尔茨：《文化的解释》，韩莉译，译林出版社，1999，第3页。
⑤ 〔美〕詹姆斯·克利福德、乔治·E.马库斯编《写文化》，高丙中等译，商务印书馆，2006，第35页。

的田野工作和民族志书写，嘲笑为知其不可为而为之的"天真"事。① 既然对田野工作和民族志的基本看法激进到了这个份上，田野工作根本也就不必再做，民族志书写也因靠"虚构"而跟写小说没什么区别，显得没有作为科学研究的必要。事实上，持此类观点的人后来确实要么去了文学、艺术界，要么干脆放弃了学术研究。而格尔茨倾向于认为，田野工作和民族志都是在"追寻事实"，同时实质上又不可避免总是在"事实之后"，因此是"努力从大象在我心中留下的足迹，来重新建构难以捉摸、虚无缥缈、已经消失得无影无踪的大象"。② 质言之，不同人类学家完全可以有不同的理解，包括对其阐释人类学的"误解"。以至于格尔茨本人面对此类质疑，从未给出过正面回应。

绝大部分后现代主义倾向的人类学家，当然不可能如以上学者那样"天真"到完全放弃民族志的地步。毕竟，在当代人文社会科学领域，民族志几乎被认为是人类学的基本技艺（原本田野工作毫无疑问也是现代人类学的基本方法，但在当代也面临越来越多交叉学科学者滥用其名的局面）。此类民族志"书写"者在阐释他者的文化过程中，极度强调自我主体性的同时，当然强调作为田野对象的他者也有其主体性。但在方法论上，此类阐释强调，这两种主体性没有办法进行跨文化的深层沟通，只有当研究者和他者具备同样的文化认知结构时，才可能真正无障碍地理解，并以此为基础对他者社会文化进行阐释。如果二者认知结构不同，则他者虽然客观上有主体性，但在阐释中却没有方法让其主体性呈现，实际上只能是被阐释的客体。于是，由于认识论上极端地滑向不可知论，原本旨在克服现代人类学方法论危机的阐释法，也就被扭曲得只强调研究者单方面的主体性了（从而难免导向自我中心主义。在当下人类学格局中因从业人员数量、话语权力等因素的影响，这种自我中心主义主要表现为欧洲中心论）。对于这种"子非鱼焉知鱼之乐"式的认识论，当代认知人类学奠基者之一布洛克在研究"我们如何知道他们如何思考"时，曾批评道："这

① 〔英〕奈吉尔·巴利：《天真的人类学家》，何颖怡译，广西师范大学出版社，2011，第7页。
② 〔美〕克利福德·格尔茨：《追寻事实》，林经纬译，北京大学出版社，2011，第184页。

类研究失去了人类学这类知识的特殊的丰富阐释学意义，其中的研究者不能持续地重新定义自己在研究中的分析工具……在田野调查期间不断通过参与观察反思自己与研究对象之间的关联。在放弃这种独特的人类学研究方法之后……将人类学的婴儿和脏水一同倒掉"。①

当然，并非所有人类学家在认识论上都有不可知论的倾向。即使在以后现代的解构主义从根上质疑现代人类学方法论的学者中，也不乏马库斯这样的标志性学者尝试有限度地进行建构，主张通过"深（描）""浅（多点、多维反思）"相结合的方法，② 去阐释他者。只不过，此类有限度的建构性尝试，同样也缺乏具体操作方法做支撑，以尽可能保证他者的主体性在阐释中得到尊重。

换句话说，若非如激进后现代主义者那样一味消极解构，而尝试用阐释的方法积极应对人类学研究中的自我（欧洲）中心主义，还得回到阐释法在具体运用过程中可能涉及的关键环节。其中，尤其对那些容易让研究者无意识地忽略他者主体性的操作环节，必须进行更细致的探讨。

二　多重宇宙论并接的本体论与交互主体性阐释

若要完善阐释法，则当梳理其基本理路。择其要者如，首先，在人类学的阐释中，必定有两个或以上的主体；其次，人类学家不可能从本体意义上变成他者，其所阐释的实际上是她（他）与他者——不同主体互动中可交流、共通的社会文化特质与逻辑化过程；再次，不同主体的互动过程并非完全透明、无障碍心灵直通，而不得不借助于一系列中介，首当其冲者则是语言及其关于世界认知的基本格式（宇宙观），即使不是访谈而只是观察，其思考过程也必定依赖语言及其宇宙观。

在这里，两个以上的主体并非无关的主体，相反具有交互关系（inter-

---

① 〔英〕莫里斯·布洛克：《吾思鱼所思》，周雷译，格致出版社、上海人民出版社，2013，第44~45页。

② George E. Marcus, *Ethnography Through Thick and Thin*, New Jersey: Princeton University Press, 1998, p. 231.

subjectivity)。^①对这种关系的基本哲理，哲学家早有深入探讨，只是在人类学中有理论自觉地对它予以方法论上的观照，来得较晚。

其理论前身可溯及笛卡尔。针对经院哲学认为有身份的人才有正确认知世界的理性和良知的观点，他说："那种正确判断、辨别真假的能力，也就是我们称为良知或理性的那种东西，本来就是人人均等的"。^②也即，绝对不存在只有某些人有资格作为完整主体，而另外一些人只能作为不完整的主体，甚至只能作为客体的事实。

胡塞尔是首先明确提出交互主体性概念的哲学家。如他曾论述道："内在的第一存在，先于并且包含世界上的每一种客观性的存在，就是先验的主体间性"。^③不过，对其交互关系乃先验的观点，海德格尔曾批判它的"存在论基础是不充分的"。^④在海德格尔看来，交互主体性不是先验的，人的存在乃是"他人的共同此在与日常的共同存在"。^⑤他在晚年还强调，若不注意此点，哲学将"被逐入人类学之中"。^⑥

此后，加达默尔在注重交互主体性的存在论与阐释学（又译诠释学）之间架起桥梁。他认为，主体的存在及其"判断力"首先依赖于与其他主体的"共通感"。^⑦"鉴于某种被言说的东西，理解为流传物借以向我们述说的语言、流传物告诉我们的故事。这里给出了一种对立关系。流传物对于我们所具有的陌生性和熟悉性之间的地带，乃是具有历史意味的枯朽了的对象性和某个传统的隶属性之间的中间地带。诠释学的真正位置就存在

---

① Intersubjectivity 常被译作"主体间性""交互主体性""互为主体性""互主体性""主体际性"等（郭湛：《论主体间性或交互主体性》，《中国人民大学学报》2001 年第 3 期）。考虑到本章所指人类学家对他者的研究，既包含作为主体的他者和人类学家的认知、理解，也包括两者互动产生的新的认知和理解，在既有译法中，似乎"交互主体性"更能直接、准确地体现此意。
② 〔法〕笛卡尔：《谈谈方法》，王太庆译，商务印书馆，2000，第 3 页。
③ 〔德〕埃德蒙德·胡塞尔：《笛卡尔式的沉思》，张廷国译，中国城市出版社，2002，第 156 页。
④ 〔德〕马丁·海德格尔：《存在与时间》，陈嘉映等译，三联书店，2012，第 57 页。
⑤ 〔德〕马丁·海德格尔：《存在与时间》，陈嘉映等译，三联书店，2012，第 136 页。
⑥ 〔德〕海德格尔：《面向思的事情》，陈小文等译，商务印书馆，1999，第 30 页。
⑦ 〔德〕汉斯-格奥尔格·加达默尔：《真理与方法》上卷，洪汉鼎译，上海译文出版社，2004，第 38~39 页。

于这中间地带内"。① 质言之，阐释实际上是主体透过语言、时间的中介，理解和再述其与其他主体间的"共通感"。

　　加达默尔对格尔茨导出人类学的阐释法有重要影响。不过，在美国文化人类学风格的影响下，格尔茨对加达默尔关于阐释中语言的结构性基础不甚关注。加达默尔在倡导"诠释学本体论转向"时指出，"语言观就是世界观（宇宙观）"，因为语言会把主体"同时引入一种确定的世界关系和世界行为之中"。② 此外，他还有几乎是给人类学"量身打造"的忠告："如果我们通过进入陌生的语言世界而克服了我们迄今为止的世界经验的偏见和界限，这绝不是说，我们离开了我们自己的世界并否认了自己的世界。我们就像旅行者一样带着新的经验重又回到自己的家乡。即使是作为一个永不回家的漫游者，我们也不可能完全忘却自己的世界。"③ 换句话说，多重宇宙论并非区隔、平等并列存在的。相反，各种文化的人们其实在面对同一个世界。也即，多种宇宙论实际上是"并接结构"。④

　　阐释法在运用中遇到的种种问题表明，仅将他者的主体性从认识论加以对待，很容易从文化相对论滑向后现代主义的不可知论。所以，对此问题的追问，还得重新回到本体论，尤其是交互主体性的本体论上来。事实上，20世纪90年代以来，相对注重结构性关系的部分人类学家，已经开始重新思考本体论问题。

　　言及此处，得提到两个带有当代世界人类学话语权力不平等格局印记的人类学家。列维-斯特劳斯的学生戴斯考拉曾在巴西亚马孙流域做田野调查和研究，与一个巴西人类学家卡斯特罗过往甚密。两人对当地经验的解释有诸多相同之处，但不乏关键区别。卡斯特罗认为，欧洲中心主义的话语霸权留给当地人（包括人类学家），用当地话语解释经验的余地很小。他以列维-斯特劳斯为靶子，批评人类学从认识论上用西方人的宇宙论代

---

① 〔德〕汉斯-格奥尔格·加达默尔：《真理与方法》上卷，洪汉鼎译，上海译文出版社，2004，第381~382页。

② 〔德〕汉斯-格奥尔格·加达默尔：《真理与方法》下卷，洪汉鼎译，上海译文出版社，2004，第574~575页。

③ 〔德〕汉斯-格奥尔格·加达默尔：《真理与方法》下卷，洪汉鼎译，上海译文出版社，2004，第581页。

④ 〔美〕马歇尔·萨林斯：《历史之岛》，蓝达居等译，上海人民出版社，2003，第163页。

替他者的宇宙论。① 而戴斯考拉也结合民族志材料，开始反思这一问题。他指出，在印第安希瓦罗（Jivaroan）原有居民阿丘雅人（Achuar）那里，人类社会和文化结构从属于自然结构（一元论宇宙观），现代西方人将之看作与自然相分离（二元论宇宙观），后者才是"异类"。② 他详细比较了中国、墨西哥、非洲、古希腊等诸多不同文化的宇宙论。③ 他认为，古代西方人的宇宙论与其他宇宙论大体相似，只是近代以来才有了不一样的二元论自然主义宇宙论，④ 因此它只具有相对主义的地位。萨林斯在给戴斯考拉的序言中写道："该书给当前人类学的轨迹带来了一次剧变，实乃范式更替"。⑤

　　对此进行深度回应的学者还有霍尔布拉德、拉图尔、斯科特等。霍尔布拉德尝试重新定义人类学的"证据"。他认为，人类学家关心当地人与神明的道德关系和神启"证据"，但其本土的"证据"观念却与人类学家不同。这两种"证据"需要一个转化过程，而此过程本身又是民族志与理论间关系本体的证据。⑥ 同理，还须在"自我"与"他异性"（alterity）视角下重新定义"真实"，人类学的"真实"不是绝对的神谕，而是自我与他者互动之本体意义上的真实。⑦ 拉图尔重申了已有观点，"我们从未现代过"⑧（委婉批评戴斯考拉认为西方人的古代与现代宇宙论有本质区别）。

---

① Eduardo V. Castro, "Cosmological Deixis and Amerindian Perspectivism", *Journal of the Royal Anthropological Institute*, 1998, Vol. 4, No. 3.

② Philippe Descola, "L' anthropologie de la nature. Annales Histoire Sciences Sociales", *Année.*, 57e, No. 1. 2002.

③ Philippe Descola, *Beyond Nature and Culture*, translated by Janet Lloyd, Chicago and London: The University of Chicago Press, 2013, pp. 202-224.

④ Philippe Descola, *Beyond Nature and Culture*, translated by Janet Lloyd, Chicago and London: The University of Chicago Press, 2013, pp. 386-387.

⑤ Marshall Sahlins, "Foreword" in Philippe Descola, *Beyond Nature and Culture*, translated by Janet Lloyd, Chicago and London: The University of Chicago Press, 2013, p. xii.

⑥ Martin Holbraad, "Definitive Evidence, from Cuban Gods", *The Journal of the Royal Anthropological Institute*, Vol. 14, The Objects of Evidence: Anthropological Approaches to the Production of Knowledge, 2008, pp. 93-109.

⑦ Martin Holbraad, "Ontography and Alterity: Defining Anthropological Truth", *Social Analysis: The International Journal of Social and Cultural Practice*, Vol. 53, No. 2, What is Happening to Epistemology? 2009, pp. 80-93.

⑧ 〔法〕布鲁诺·拉图尔:《我们从未现代过》，刘鹏等译，苏州大学出版社，2010，第154页。

他指出，人类学应学会如何从多元存在（主义）模式中获益，尊重表象作为"被遗忘的存在"，① 用他者的语言"说话"。② 斯科特受其师萨林斯影响甚大，但他认为萨林斯关于"人类学在充当资产阶级化了的犹太-基督教宇宙论搬运工（促进跨文化理解）"的论断，③ 是原子式的宇宙论。斯科特意欲发展一种反向结构的宇宙论范式：人类从根本上说是一个整体，族性和文化将人分开；不同的宇宙论同属族群的和文化的杂糅；混沌与理性乃同一硬币的两个侧面，人类社会和文化结构一直在区分（differentiation）和整合之间摆动。④ 此外，在这场人类学"本体论转向"运动中，斯科特对它仅强调多元宇宙论及其本土特性的倾向，也予以了反思（部分针对戴斯考拉）。他主张的改进措施是：将一元论作为方法使用，在民族志材料理论加工的过程中，比较不同的宇宙论，但不要进行"异文合并"（conflate）并剔除"杂质"以求"纯化"（purification）。⑤

三　同一世界多元文化主体
与阐释中的权力实践

　　既然阐释所涉及的乃交互主体，关键的中介则是语言，而语言又以宇宙论为基石。格尔茨提出阐释法，并非没有顾及认识论上的交互主体性，但对其本体论，尤其话语背后的权力不平等，则关注不够，结果导致他者的主体性在阐释中缺失。梳理交互主体性的哲理脉络，则不难发现，它不仅有而且更为重要的一面，恰恰是本体论。加达默尔的忠告着重即在此。

---

① Bruno Latour, *An Inquiry into Modes of Existence*: *An Anthropology of the Moderns*, translated by Catherine Porter, Cambridge, Massachusetts, and London: Harvard University Press, 2013, p. 262.

② Bruno Latour, *An Inquiry into Modes of Existence*: *An Anthropology of the Moderns*, translated by Catherine Porter, Cambridge, Massachusetts, and London: Harvard University Press, 2013, p. 390.

③ Marshall Sahlins, "The Sadness of Sweetness", *Current Anthropology*, Vol. 37, No. 3, 1996.

④ Michael Scott, "Hybridity, Vacuity, and Blockage", *Comparative Studies in Society and History*, Vol. 47, No. 1, 2005.

⑤ Michael Scott, "Steps to a Methodological Non-dualism", *Critique of Anthropology*, Vol. 33, No. 3, 2013.

在某种程度上，当下人类学"本体论转向"，也可谓对"诠释学本体论转向"的再回应。而阐释若以认识论为基础，重新回归本体论，就需注意交互主体所依赖的多元语言及背后的多重宇宙论。

考虑到当代人类学主要面对的都是复杂社会（地处偏远的所谓"简单社会"也不同程度地受到了其他社会影响），斯科特的忠告具有非同寻常的建设性意义。客观上当代世界是一个整体，不管是哪里的人类学家与其所要研究的他者，事实上都处在同一世界。包括人类学家在内的不同人群拥有多元的文化，人类学家可以从同一世界的角度去理解世界，但若进行"异文合并"或将他者原本包含复杂多元的文化"纯化"，则属武断使用阐释权力的做法。在本体论的意义上，多重宇宙论的并接结构要求人类学家有必要谨慎地使用这种权力。否则，既是对作为田野对象之他者的伤害，也无助于人类学家贴近实际地理解他者、中肯地撰写民族志，更不利于通过他者重新认识自我。也正从这个角度说，以田野工作和民族志为标志，人类学家在处理自我与他者的关系中，实际上包含一个至关重要的因素，那就是权力实践。前文所述，马凌诺斯基的错误，并非在认识论上不知道"土著人"的宇宙论与欧洲人有所不同，而是在实践中滥用了自己的话语权。

不过，似乎值得进一步指出，即使在所谓同一种社会和文化中，只要涉及不同主体间的解释，就不可避免会遇到解释的权力实践问题。例如，苏力在调查法律实践的过程中曾提及一个案例：甲向同村的乙借300元买牛，后约定算乙"搭伙"（"搭伙"在当地文化中有清晰含义，乙有权用牛但不拥有增值部分，如牛生崽）；十余年后双方发生纠纷，法庭按照合同法"合伙"的条款判案（意味着乙有权获得增值部分的一半），但为避免甲上诉，判定其归还乙300元、另将增值部分约1/3给乙。① 在此案例中，法官"和稀泥"显然是一种不得已的平衡。若不让乙取得部分利益，则有悖法律（法律里只有"合伙"的概念），但若严格按"合伙"的法条判案，则会伤害地方性知识中的正义，而且可能滋生更多案件（当地"搭伙"现象绝不限于此例，其他"搭伙"关系中的一方均可诉诸法律得到更

---

① 苏力：《送法下乡》，中国政法大学出版社，2000，第201~202页。

多的利益）。由此，苏力赞赏基层法官解决纠纷的现实主义态度，无疑有其主张实践性法理的缘由。但很显然，其分析既未深究法律本身的合理性，也未对甲在实质正义的意义上遭受不公正判决给予同情，更似忽略了以"搭伙"还是"合伙"去解释甲、乙买牛这一事实，本质上是可以影响不同主体利益的权力实践，而非仅仅是认识上的概念之争。

从此案例还不难看出，中国无疑是多元文化共生的复杂社会，并且，几乎其中每种文化又是多层次而复杂的。而就人类学而言，迄今为止，我国的研究大多仍集中在国内，其中不少是研究本民族社会和文化。但如此案例所示，方法论上其实也同样回避不了阐释"他者"的权力实践。由此，在中国语境下围绕阐释法，对田野工作和民族志进行反思、完善或创新，就将既要触及中国经验研究的深入程度问题，或多或少也会涉及人类学基本方法论问题的思考（中国人类学显然不可能独善其身）。

围绕此题，国内近年关于自我与他者主体地位和关系的探讨，有相当一部分确实仍在围绕格尔茨的阐释法展开。

例如，刘珩重申了 20 世纪 80 年代反思民族志学者对科学民族志诗性的批判，提倡主动反思自我、意识、情感、修辞策略在撰写民族志过程中的作用。[1] 张小军等人则延续拉比诺批判格尔茨等人的后现代主义路数，主张从其《摩洛哥田野作业反思》中提到的"互主体性"出发，理解"互经验"，将 ethnography 由"民族志"改译为"文化志"。[2] 蔡华认为，格尔茨将民族志看作文化解释有些消极，而若坚持中立立场、严守田野工作程式，完全可以避免民族志的主观性。[3] 此外，王铭铭曾直接介入人类学"本体论转向"的讨论。他将之与格尔茨及其后的"知识论转向"进行对比，发现它们并非完全替代关系，由此指出民族志兼具知识和本体探索的可能性。[4] 同时，他还质疑戴斯考拉将二元自然主义宇宙论看作近代西方人独有的观念。[5]

---

[1]　刘珩：《民族志诗性》，《民族研究》2012 年第 4 期。

[2]　张小军等：《走向"文化志"的人类学》，《民族研究》2014 年第 4 期。

[3]　蔡华：《当代民族志方法论》，《民族研究》2014 年第 3 期。

[4]　王铭铭：《当代民族志形态的形成：从知识论的转向到新本体论的回归》，《民族研究》2015 年第 3 期。

[5]　王铭铭：《在欧亚与民族志世界之间》，《西北民族研究》2015 年第 4 期。

与以上路径不同，朱炳祥沿着质疑和完善阐释法的思路，对阐释的主体问题予以了持续关注，并尝试提出新的方法论。基于"互镜"概念，他提出用"相互看"的"主体民族志""颠覆科学民族志"。① 他认为，"主体民族志"以人类前途的终极关怀为目的，有"自明性基础"，可谓"人类志"。② 而撰写"主体民族志"的方法是：表述者自律；表述恒定与开放结合的"符号扇面"；由"互镜""裸呈"凸显主体。③ 此后，他曾给出一个"三重叙事"的"主体民族志"样本：田野对象作为"第一主体"讲述其宗教；人类学家作为"第二主体"解读"第一主体"的叙述；民族志评审者（读者）作为"第三主体"重新解读"第一主体"的叙述，以及"第二主体"的解读；人类学家再作总结。④

对以上取向迥异的讨论给出全面评判显非我们的主旨，这里只能对其与阐释法的具体关联略做分析。反思撰写民族志过程中人类学家的自我情感和修辞策略，强调"互经验"，指出民族志兼具知识和本体探索的可能，对于促进民族志更贴近他者的社会经验事实，无疑有益处。不过，其中关键的实践性因素也似乎还有必要进一步厘清。至于坚守中立立场即可保证客观性的观点则很值得怀疑，如马凌诺斯基那样宣称甚至主观认识上的价值中立，而客观上在实践中未能做到者，实非鲜见。而原本指向解构的"互镜"概念，⑤ 若用来建构"主体"，可能也还需漫长的方法论转化过程，不是"裸呈"，也非增加"解释"主体的数量，即可简单解决问题。因其与我们要讨论多重宇宙论的主体及阐释的权力实践密切相关，不妨稍

---

① 朱炳祥：《反思与重构：论"主体民族志"》，《民族研究》2011 年第 3 期。
② 朱炳祥：《再论"主体民族志"》，《民族研究》2013 年第 3 期。
③ 朱炳祥：《三论"主体民族志"》，《民族研究》2014 年第 2 期。
④ 朱炳祥：《"三重叙事"的"主体民族志"微型实验》，《民族研究》2015 年第 1 期。
⑤ "镜"被罗蒂用来指"对跱"人的"纯感觉"，即"非物质的表象"（〔美〕理查德·罗蒂：《哲学和自然之镜》，李幼蒸译，商务印书馆，2003，第 109 页）。此概念是他解构本质主义实在论的理论工具（〔美〕理查德·罗蒂：《后哲学文化》，黄勇译，上海译文出版社，2004，第 146~147 页）。罗蒂深受拉康影响。20 世纪 30 年代，拉康受瓦隆儿童心理学启发（幼童照镜，会误认为镜中"我"是真的），开始用"镜像"指儿童混淆现实与想象情景，并扩展指"假我"（moi）代替"真我"主体（je）的认知过程（〔德〕格尔达·帕格尔：《拉康》，李朝晖译，中国人民大学出版社，2008，第 31~32 页）。由此，"互镜"中相互呈现的应是叠层的虚假影像。若非彻底重构"镜"的概念，而直接用它来建构"主体"，似有难以回避的矛盾。

多作些讨论。

　　毋庸置疑，提出主体问题以及表述者自律等方法，无疑有其洞见。但人类学家所面对的基本局面，毕竟是经验不会自动论述理论问题。由此，选择什么经验、引向何种理论分析，似乎只能靠人类学家与他者互动。撰写民族志时，人类学家当然可以先摆出一堆详细的资料，优先让田野对象"说话"，以示其作为"第一主体"对某话题（如宗教）的主体性认识。但实际上，田野对象的叙述并不可能是"裸呈"。作为"第二主体"的人类学家对田野对象提问题的过程，在这里不应被忽略（何况，田野工作绝不仅限于访谈。民族志相当一部分资料来自人类学家无声的观察）。否则，我们就很难解释田野对象为什么叙述这些，而不是别的什么。很难想象一个村民无缘无故，或者碰到自己同村的人，就会讲起宗教（而这刚好是人类学家想了解的内容）。如果人类学家当时给村民提其他问题，想必村民给出的答案不会是宗教。若从"交互主体"角度视之，所谓"第一主体"显然绝非不受"第二主体"影响的孤立主体。由此，这样的民族志虽不失为一种民族志写作手法，但并非方法论意义上的新类型，甚至还会让民族志变得更为烦琐，增加读者阅读的困难（此外唯一的用处，似乎就在于可以将人类学家悄然隐藏起来，俨然田野对象叙述是孤立主体在不受干扰地"说话"）。

　　当然，"主体民族志"样本必定还可更详细，只是在发表时因篇幅限制不得不舍弃了部分材料。但无论篇幅多长，也很难想象人类学家能将田野对象所有语言、姿态、表情都记录下来，并写进民族志。人类学家无论如何都不得不（甚至是下意识地）选择性记录材料，并在撰写民族志时取舍材料。作为第三方的读者，当然也只能将就着人类学家经过两轮筛选过的材料，来看民族志的分析是否恰当、有说服力。此外，如果田野对象知道其叙述将变成给更多的人去阅读的民族志，其叙述的内容和方式或许也会跟仅限于两个主体的对话，很不一样。有些话，田野对象甚至不介意调查者转述给第三人听，却会介意白纸黑字地让任何人都可以看。在此情况下，田野对象并不在意有第三个主体知道其言行，却会在意无限顺延 n 个主体的可能性。若我们不可能亦不必建构起"n 重叙事"的"主体民族志"，或有必要指出，第三至 n 个主体虽对田野对象的叙述和人类学家的分析可能有不同看法，但他们首先影响到的是人类学家和田野对象的交互主体关系。也即，在人类学家和田野对象间的对话和权力实践中，双方应当、必须也必然事先就考虑到了，其民族志将会有其他人阅读。

从此角度看，将田野对象叙述的重要性优先排为"第一"，在方法论上不失为洞见。但是，从根本上影响民族志能否呈现田野对象社会文化经验优先性的，不是多个主体认识的叠加，而是人类学家在田野工作和撰写民族志的过程中，如何优先尊重田野对象的主体性叙述并谨慎地运用"文化解释"的权力（如在耕牛争议案中，优先尊重"搭伙"还是"合伙"的解释）。由此，从其实践特性来说，民族志并非"写"出来，而是"做"出来的。民族志"做"得好不好，不仅与不同主体认识角度和水平有关，更与"阐释"的权力实践有关。循此理，方不难理解，马凌诺斯基的田野工作虽有诸多问题，但因他至少在运用阐释权力、撰写民族志时尚算克制，其民族志"做"得公认不错；而不少对田野工作中权力与认识论偏见问题说起来头头是道的激进后现代主义者，却因过分看重、滥用阐释权力，而"做"不出优秀的民族志，甚至干脆不再"做"民族志（人类学研究）。

总之，就方法论而言，将近代以来欧洲自然主义宇宙论相对化，强调多种宇宙论的存在有重要意义。不过，同样须注意，多种宇宙论并非平等并列，而是权力失衡的"并接结构"。① 其中，近代以来的欧洲自然主义宇宙论具有霸权。仅从认识论质疑格尔茨及其阐释法，或许难以清晰地呈现交互主体。就阐释法而言，归根结底，人类学家是在"做"民族志。由此，正视并谨慎对待阐释中的权力实践，"做"好田野工作的同时也"做"好民族志，似宜更倾向于以"本体论转向"为基础，考虑可操作性措施。首先，人类学家应当有理论自觉地对待与他者的话语权力关系，优先使用他者的话语解释经验材料，然后再转译成人类学可交流的语言；其次，重视多重宇宙论"并接结构"及其中的权力不平等，将他者宇宙论置放在语言叙述的中心位置；再次，在兼顾认识论的同时，从本体论上注重交互主体性。两个以上主体分别有自己的主观性是一个客观事实，阐释无法绝对

---

① 〔美〕马歇尔·萨林斯：《历史之岛》，蓝达居等译，上海人民出版社，2003，第163页。

消除它，而只能在互动中尽可能注重他者自主性，以达至实践性客观（而非科学主义意义上的客观）。依照斯科特的建议，对多种宇宙论应加以比较，但不要"异文合并"以求"纯化"。而依照加达默尔的阐释论，则绝对意义上的误解根本就无法避免。[①] 但无论是人类学家的田野对象，还是民族志的读者，他们在意的并非这种误解，而是本可避免的、因为宇宙论和话语权力不平等造成的偏见。一句话，如何"做"好民族志，不仅是个知识认识论问题，更是个权力实践论问题。

---

① 〔德〕汉斯-格奥尔格·加达默尔：《真理与方法》上卷，洪汉鼎译，上海译文出版社，2004，第 407 页。

第三章 超出自我与他者的实践增量及民族志"做"法

——以《双面人》为例

一 追问民族志究竟是写什么的

民族志究竟是写什么的？对此问题，常见的答案多为"他者"的社会文化。这样作答固然是不错的，但若从方法论上对之细究，却似有简单、笼统之嫌。

在古典人类学时代，非西方的社会文化（空间上的他者），常被当作西方人自我远古的过去（时间上的他者）。第一次世界大战和第二次世界大战让西方人开始反思其自我文明的缺陷，人类学开始由猎奇逐步转化为试图从他者经验中，寻找克服自我社会文化弊病的积极因素。在此背景下，马凌诺斯基将民族志看作客观描写和分析他者社会文化的科学报告，[①]成为广为接受的方法论。但这种民族志方法论，也因马氏本人的田野日记曝出对他者充满偏见，[②] 而遭人质疑。

当然，从方法论根基看，更深刻的转变动力还来自哲学"范式革命"。[③] 马氏民族志方法论的哲理根基，是源于亚里士多德并经康德改造，

---

① 〔英〕马凌诺斯基：《西太平洋的航海者》，梁永佳、李绍明译，华夏出版社，2002，第2~3页。

② 〔英〕勃洛尼斯拉夫·马林诺夫斯基：《一本严格意义上的日记》，卞思梅等译，广西师范大学出版社，2015，第103页。

③ 〔美〕托马斯·库恩：《科学革命的结构》，金吾伦等译，北京大学出版社，2003，第21~22页。

认为世界有同一的本原，人靠理性能认识这一本原的哲学。①"同一"哲学强调人与自然二分，但进入 20 世纪后受到挑战。海德格尔批判其"人类学趋势试图摆出权威的架势，来规定那与存在者之整体保持一致的、人的此在的整体"，②并尝试借鉴道家人与自然合一思想，"分解"（开显）"存在"论与神学、逻辑学统一的框架。③海氏并未完全成功，以致放弃了"存在"与"时间"关系的思考。④海氏弟子列维纳斯在本体论上指出"同一"哲学抹杀个人价值，对他者充满暴力，提议"在尘世实存的展开中"、在"家政的实存的展开中来描述与他者的关系"，⑤但也未摆脱"自身意识"与"存在"关系的困扰；⑥在认识论上，加达默尔开出"诠释"之路，指出认知乃人作为主体诠释他者。⑦

　　加氏诠释学，成为之后格尔茨将"文化解释"，⑧作为民族志方法论的理论源泉，列维纳斯之路则有更多激进的"反叛者"。例如，福柯认为，看似确定的知识其实只是权力使然，⑨解构此类宏大叙事方能唤醒"沉睡的人类学"、呈现真正的人；⑩德勒兹等指出，"同一"哲学错在过于相信自我理性，⑪而其

---

①　叶秀山：《西方哲学观念之变迁》，载叶秀山等主编《西方哲学史（学术版）》第 1 卷，凤凰出版社、江苏人民出版社，2004，第 174~175 页。

②　〔德〕马丁·海德格尔：《德国观念论与当前哲学的困境》，李华译，西北大学出版社，2016，第 23 页。

③　〔德〕马丁·海德格尔：《同一与差异》，孙周兴等译，商务印书馆，2011，第 73~77 页。

④　孙周兴：《在思想的林中路上》，载孙周兴选编《海德格尔选集》上，上海三联书店，1996，第 4~5 页。

⑤　〔法〕伊曼纽尔·列维纳斯：《总体与无限》，朱刚译，北京大学出版社，2016，第 24 页。

⑥　朱刚：《通往自身意识的伦理之路》，《世界哲学》2015 年第 4 期。

⑦　〔德〕汉斯-格奥尔格·加达默尔：《真理与方法》上卷，洪汉鼎译，上海译文出版社，2004，第 17~18 页。

⑧　〔美〕克利福德·格尔茨：《文化的解释》，韩莉译，译林出版社，1999，第 27 页。更激进者则主张民族志就是"写文化"（〔美〕詹姆斯·克利福德、〔美〕乔治·马库斯《写文化》，高丙中等译，商务印书馆，2006，第 35 页），甚至"天真"之说（〔英〕奈吉尔·巴利：《天真的人类学家》，何颖怡译，广西师范大学出版社，2011，第 7 页）。在此类视角下，民族志写的是自我主观体验。

⑨　〔法〕米歇尔·福柯：《知识考古学》，谢强等译，三联书店，2003，第 15 页。

⑩　〔法〕米歇尔·福柯：《词与物》，莫伟民译，上海三联书店，2002，第 444~447 页。

⑪　〔法〕吉尔·德勒兹、菲力克斯·迦塔利：《什么是哲学》，张祖建译，湖南文艺出版社，2007，第 496 页。

实自我是被欲望编码的;① 拉康强调,"同一"结构化使自我成为虚幻的"镜像",② 真实的他者也由此消失;③ 利奥塔主张,"差异"乃至"混沌"比"同一"更重要,应是(知识)秩序的基本规则;④ 德里达批判"同一"哲学为语音(逻各斯)中心主义,使他者陷入"单语主义"、⑤ 无法用(靠)语言发声(倾听),⑥ 由此提倡重视"差异""书写"的"新人文主义"。⑦ 在此背景下,于连等聚焦中欧哲学差异、主张经由中国反思欧洲的方法论,⑧ 在欧洲哲学和人类学界颇受重视。

在世纪之交人类学理论探讨中,以上哲理著述是常被引用的重要理论资源。表现在民族志方法论上,主要理论动向被称作"本体论转向"。⑨ 代表人物之一斯科特强调,民族志书写要避免为求"纯化"而"异文合并"。⑩ 另一重要代表人物戴斯考拉强调,人类社会文化与自然结构从根本上是相通的(山川、树木皆有思维⑪),此理在非西方社会中很常见,西方人因过于聚焦自我理性而将人与自然二分,才成了例外。⑫ 换句话说,斯科特、戴斯考拉在民族志方法论上,重申了尊重他者与自我差异、走出"同一"哲学,同时认为非西方原本就有迥异于"同一"哲学的文化根基。

---

① 〔法〕吉尔·德勒兹、菲力克斯·迦塔利:《什么是哲学》,张祖建译,湖南文艺出版社,2007,第180~181页。

② Lacan Jacques, *Écrits: A Selection*, London and New York: Routledge, 2001, p. 1.

③ Lacan Jacques, Mehlman Jeffrey, "The Other Is Missing", October, Vol. 40, No. 1, 1987.

④ 〔法〕让-弗朗索瓦·利奥塔:《话语,图形》,谢晶译,上海人民出版社,2012,第166~167页。

⑤ Derrida Jacques, *Monolingualism of the Other*; *Or*, *The Prosthesis of Origin*, Stanford: Stanford University Press, 1998, p. 67-69.

⑥ Derrida Jacques, *The Ear of the Other*, New York: Schocken Books, 1985, pp. 6-7.

⑦ Derrida Jacques, *Writing and Difference*, London and New York: Routledge, 2001, p. 370.

⑧ 〔法〕弗朗索瓦·于连、狄艾里·马尔塞斯:《(经由中国)从外部反思欧洲》,张放译,大象出版社,2005,第313~314页。

⑨ Heywood Paolo, "Anthropology and What There Is: Reflections on 'Ontology'", *The Cambridge Journal of Anthropology*, Vol. 30, No. 1, 2012.

⑩ Scott Michael, "Steps to a Methodological Non-dualism", *Critique of Anthropology*, Vol. 33, No. 3, 2013.

⑪ Descola Philippe, *Beyond Nature and Culture*, Chicago and London: The University of Chicago Press, 2013, pp. 38-43.

⑫ Descola Philippe, *Beyond Nature and Culture*, Chicago and London: The University of Chicago Press, 2013, pp. 78-84.

此类讨论给人类学和民族志方法论，带来了新的活力。可是，自我毕竟无法从本体意义上变成他者，民族志无法只写他者而不加入自我认知。同时，脱离他者，任意书写自我认知的民族志，又不为人所信。那么，尊重自我与他者的差异，无疑是睿智的，但民族志所写，毕竟不能只是这种差异。否则，民族志就还是猎奇。进而，既然民族志应尊重差异但不只是写差异，就依然值得追问：它究竟是写什么的？

笔者认为，民族志写的不完全是他者，也不完全是自我，而主要是超出了自我与他者的实践增量。实践增量既来源于田野工作中自我与他者（人或物）互动，也来源于自我与学术场域中其他学者互动，以及自我对两种互动的反思。

从操作层面看，民族志具有高度的实践性，不是"写"而是"做"出来的。[①] 民族志方法论的实质内涵，也只有在"做"民族志的过程中，方看得更清楚。因为，民族志一旦变为"成品"，作者所处学术场域、创作情境及其主观能动性，即会在某种程度上被删除或隐去，只有"条理化"的田野经验与理论脉络被留下。而若细究实践状态的民族志方法论，则创作"过程"比"成品"更能让人知其所以然。

以下，笔者将结合拙作《双面人》，[②] 深度直击实践状态"做"民族志的方法论。此番讨论，离不开回顾其田野工作和写作历程，以说明民族志这样一种基于人类学田野工作的"菜肴"，在其背后的"厨房"里经历了什么样的"烹饪"过程。以其为例讨论民族志方法论，并非敝帚自珍，而是笔者只熟知自写民族志的具体过程。

二 在社会心态与政治经济学之间

2007 年 11 月，笔者第一次前往地处粤西的渡桥镇和程村做调查。调查既开始，当然希望能持续下来，成为参与式观察的田野工作，然后写出

---

① 谭同学：《多重宇宙论并接的交互主体性阐释：兼论"做"民族志》，《思想战线》2017年第 5 期。

② 谭同学：《双面人：转型乡村中的人生、欲望与社会心态》，社会科学文献出版社，2016，第 321~345 页。

一部民族志。不过,笔者当时满脑子想的另外一件事,是修改博士学位论文。而那是基于湘东南乡村 8 个多月的田野工作,初步写成却远未完成的民族志。

2008 年 6~9 月和 2009 年 7~9 月两次在渡桥镇和程村集中时间做田野工作,正是笔者将湘东南田野经验写成民族志的关键阶段。后者取题《桥村有道》,着眼于从村庄权力、道德实践入手,考察近代至当代微观乡村社会结构转型,于 2010 年出版。① 在《桥村有道》的修改过程中及出版后,笔者曾收到不少反馈意见,有人指出它对乡村经济缺乏关注。这种观点颇有"经济基础决定上层建筑"的意味,但也不乏合理之处,社会转型的确是立体、多维的历史过程,经济是一个很重要的维度。

设定渡桥镇和程村田野、议题,在理论上受到了费孝通相关论述的影响。费孝通晚年在一篇文章中谈及扩展社会学的界限时(这里的"社会学"显然包括人类学),着重强调了社会心态研究,以及"将心比心"和从中国传统文明中发掘方法论视角,理解中国社会心态的重要性。② 可惜因为年事已高,此后费孝通再未对之做进一步细致解释。但很显然,他指的社会心态不是个体心理活动,也不是社会心理学意义上的文化抽象。后者常将"中国人"作为一个浓缩的集合概念使用,但贫与富、古与今,不同历史时期不同群体呈现的社会心态何其不同!那如何从操作层面入手,去收集描写社会心态的民族志材料呢?笔者打算不妨顺着"经验的逻辑"走。两年下来与农民和基层官员互动,听到各种各样对社会的抱怨(大多指向官员和老板)。于是,笔者收集了不少有关村庄(大队、生产队)、乡镇(公社)干部如何使用权力的故事。笔者当然会谨慎地对待农民闲聊中呈现的这种"牢骚",而不会简单地相信它们都是客观事实。但经常被重复的言谈,就社会心态而言,毕竟肯定有其原因。

笔者此时的田野工作还远远算不上深入。但按博士后工作制度,笔者需要撰写 1 篇工作论文。于是,在持续 2 年、实际在地田野工作 5 个多月的基础上,笔者开始用已得到的田野材料,尝试撰写一部简单的民族志

---

① 谭同学:《桥村有道:转型乡村的道德、权力与社会结构》,三联书店,2010。
② 费孝通:《试谈扩展社会学的传统界限》,《北京大学学报》(哲学社会科学版)2003 年第 3 期。

（简称"初稿"），并于 2010 年 2 月提交答辩。

在理论脉络上，初稿最开始主要是尝试回应学界既有研究中关于当代中国社会的某些判断。不少学者关于当代中国乡村急剧转型的描述和分析，如阎云翔所提"无公德的个人"概念，[①] 流心所指只在于当下而不在乎昨天、明天的"今日之今日性"判断，[②] 都呈现一种缺少反思性的单向特征。可在渡桥镇和程村的田野中，笔者明显观察到，无论是由官员组成的基层政府，还是或富或贫的村民，都表现出试图将截然相反的面向，如人情与货币，融合在看似并不矛盾的日常生活中。如果实在有张力过大的悖论，他们即诉诸"报""命""运"等解释，以自圆其说。沿着类似于他们这种论述，往更抽象的理论层面追溯，笔者发现，与马尔库塞关于"单向度的人"的批判性论述[③]有内在逻辑相通之处。于是，笔者将"单向度的人"理论，当成了哲理层面的对话目标，认为现代性所导致的也可能会是充满自相矛盾的"双面人"。由此，"双面人"成了初稿的标题。

在具体论述上，笔者着重对劳动与权力、资本的关系，及其对社会心态形成的影响，进行了分析。就民族志书写而言，当代人类学对中国乡村的研究，似乎主要集中在社会和文化维度，对经济关注较少。对于渡桥镇和程村田野工作所处宽泛意义上的华南来说，麻国庆曾从文化与族群关系议题入手，尝试发掘其方法论意义，即"作为方法的华南"。[④] 这一探讨当然是富有洞见的，但若在人类学之上叠加政治经济学视角，华南在其他诸多议题领域，或许也具有方法论价值。[⑤]

三 从人生命运到社会深层历史感

初稿共写了 15 万字（后来只有不足 1.5 万字，融入了约 40 万字的出版稿中），有出版机构联系笔者，希望能付诸出版，但笔者婉拒了此提议。

---

① 阎云翔：《私人生活的变革》，龚小夏译，上海书店出版社，2006，第 243 页。
② 流心：《自我的他性》，常姝译，上海人民出版社，2005，第 144 页。
③ 〔美〕赫伯特·马尔库塞：《单向度的人》，刘继译，上海译文出版社，2006，第 3~4 页。
④ 麻国庆：《作为方法的华南：中心和周边的时空转换》，《思想战线》2006 年第 4 期。
⑤ 谭同学：《再论作为方法的华南：人类学与政治经济学的交叉视野》，《思想战线》2010 年第 5 期。

之所以如此选择，除个人学术旨趣外，也与学术场域中其他学者间的互动密切相关。例如，笔者受到了所参与的"社会学与人类学'三人行'读书会"的影响。读书会的核心成员都认为，学术应尽力求其质。笔者在中山大学华南农村研究中心与其他成员互动，也获得了直接支持。其中，在理论脉络上，麻国庆很强调继承与发掘其师费孝通的思想资源；吴重庆则对乡村社会研究有着与传统文化血脉相连的造诣，更借独特的编辑经历而对人文社会科学成果有上好的鉴赏品位。此外，与几位毕业于中山大学、充满学术热情的年轻学者频繁互动，也获益良多。

2013 年秋，笔者计划前往伦敦政治经济学院人类学系访学时，才决定重新撰写民族志。研究"延长"了 4 年，究竟增添了多少新材料呢？单就一些重要人物的人生基本线索来说，几乎没有增加多少，新增加的都是零碎的细节。但是，这些细节对笔者加深对当地社会和人们的理解，却具有实质性意义。

笔者听无数村民在闲聊中提起，"时代变了，人心变了"。人心指的究竟是什么？原因呢？这些问题，不仅笔者，就连村民原也未细想过。因为，这一切皆是在频繁互动实践中新增出来的想法。

笔者曾大致了解过"大集体"时期程村支书程成仁①的人生故事，但主要聚焦于村庄政治。2012 年清明节，笔者到程村，村民纷纷与笔者议论不久前去世的程成仁。这位"风云人物"晚年经济困顿，最后几年在贫病交加、凄苦孤独中度过。这次与村民互动，对笔者的直接刺激是：其人生跌宕起伏如此剧烈，此前笔者却对其卸任支书之后的生活关注不多。这进而让笔者思考，大多数村民都是普通人，其人生对社会、国家而言只是沧海一粟，而对他们自己来说却是全部，对其亲朋也是重要的一环。其人生受到了宏观历史进程的影响，但他们自己是如何看待这一切的？

同样触动笔者逐步去聚焦宏观历史与村民人生史关系的，还有与"农民老板"程守义互动的经历。他在"大集体"时期当过副支书，作为"造反派"代表还在县革委会任职过，后因经济问题和受程成仁排挤而放弃政治，再后靠良好的"人脉"和经营能力发家致富。此后，他违背婚姻的忠

---

① 书中所涉实地调查材料中的人名、地名，均为遵照学术规范作技术处理的化名。

诚,其家庭变得不安宁。他自己也有间歇性、充满矛盾的反思,不知道哪一个自己是真的。偶然而非事先设定的互动,才让程守义反思自己亦真亦假。对笔者后来的民族志写作而言,也正是这些偶然互动才生发出来的细节,刺激笔者去思考,村民如何看待如此戏剧化的人生?作为研究者,我们该如何看待?

此外,偶然互动生发出来的经验细节对笔者刺激尤深的还有,很多年轻人变得很迷茫。一方面,他们不愿如祖辈那样周而复始过生活,另一方面,又很难改变自身并不良好的社会地位。笔者房东的女儿程敬娴,一位有两个孩子而未外出打工的年轻妈妈,某次在看肥皂剧时,因未听懂香港人粤语中夹杂的英语单词 candle 和 sweet,而大发感慨,称自己已"土得掉渣"、会被时代淘汰。她还表示,一辈子就是为了吃、穿,"没意思"。而富裕村民,如程守义之子也向笔者感叹"没意思"、"心累"、生活"空得很"。倒是那些犬儒的年轻人看得开。这些年轻人,社会阶层、人生态度有很大的差别。可是,与他们互动多了,却让笔者形成了一种整体性的感觉:他们常有焦虑、无意义感,但又并不彻底。那么,这些复杂、多变的个体命运,是否有共同的经济、政治、社会乃至信仰方面的原因?他们形成的社会历史感,反过来又对社会意味着什么?

四 以民族志阐释他者的生活哲学

不少现代知识人,在论及当代农民生活时,常指责其物欲横流、政治保守、自我中心、缺乏公德、信仰坍塌、只在乎当下……笔者发现,这些分析固然有其深刻之处,但只讲这一面,是偏见。事实上,当代农民同时兼具两副完全相反的面孔:为利而"拼命",但亦不愿被"人欲即天理"的现代经济学"巫术"吞没;试图糅合利益算计与温情脉脉,而常陷入尴尬或犬儒;虚无与超越相悖,却能共生。乡村经济、政治、社会及信仰隐含了诸多悖论,但悖论也为人们以犬儒或包容的方式,将日常生活好好过下去,提供了基本理由。

可是,写一部民族志,毕竟不只是为了与其他学者"抬杠"。而若作建设性分析,追踪、分析和呈现当代农民兼具两副面孔背后的深层根由,又该从哪些方面着手？

　　基于《桥村有道》与读者互动的经验，笔者认为，经济、政治、社会结构和信仰方面的根由都值得深挖。但在渡桥镇和程村田野工作中，笔者明显体会到，历史因素不能弃之不顾。文化程度较高的乡村干部也罢，普通农民也罢，言之凿凿的所谓"历史"，有不少明显是虚假的。但即便如此，这些"历史"形成的"经验""教训"（姑且称为"历史感"），却影响了他们对世道变化和人生的理解。

　　此时，笔者对历史视角已有些理论自觉的意识。一方面，笔者曾震撼于年鉴学派以来欧美史学理论多次转向带来新视野、新发现。另一方面，与此相比更具"传统中国史学"特色的研究，对笔者触动也很大。但对渡桥镇和程村田野材料，直接套用"长时段"、"结构"、"实践"、"一切历史都是当代史"、"传统的发明"乃至"心态史"等"新史学"框架，似乎很难真正切中当地人的"痛苦""快乐"与"糊涂（麻木）"。或者，即便用更具"传统中国史学"特色的方法，因主要是口述资料，也难下手。而且，在此研究路数下，此前已有引发无谓口水战的案例。曹树基曾批评王铭铭，以不符合史学规范要求的史料作为依据，分析闽南社会史。① 或因双方关心的实质问题并未形成交锋，王铭铭没有回应这一批评。但同样作为人类学者，当笔者尝试到历史学领域借鉴理论与方法资源时，对此哪怕是"鸡同鸭讲"的争论，仍不得不做一番反思。人类学究竟在尝试，以及有可能，从历史学中寻找到什么？及此话题，当然不免会让人想起，列维-斯特劳斯早就说过，历史学研究"热社会"的历史，而人类学研究"冷社会"的历史。② 可是，渡桥镇和程村的田野经验却无论如何不属于"冷社会"。列氏划分，虽在结构人类学上有重要价值，却很难为人类学"自己人"研究"自己的社会"提供可操作化的方法论。

　　为此，笔者讨论过"作为人类学方法论的'文史哲'传统"，③ 并曾

① 曹树基：《中国村落研究的东西方对话：评王铭铭〈社区的历程〉》，《中国社会科学》1999年第1期。
② 〔法〕迪迪埃·埃里蓬：《今昔纵横谈：克劳德·列维-斯特劳斯》，袁文强译，北京大学出版社，1997，第155页。
③ 谭同学：《作为人类学方法论的"文史哲"传统》，《开放时代》2017年第3期。

得到不少学者指点。但各种不同路数的意见有很大张力，再加上扩展视野所致如临深渊般的挑战，笔者曾焦虑并想过放弃这一切。只是，又总有些不甘。从社会与文化研究的"使命"感来说，每每路过陈寅恪先生故居旁，不免对"传统中国文化"有些念想。在与之隔草坪相望的博雅学院里，甘阳曾著《通三统》一书，主张融通儒家"人文传统"、毛泽东时代"平等传统"和改革开放以来的"自由传统"。[①] 笔者自知才疏学浅，无力亦无意从事如此宏大议题的研究。但是即便研究当代乡村社会，由于诸多历史因素的存在，而迫不得已去思考，不管将以上如此不同的历史时期概括为什么传统，如果不是从宏观政治逻辑，而是从普通人的生活逻辑来说，终究得落实到具体从哪些路径去"通"。

当然，与国际人类学同行互动时，笔者事实上对西方哲学、人类学理论掌握得不够精深，同样也颇有惶恐。由此，笔者曾对后现代哲学趋之若鹜，可以泛泛地梳理出一系列让人看似有学问的、哲学化程度很高的概念，如代码、阴性书写、反讽、诗学、阈限、存在、去场所化等。笔者从不反对使用这些概念，但问题是，在民族志书写中，如何建立起这些理论概念和田野经验之间、符合逻辑推理的联系，而不是扯虎皮做大旗？

正是在多个学术场域中与多学科的学者互动，促使笔者尽量从田野中当地人自重的"文史哲"传统出发，考察其人生"哲学"转型的历史进程。

五　作者与田野不可缺席的民族志

展开民族志写作时，如何尽量保证经验优先，整体性地呈现田野经验呢？对这个问题，当然会、也应该有多种答案。笔者期望找到一种能兼容学术思考和非专业读者的方式。当然，并非所有高深研究都应且可以通俗化地呈现，但笔者对当代大量民族志满纸皆是少数同行才懂的"行话""黑话"，乃至不知所云的"胡话"，的确颇有不满。在这个意义上，我们需要一些迈向普通人的人类学。

---

① 甘阳：《通三统》，三联书店，2007，第3~4页。

由此，除了文字风格上力求直白、朴实之外，笔者还希望在这部新的民族志里，不要将自己的理论分析强加给读者，于是决定将田野经验材料和理论分析相对分开写作。而就渡桥镇和程村的田野而言，文化惯习对塑造基层干部和村民在经济、政治、社会和信仰方面的行为，显然有非常强的作用。由此，笔者决定在理论分析部分，将经济、政治、社会和信仰的结构化分析，与更深层次的"文化自觉（反思）"相对分开。

着手将田野经验材料"做"进民族志时，还有如何呈现材料的问题。由于强调将"文史哲"传统引入人类学研究，想看未受现代史学、文学"污染"的传统中国历史和文学书写，同时与部分学者互动得到建议，去英伦前后，笔者再读了一遍《史记》和《红楼梦》。其中，《史记》给笔者启发最为直接。太史公要呈现的是一段长达数百年、面向非常繁杂的历史，并要"究天人之际"，以"通古今之变"。① 可是，若从具体细节去看，《史记》却竟然主要是一个又一个人的人生故事！毫无疑问，太史公著史，笔在人生史，意达之处却既有个人命运、人生哲理，更有深层结构、春秋大义。如果通过渡桥镇和程村基层干部、村民的人生史，来呈现当代乡村经济、政治、社会和信仰转型，以及他们在此过程中关于人与物、人与人、人与心、人与国、人与史、人与命的观念转型逻辑，不正好可借鉴这种写法吗？

借鉴这种写法，还与笔者因另一篇论文和匿名评审人互动，及由此生发出的体验有关。2011 年，笔者曾撰文前往香港中文大学参加学术会议。拙文以参加湘南暴动、后投降国民党、再后又想返回共产党而被勤务兵暗杀的李宗保人生故事，在不同时期被不同群体叙述为不同版本为例，力图说明从历史叙事反观叙事者及其社会，或可成为一种历史人类学的微观研究进路。② 由穗、港历史学家主办的《历史人类学学刊》将之送予匿名评审。2014 年有评审意见指出："湘南暴动"只是中共党史的说法，国民党视之为"暴乱"，论文称李宗保为"湘南暴动者"似不够中立。其时笔者在英伦，很容易体会到个中差别，但因人类学重视"他者"叙述的原则，

① 司马迁：《报任安书》，习古堂国学网（http://www.xigutang.com/guwenguanzhi/6671.html），2014 年 12 月 30 日访问。

② 谭同学：《从历史叙事反观叙事者及其社会》，《历史人类学学刊》2014 年第 2 期。

更因身处特定学术场域、社会情境，认为宜采"暴动"之说。这次互动让笔者认识到，史学对人类学的曹树基式质疑，其实同样适用于史学"自我"反思。在历史叙事中，作者不可能缺席，其主体性视角对叙述不可能毫无影响。民族志写作也一样，与其将作者隐藏起来，使之在民族志中缺席，倒不如坦然呈现作者在场，让读者更易明白，哪些是田野中"他者"的经验，哪些是作者的"自我"判断。

此外，还有一种特殊的"互动"，也对笔者采用这种方式写作民族志，起到了"敦促"作用。包括周末在内，整个暑假笔者都泡在伦敦政治经济学院 Seligman 图书室，写民族志。马凌诺斯基曾在用他老师名字命名的图书室里，定期组织讨论会。偶尔，笔者不禁望着墙上马氏的画像想，如果他尚健在，会如何看待当代复杂社会的民族志写作？若如当代某些激进者所说，民族志仅仅是作者的主观表述，那还有必要做田野工作、写民族志吗？小说、戏剧、诗歌，不也能表述？念及此处，又觉得马氏其实有很可爱的地方。在日记中他虽有偏见，但至少懂得在民族志写作中不能任由主观看法泛滥，而需尽量以田野经验细节，去呈现"野蛮人"的社会文化，论证学术上的理论议题。后人质疑其方法论固然有道理，但走向另一个极端——唯主观论，则显然落入了虚无主义陷阱。他者实质上缺席，唯有自我在场，如此民族志方法论，非但不比马氏方法高明，更可能因消除了他者眼光，而销蚀整个人类学的根基。

六　结语

透过《双面人》的创作过程，诸多深层次地影响"做"民族志，而在民族志书面中通常不会言明的实践性因素，得以呈现了出来。作为民族志，它最终以如此面貌示人，并不仅是研究对象（他者）孤立的社会文化经验，更非纯属笔者（自我）闭关冥思的主观体验，而主要是笔者与研究对象以及其他学者互动、新生发出的结果。

就研究对象说，正是与村民、基层干部长期互动，笔者才意识到"人心"话题的重要性。这是互动中生发出来的实践增量，而非事先设定。同样，若非面对笔者，村民也不可能凭空抱怨。抱怨虽有社会心态基础，但其言语本身,却是在与笔者互动中新生发出来的。类似的还有,尽管经过前期调查,在基本信息上,笔者已经了解程成仁的人生历程,但直到他去世后的清明节,笔者与村民互动,才意识到其晚年经历的重要性。就其人生历程信息而言,材料并未增加,但它促使笔者加深了对既有材料的理解。村民在笔者面前议论其人生,也非随时都会发生的事情,而与其刚去世的偶发性情境有关。至于程守义那些充满矛盾的感悟,以及笔者对其感悟的理解,同样也是在互动中新生发出来的。此外还有,程敬娴听不懂粤语肥皂剧中夹杂的英文,虽不乏感受,但若非笔者刚好在场与之互动,大抵也不会引发关于人生意义的长篇大论。

就理论脉络说,若非因《桥村有道》与其他学者互动被指出未关注经济(获得此类而非其他意见,也有偶然性),加上与从族群文化角度将华南作为方法的学者互动,笔者就不会注重政治经济学与人类学视野交叉,并在《双面人》中专门辟出篇幅聚焦经济。若非此前即高度关注费孝通晚年著述,而身边不少学者在互动中也强调此理论脉络,笔者或许不会将研究议题设定为社会心态。若非与批判当代中国农民为"无公德的个人""只在于当下"的学者直接或间接互动,笔者则未必会留意农民在经济、政治、社会和信仰等基本生活维度中兼具两面特征,进而将"单向度的人"理论纳入对话脉络。若非与满纸"黑话"乃至"胡话"的民族志(作者)互动,笔者就不会尝试迈向普通人的人类学。若非看到历史学对人类学的曹树基式批评,以及与历史学匿名审稿人互动,加上在 Seligman 图书室写作的场景感,笔者则未必会如此谨慎对待"新史学"、"传统中国史学"及列维-斯特劳斯关于人类学如何书写历史的判断,并笃定借鉴《史记》来呈现人生史(田野调查材料)及其隐含的"历史感"。

当然,并非自我与他者(研究对象、其他学者)的所有互动,对于"做"民族志,都是建设性的。从直接关系看,笔者"恶补"阅读《红楼梦》,就完全没派上用场。而博士后工作论文制度及与出版机构互动,甚至给了笔者将粗糙的初稿,交付出版的"压力"与"诱惑"。除了自我执着,笔者还从与不少认真对待学术的学者互动中获得支持,方下决心坚持延长研究时间。与不同领域学者互动,虽收获很大,但也不乏张力和困扰,以至于笔者一度非常焦虑而动过放弃探索的念头。与国际同行互动,有收获，也有惶恐，以至于笔者花了不少精力积累后现代理论。只是念及与田野工作之他者互动，不忍以此切割其喜怒、哀乐、宽容或犬儒，加上每每置身有陈寅恪故居、博雅教育在旁的空间，总有某种挥之不去的文化"使命"感，方有了些许淡然，不计时间地调整知识结构，尝试从深层田野经验中透露出的"文史哲"传统出发，反思其人生史之理论价值。

对笔者"做"民族志而言，与田野工作中研究对象和学术场域中其他学者互动，不管得到的是建设性的触动，还是非建设性的困扰，互动都是前提。若无互动，他者就只是与自我无关的任意抽象，针对互动的自我反思就更无从谈起，那么自我或可写小说、戏剧、诗歌，但唯独不可能写民族志。因此，虽然他者与自我皆不可或缺，但不是他者、也非自我，唯因互动而情境性生发的、超出自我与他者的实践增量，才在方法论上使"做"民族志成为可能。

从这个角度说，民族志不仅是作者的智识产物，也是其在田野工作中与研究对象，在学术场域中与其他学者，基于某些特定情境或理论脉络相互碰撞的产物。仿照马克思的话说，人类学家"做"民族志，但是他们并不是随心所欲地"做"，而是基于田野经验、在特定学术场域的某些情境和理论脉络下"做"。

第二篇 │ 经验主体与理论自觉

第四章　中国乡村研究中的经验修辞与他者想象

——以《私人生活的变革》为例

对实地调查经验的高度依赖和重视，是经验研究区别于一切玄谈的最根本的标志。但对经验研究者自身而言，则似乎也同样需要警醒，经验的重要性并不代表它能自动呈现理论命题的答案。没有理论加工的"裸体"经验，虽未必没有任何意义，却很难归为学术研究。例如，人类学在研究乡村社会时较擅长于从村庄这般小的地方经验中挖掘理论对话的灵感，但对当地经验远丰富、熟稔于田野工作者的地方精英们，如老村长，却为何不是人们认可的人类学家？

此类质问说明，但凡以经验调查、叙述为基础而展开的学术研究，都绕不开一个问题，那便是如何在经验叙述的基础上建立起让读者可信的理论分析、总结和推论。毫无疑问，人类学的民族志写作亦须同样经过这么一个过程。一个拥有丰富地方经验（材料）的老村主任之所以难以被人认可为人类学家，乃是因为他难以从其经验材料中建立起学术意义上的理论分析。质言之，就民族志的叙事而言，经验材料的重要性是不言而喻的，但须注意的是，它只是必要条件而非充分条件。成功的民族志叙事须得在厚重经验"深描"① 的基础上，提出因果关系对应的理论分析或解释。

以下笔者将试图以阎云翔先生的《私人生活的变革》一书为例（以下简称《私》），② 对此问题略作分析。

---

① 〔美〕克利福德·格尔茨：《文化的解释》，韩莉译，译林出版社，1999，第 3 页。
② 参见阎云翔《私人生活的变革》，龚小夏译，上海书店出版社，2006。

选此书作为分析样板主要有如下几个方面的考虑。第一，该书曾荣获2005 年美国"列文森奖"，[①] 足见其在西方主流社会科学（尤其是中国研究）中的影响，也可见将其作为笔者分析的"标本"具有一定的代表性；第二，在笔者看来，该书作为一项民族志书写，鲜明地呈现了经验叙述与理论分析之间的张力，以其为"标本"有利于清晰地梳理二者的关系；第三，该书作者另著有《礼物的流动》，[②] 笔者认为，其经验叙述与理论分析结合得较好，甚具启发，故以《私》为"标本"亦可表明笔者的分析乃对事不对人。

一　撇开历史如何谈传统

如《私》的英文标题 *Private Life under Socialism*[③]（社会主义下的私人生活）原意所指，其聚焦的问题乃是社会主义中国建立之后的私人生活变化，以及由此形成的新传统。也正由此，该书的副标题限定研究时间为1949~1999 年。依照纵向的时间轴为标准，来研究社会的变化，清晰地界定研究的阶段性无疑是较为严谨的做法，它一方面可以建立其分析的历史感，另一方面又至少可以避免泛泛而谈某种传统历史（如动辄漫谈上下几千年）。但是，严格界定研究对象的阶段性，丝毫不代表研究者可以将研究对象从它本身更广阔的历史中切割出来研究，俨然它在研究者所界定的阶段之前就没有了历史一样。以《私》为例，并不能因为作者界定了其研究对象的时间段为 1949 年之后，而可以完全撇开其 1949 年前的历史来说它在 1949 年后形成了某种新传统。

《私》通过描写姻亲关系在其所调查的下岬村当中的重要性，[④] 力图说

---

① "列文森奖"全称"列文森中国研究书籍奖"，是美国亚洲研究协会为纪念中国近代史研究巨擘列文森（Joseph R. Levenson）而设立的，奖励在美国出版的，在中国历史、文化、社会、政治、经济等方面研究的杰出学术著作。该奖从 1987 年开始颁发，按照研究内容分属 20 世纪之前和之后，每年颁发给 2 部著作（早年也曾颁发过 3 部）。

② 参见阎云翔《礼物的流动》，李放春、刘瑜译，上海人民出版社，2000。

③ Yan Yunxiang, *Private Life under Socialism: Love, Intimacy, and Family Change in a Chinese Village*, 1949-1999, California: Stanford University Press, 2003.

④ 阎云翔：《私人生活的变革》，龚小夏译，上海书店出版社，2006，第 47 页。

明较之于许烺光、费孝通等人描写的 1949 年前宗族主导的汉族乡村社会，1949 年后乡村的宗族开始衰落，个人的自主性开始上升。但很显然，这里忽略了两个关键问题：第一，即便是姻亲变得更为重要起来，能说明的也是核心家庭在宗族或者村落中变得比 1949 年前更重要，而不能直接证明"个人"的重要性；第二，1949 年前的下岬村及其所在的地方社会是许烺光、费孝通所描写的那种宗族主导型的乡村社会吗？如果是，《私》关于其 1949 年前后的比较就成立，但若不是，则《私》只能与下岬村 1949 年前的情况做比较，而不能笼统地与许烺光、费孝通所描写的、典型的汉族传统乡村社会做比较。

种种迹象表明，下岬村所在的东北汉族乡村社会，的确具有较明显的特殊性，与许烺光、费孝通所描写的、典型的宗族主导型的乡村社会有巨大的不同。从事东北社会史研究的学者唐戈曾指出，"传统的中国社会是一个宗法社会，这为汉学人类学以及其他相关学科的研究所一再证明……在亲属网络中，血亲无疑比姻亲重要，而在整个血亲中，父系血亲无疑又是重中之重。东北地区汉族社会亲属关系的上述特点在中国应该算是一个特例，而这正是我们理解东北汉族社会特殊性的一把钥匙"。[1] 究其缘由，他认为这乃是因为东北乡村属于移民社会，形成的时间比较短，宗族色彩没有中原地区那么强，宗族村庄在东北非常罕见。唐戈还仔细分析了下岬村的宗亲和姻亲情况，表明其在 1949 年前即为多姓多宗杂居，村庄内部通婚盛行，姻亲关系就相当重要，甚至于在很多地方比父系的血亲更重要。[2] 换句话说，《私》所说的姻亲关系对下岬村村民的日常生活很重要这一特点，在 1949 年前即如此，而非 1949 年后突然出现的转折。撇开其 1949 年前的历史，"开天辟地"式地从 1949 年后的历史阶段开始考察私人生活的变化，显然割裂了村民私人生活本身的历史。

若往更深处分析，我们会发现，将下岬村 1949 年后的姻亲状况与费孝通、许烺光等人描写的乡村社会做比较，从本质上来说更多地属于空间上

① 唐戈：《从姻亲在亲属网络中的地位看东北汉族乡村社会的特点——对人类学家阎云翔的回应》，《东北史地》2007 年第 6 期。
② 唐戈：《从姻亲在亲属网络中的地位看东北汉族乡村社会的特点——对人类学家阎云翔的回应》，《东北史地》2007 年第 6 期。

不同区域类型经验的比较，而不是历时性的比较。这种撇开历史谈传统的叙事方式，为了让研究对象的经验看上去符合理论结论，削足适履，将其研究对象去历史化了。是故，清晰界定研究对象的历史阶段有助于使经验叙述的修辞更为具体化，但这并不能必然增加经验修辞对理论结论的论证力度。

二 没有他者如何看自我

《私》作为一项长期跟踪调查的结果，十分清晰地呈现了深度调查的优势。在短期调查中，调查者常会遇到因与被调查者不甚熟悉，而为后者"谎报军情"所误导的情况。在《私》中，作者举了一个例子说明这个道理：下岬村的一个妇女曾多次说她20世纪60年代的婚姻并不是自由恋爱，而后来终于有一次承认是自由恋爱，并向作者诉说了这段往事。[1] 毫无疑问，就批评走马观花似的调查不够深入而言，阎云翔的分析无疑十分正确。但是，同样值得强调的是，在这种"阵地战"的"战果"面前，我们也不能被"胜利"冲昏了头脑。事实上，对其他类型经验哪怕是"游击战"式的了解，对于加深研究者对其长期调查的个案经验理解，并非就没有一丁点好处。相反，或许还可以进一步说，若对其他类型经验缺乏基本了解和对比意识，甚至也会影响研究者对深度个案的理论自觉。

《私》非常细致地呈现了村民居住空间的变化（而对村民住房在村庄布局中的变化却缺乏敏感性），并以生动的案例说明了居住空间的私密化对于私人生活的重要性。在20世纪80年代以前的下岬村，大姑娘小伙子结婚后也跟其他人一起睡大炕，后来村民住房内部结构发生了变化，出现单元房——这些当然是真实的事实。进而，作者认为，由于村民（尤其是年轻人）有了更多私密的空间，也便有了容纳更多更为精彩的私人生活的空间。因此，居住空间的变化促使家庭内部关系发生了变化，是村民自主性得以升张的重要条件。[2]

---

[1] 阎云翔：《私人生活的变革》，龚小夏译，上海书店出版社，2006，第15~16页。
[2] 阎云翔：《私人生活的变革》，龚小夏译，上海书店出版社，2006，第140~145页。

　　但是，实际上，这种推理是很成问题的。如果对照《私》的深度个案以外的更广范围内的经验类型，例如对照中国南方的乡村社会的居住格局，便不难发现，就私密行为而言，1949 年前中国南方的农民家庭内部历来即有相对私密的空间。一对夫妇只会带不谙世事的小孩住一间房，有了性意识的黄花闺女绝不会与成年异性住在一间房，更遑论睡一张床。可是，那时候怎么就没有见到他们的自主性得到升张呢？

　　很显然，家庭内部居住空间的私人化与家庭成员自主性的生长并不是因果关系，相反，它更多的是共变关系，或是至少可以说主要不是因果关系。不过，这种否定性的判断并非我们要强调的重点。在这里需要强调的是，这种经验材料与理论总结之间的"牵强"感，并不是由于经验材料太稀薄、太粗糙造成的，而恰恰是在翔实的经验叙事基础上出现的。由此可见，长期调查或者说深度个案若不辅以"他者"的比较视野，容易误将共变关系当因果关系，或误将某一现象的次要原因当成主要原因对待。

　　从深层原因来看，作者在《私》中之所以会有这样的视野屏蔽，实际上有两个方面的原因。

　　第一，在研究方法上，《私》强调了"阵地战技术"的优势，而彻底否定了"游击战技术"所可能具有的积极意义。如果《私》较充分地注重空间上的"他者"经验的参照意义，与中国南方农民的居住格局历史有所对照，则会对下岬村时间上的"他者"经验保持足够的敏感性与自觉性，而不会将其1949 年后出现的居住格局变化当作地道的"他者"经验来叙述。

　　第二，面对深度个案的详细、生动经验时，《私》忘记了它们一方面能更充分地说明理论，但另一方面也容易为理论框架所切割的事实。如《私》首先就瞄准了"合作社家庭模式"[①] 这块靶子，并拿这一西方（当然也是他者的）理论作为标尺去衡量下岬村农民的居住格局，难免有按图索骥的痕迹。其结果是忽略了至少在核心家庭内部的情感，而单方面地突出了个人在乡村社会中的重要性。

---

① 阎云翔：《私人生活的变革》，龚小夏译，上海书店出版社，2006，第 5~10 页。

三 遮蔽经验如何抽象概念

《私》明确提出，"无公德的个人"① 是当代乡村社会结构的基础。但是，作者提供的经验论据及其论述过程却完全无法证明其理论结论，其结果是遮蔽了经验来抽象概念。具体而言，除了以上提及的关于空间私密化的证据之外，《私》着重强调了如下 4 个方面的证据，这里不妨逐一略作审视。

证据一：《私》的第二、三章提供了详细的经验材料，表明不仅是改革开放以来，而是从"大集体"时期开始，年轻一代就有了相当程度的婚姻自主权，并在公开表达爱情甚至婚前性行为方面迈出了步伐。② 这在一定程度上的确展现了个人自主性兴起的一面，不过，作者并没有说明这些婚姻已与双方的家人无关。事实上，后者的重要性只是较之于"过去"（传统）下降了。它们至多只能说明社会规则对于"公"与"私"界线的界定发生了变化，并不能证明"个人"比家庭在整个乡村社会结构中更具有基础性地位。

证据二：《私》的第四章以一个老年人的自杀、父母与年轻夫妇的矛盾关系及其处理方式等材料，论证年轻夫妇地位的上升。③《私》的第七章呈现了在居住、代际冲突中老年人的劣势，部分年轻夫妇虐待老年人，以及老年人不得已而采取防范措施保障自己（老两口）的基本生存权利的案例。④ 这的确呈现了作者所说的孝道衰落现象，但很显然这仍只是进一步强调了在主干家庭中，无论是父母还是年轻夫妇，都趋向以核心家庭为利益考量的基本单位，实际竞争的结果使父母组成的核心家庭处于劣势地位，而不能证明核心家庭内"个人"权利的增长（作者未提供材料证明在核心家庭内部"个人"是如何挑战家庭的）。

证据三：《私》的第六章通过考察以年轻夫妇为中心的彩礼支配和分

---

① 阎云翔：《私人生活的变革》，龚小夏译，上海书店出版社，2006，第 243 页。
② 阎云翔：《私人生活的变革》，龚小夏译，上海书店出版社，2006，第 51~97 页。
③ 阎云翔：《私人生活的变革》，龚小夏译，上海书店出版社，2006，第 101~126 页。
④ 阎云翔：《私人生活的变革》，龚小夏译，上海书店出版社，2006，第 183~208 页。

家模式，分析了家庭财产处置权的变化。① 但其论述本身却也同样只是证明了年轻夫妇组成（或者即将要组建成）的核心家庭在主干家庭中取得了更大的财产处置权，而难以说明"个人"在核心家庭内部是否取得了更大的财产权。

证据四：《私》的第八章展现了计划生育政策、妇女地位上升和村风等因素导致的新型生育文化，村民开始接受有女无子的生育结果。② 然而，很显然这除了能说明核心家庭内的性别关系有了重大变化之外，并不能证明"个人"在乡村社会结构中如何重要。

可是，作者紧接着就得出了"家庭的私人化"以及"无公德的个人"主导当代中国乡村的结论。而尤为让人（又尤其以理解"他者"著称的人类学研究）难以接受的是，作者在英文原文中使用的是 uncivil individual 这一概念。③ 在英文中，uncivil 有"粗野的、不文明的、失礼的、无文化的、未开化的"等含义（唯独很难与"无公德的"这一含义扯上关系，故而将 uncivil individual 译为"无公德的个人"，实属译者有意或无意地根据中文读者的文化习惯和容忍度，所作的一次"狡黠"甚或"精心"的"误读"）。很显然，以此类修饰词来描述当代中国乡村中的农民，即便没有歧视意味，至少也恐有失偏颇。考虑到英文的多数读者对中国乡村的现实情况未必都如译者这般了解，uncivil individual 作为原文的一个关键概念，确实容易造成人们的种种误解乃至不恰当的想象。

四　以抽象修辞言说国家

在解释私人生活转型的动力机制时，《私》将"无公德的个人"的出现归结为"社会主义国家"所为。这里其实很显然包括两个判断："个人主义"本是个好东西，只可惜社会主义国家将它弄巧成拙，结果成了"无公德的个人"。关于前一个判断，事关价值问题，根据价值中立的标准，

① 阎云翔：《私人生活的变革》，龚小夏译，上海书店出版社，2006，第159~180页。
② 阎云翔：《私人生活的变革》，龚小夏译，上海书店出版社，2006，第211~236页。
③ 阎云翔：《私人生活的变革》，龚小夏译，上海书店出版社，2006，第225页。

且不去细究它，但第二个判断却属于经验论证过程，不得不细究。

除了导论与结论之外，《私》有八章经验叙述，资料十分翔实，却并未见它描述社会主义国家构架，如婚姻法、政治制度、基层权力实践等，如何影响村民的爱情、亲密行为。可在其结论部分，《私》突然直接从理论分析入手论证道：国家所推行的家庭革命剥夺了家庭的许多社会功能，新婚姻法和其他家庭改造政策导致了私人生活的转型，家庭被从亲属关系的结构中分离出来，这些最终导致了个人主义的兴起。[①] 俨然社会主义国家究竟如何导致"无公德的个人"出现，根本不需要经验证据作论证。

再往深处分析，我们会发现，即便《私》在作最后理论分析时匆匆提了一笔的、唯一直接相关的经验证据——1949年后婚姻法的出现导致了一个离婚高潮，[②] 也难以充分说明是社会主义国家塑造了"无公德的个人"。

大抵无人会否认，导致社会转型的因素是十分复杂的。社会主义国家的确会对私人生活的变化造成影响，但将它视作唯一原因可能就有失偏颇。事实上，即使在我国香港和台湾地区，也普遍出现了大家庭或者主干家庭关系松散化、核心家庭地位上升的现象，[③] 个人主义乃至极端个人主义的兴起也是已然出现的事实。

例如，李沛良曾用社会统计的办法分析了香港社会中资源竞争与人际关系模式：第一，社会联系是自我中心式的，即围绕个人而建立起来；第二，人民建立关系时考虑的主要是有实利可图，所以亲属和非亲属都可以被纳入格局之中；第三，从格局的中心向外，格局中成员的工具性价值逐级递减；第四，中心成员常要加强与其他成员亲密的关系，特别是与那些工具性价值较大的；第五，关系越紧密，就越有可能被中心成员用来实现其目标。他将这种模式称为"工具性差序格局"。[④]

接下来还需追问的是，在什么样的情况下，此类论述可以如此武断和偷懒，不需要经验证据和详细论证过程而广泛受到认可呢？对此问题的回

① 阎云翔：《私人生活的变革》，龚小夏译，上海书店出版社，2006，第252~261页。
② 阎云翔：《私人生活的变革》，龚小夏译，上海书店出版社，2006，第255页。
③ 庄英章：《家族与婚姻》，"中央"研究院民族学研究所，1994，第8页。
④ 李沛良：《论中国式社会学研究的关联概念与命题》，载北京大学社会学与人类学所编《东亚社会研究》，北京大学出版社，1993，第71页。

答，不得不顾及《私》作为民族志书写所要针对的读者群。如前已提及，英语世界的读者对于中国并不熟悉，对于中国正在实践一种什么样的社会主义亦似不甚熟悉。对于这个读者群而言，社会主义中国是一个地道的他者，甚或在某种程度上被意识形态化地描述乃至想象成了非西方意识形态的象征。再加上个人主义为其自我社会的基础，如此一来，将社会主义国家视作 uncivil individual 之根源，或多或少再次确证了其固有的偏见与想象。然而，与早期西方人类学家民族志书写所不同的是，《私》所书写的不再是西方原初意义上的"未开化的土著"，（社会主义）中国作为一个他者，不再封闭，不仅具有一定的阅读民族志的能力，也具有一定的自我表述能力。在这样的背景下，《私》在未能提供具体经验证据和详细论证过程的情况下，以抽象的修辞来言说"国家"的实践，注定了难以避开经验和方法上的风险与挑战。

五 他者的经验表述与修辞

从方法论的角度来说，以上甚或有些苛责的分析，其主旨并不在于论《私》之长短，而在于要彰显经验与理论之间的张力，并给民族志书写者以警醒。

民族志的书写尤为强调资料的细致、翔实，这无疑是必要的，也是其优势之一。但在民族志书写过程中，"他者"经验的主体性必须得到保证。撇开经验进行理论抽象，常被人称之为"两张皮"。当理论切割掉了它与经验叙事之间的联系时，切割掉的实际上是"他者"的主体性。也即，"他者"经验自身的逻辑性和其蕴含的理论意义被民族志书写者弃之不顾，而硬在它身上套上或是早已预设好的，或是临时牵强附会的但与之并不相符合的理论外衣。

民族志一旦被这样书写出来，翔实的经验细节的意义就发生了变化。它们不再是用以论证理论结论的论据，而变成了一种装饰、修辞，除了将理论结论装扮得看似言之有据之外，也就只能满足某些既定偏见或者猎奇心态了。质言之，经验成了纯粹的修辞，进一步"确证"了民族志书写者的理论想象，或者民族志读者对他者经验的想象。在这种状态下，再怎么长期的调查，再怎么详细的经验描写，对于理论分析和结论来说，对于"他者"本身的主体性来说，都似显意义不大。

当然，民族志书写者也可以端出一副傲慢的姿态：管"他者"的主体感受干什么？对"他者"的经验作如何解释，"他者"说了是不算数的，只有我的解释算数，话语权在我手里，我反正就是这么解释的！可是，以理解"他者"经验著称的民族志书写原本是极为强调从研究对象当地的内部视角去看世界的。如果民族志书写者真的傲慢到了这种程度的话，他（她）也就不用做田野工作了，因为其田野工作要确证的是自己或者读者的想象，而不是要从当地人的经验当中去寻找智慧。

以此般犀利的言辞行文至此，似有必要再次强调我们对事不对人的主旨。也即，这里我们亦须有自我反思：《私》以理论切割经验，未必是其作为民族志书写的本意。那么，我们当追问的将是，如何尽量避免在无意间用理论切割经验，造成经验与理论的"两张皮"？这可能是一个难以回答得周全的问题。但依笔者愚见，有两条原则可帮助我们在进行民族志书写时避开相当一部分"两张皮"的陷阱，下面不妨简述之。

第一，谨慎地对待不同经验类型。长期在一固定地点进行调查，容易陷入一种"熟视无睹"的陷阱，即因为太熟悉反而难以察觉当地经验的特点。若有意识地对其他类型的经验略做了解和比较，这些哪怕是走马观花得来的其他经验类型，则会刺激我们重新审视长期进行田野工作所得的经验，从而形成一种新的经验敏感性和理论自觉，在相当程度上避免将自己长期调查所得经验直接跳跃到一个宏大的理论结论。以笔者的亲身经历而言，曾在湖南某汉族村落调查数月后自感已无法在村中发现新的经验了，并且也可得出许多理论结论了，但一次为期半个月的贵州苗寨调查深深刺激了笔者。半个月的调查固然无法让笔者成为一个苗寨研究专家，但它让笔者重新认识到湖南汉族村落的许多特点，并且在理论概括时更为谨慎。

第二，谨慎地对待不同经验层次。民族志书写作为一种典型的质性研究方法，其田野工作点一般而言不是建立在抽样技术上的，而可能与其经验的独特性或者调查者进入田野的社会关系网络有关。由此，它的代表性常受到某种程度的责难。这些责难当然未必十分在理，但也绝非全是空穴来风，从具体的经验层面出发过渡到抽象的理论层面对话，的确隐含了某种程度的以偏概全的风险。依笔者愚见，若对经验进行分层并适当地根据经验的层次来进行理论总结、对话，似可在相当大程度上避开此陷阱。以费孝通先生的名著《江村经济》为例，若细分其经验层次不难发现，仅就缫丝业这个层面的经验叙述而言，"江村"当然难以代表中国（因为当时中国许多乡村并未发展缫丝业），但若从半殖民地农产品畸形商品化这个层面的经验来说，"江村"则无疑是当时中国乡村发展的一个"缩影"，具有很强的代表性。

第五章　家与中国社会文化结构研究的主位

——以《永远的家》为例

一　中国研究中的经验主位

众所周知，百余年来中国社会与文化经历了一个多次反思与重建的过程，而反思与重建着手之始自然离不开研究。自近代起，一代又一代学人关于中国社会与文化结构的研究，大抵验证了社会与文化人类学常提及的"他者/自我"视角的参照意义。我们正是在认识世界的过程中，方才发现中国在世界体系当中的位置，和以西方现代社会兴起为背景而形成的现代人文社会科学方式认识自身社会的重要性。我们既面临重新认识"他者"的需要，更有重新认识"自我"的紧迫。正由此，在西方学界中原本主要用来认识"他者"的人类学与主要面向"自我"的社会学，于20世纪30年代真正在中国开始生根发芽时，就结合得非常紧密。① 较早在理论和方法上倡导此方向的是吴文藻先生，而在实地研究中具体实践此种研究路数的主要有费孝通、田汝康、胡庆钧等人。他们以昆明郊外的魁阁为研究基地，形成了一批重要研究成果，其影响之大以至于人类学创始人之一马凌诺斯基据此认为出现了一个"社会学的中国学派"。②

"社会学的中国学派"是一句非常有分量的概括，它所表示的不仅仅是对社会学与人类学在中国生根发芽的赞许，而且包括对其研究特色的肯

---

① 杨雅彬：《近代中国社会科学》，中国社会科学出版社，2001，第667页。
② 费孝通：《费孝通文集》第14卷，群言出版社，1999，第15页。

定。那么，是什么样的特色足以让人认为这些研究具有"中国"学派意味呢？社会学与人类学研究方法的结合可能算得上一大特色，因为这在西方的社会科学当中是有明显区隔的。但仅有这一条似乎还不能说明问题，因为虽然社会学与人类学在西方有较明显的区别，在研究方法上却也绝不是截然一刀两断的。例如，法国的莫斯及其弟子哈布瓦赫也曾有过结合两种方法从事研究的代表作，[①] 后来的布迪厄也是由人类学入手而转向社会学，并且其研究在方法上有互通之处。[②] 故而，社会学与人类学在西方近代社会科学当中，真正的区隔还是集中在研究对象上，一个针对"他者"，另一个针对"自我"，在方法上并不是"井水不犯河水""鸡犬之声相闻，老死不相往来"。

如此看来，"社会学的中国学派"真正的特色可能还是得从"中国"二字上去认识。这里说的"中国"，毋庸置疑指的不仅仅是中国的学者所从事的研究，甚至于也不是仅仅指中国学者从事的"中国研究"（在西方的视角下，"中国研究"往往与非洲、东欧、拉丁美洲研究一样，被当作诸多区域研究中的一种，尽管是比较重要的一种），而是具有中国关怀的、以中国经验为主位的思考，是为了理解中国社会与文化本身和解决其所遇问题的。事实上，若非如此，魁阁里的先贤们实在没有必要仅仅从方法论上将社会学与人类学结合起来。因此，方法创新固可看作"社会学的中国学派"的特色之一，但其根本标志还是其研究中呈现的中国经验主位特征。

除了魁阁中产生的作品，在中国早期的社会学与人类学的其他成名研究当中，此点也一样表现得十分明显。例如，费孝通在《江村经济》中毫不掩饰对中国乡村经济和社会何去何从的忧虑，[③] 但这不仅未影响其研究的客观性，而且得到了包括马凌诺斯基、弗思等著名人类学家在内的称赞；《金翼》也处处体现了林耀华先生对社会剧烈变革和时局动荡条件下

---

① 参见〔法〕马塞尔·莫斯《礼物：古式社会中交换的形式与理由》，汲喆译，上海人民出版社，2002；〔法〕莫里斯·哈布瓦赫《论集体记忆》，毕然、郭金华译，上海人民出版社，2002。

② 参见〔法〕皮埃尔·布迪厄《实践感》，蒋梓骅译，译林出版社，2003。

③ 《费孝通文集》第2卷，群言出版社，1999，第4页。

社会秩序均衡的关怀，① 引起了学界的广泛注意；林顿先生更是在《一个中国村庄》的序言中，就杨懋春对中国社会变革的切肤之痛及其对于新技术、新社会建构模式推广的借鉴意义予以高度肯定。②

质言之，中国经验主位不仅没有妨碍，反而增强了社会学中国研究在方法上创新的可能性，以及进行社会学与人类学基本理论创新的潜力。由此才有了后来的"差序格局"这样的分析性概念，③ 以及"经济文化类型"④"民族走廊"⑤ 之类的社会文化理论，和社区研究、类型比较等"社会学调查"而非"社会调查"方法。⑥ 这与英国人类学家利奇先生所质疑的，人类学如何在自身社会研究中做到客观性问题，形成了很大的反差。费孝通先生在回答利奇的质疑时，曾谈到社会学与人类学研究"进去/出来"的问题，异文化的学者往往难以真正进入当地文化和经验整体，而本土学者进入经验较容易，却难得出来。⑦ 此处所说的"出来"，很显然要基于经验本身的发现提升为理论，绝不是盲目地直接与已有的理论进行对接（无论是西方的理论还是基于本土经验创造的理论，但考虑到中国经研究的"后发"实况，绝大部分流行理论均为"舶来品"，这里有更侧重于指西方理论的意味）。否则，常会出现未来得及真正"进去"却急于"出来"的现象，其结果自然是不可能"出来"，反倒容易形成经验与理论"两张皮"。

那么，中国经验如何才能在具体研究中取得主位呢？依据上述分析，可能至少有两点是值得注意的：第一，深入中国经验，并对其基本特征而非个别现象予以理论升华；第二，尊重中国经验，避免生搬硬套已有理论和用理论切割经验。下面，我们不妨结合麻国庆先生所著《永远的家》

① 参见林耀华《金翼》，三联书店，1989。
② 杨懋春：《一个中国村庄》，江苏人民出版社，2001，第5页。
③ 《费孝通文集》第5卷，群言出版社，1999，第332页。
④ 林耀华：《民族学通论》，中央民族大学出版社，1997，第80页。
⑤ 《费孝通文集》第8卷，群言出版社，1999，第319页。
⑥ 吴文藻：《吴文藻自传》，《晋阳学刊》1982年第6期。
⑦ 费孝通：《再谈人的研究在中国》，载北京大学社会学人类学所编《东亚社会研究》，北京大学出版社，1993，第163页。

（以下简称《永家》）一书，① 对此问题略作更具体的一些分析（同时亦可算作对该书的粗略评介）。

二　"差序格局"及其拓展研究

如上已提及，"差序格局"可算得上较为典型的基于中国经验主位升华出来的分析性概念。而说到对"差序格局"的拓展性研究，在中国学界也不是一件陌生的事情。已有的拓展性研究思路主要有如下 4 种。

第一种策略是将"差序格局"与当代新现象联系起来以解释当代社会结构特征。例如，杨善华、侯红蕊在考察现阶段农村社会中的血缘、姻缘、亲情和利益关系的基础上，认为"差序格局"出现了理性化趋势。②

第二种策略是将"差序格局"饰以限定语，用来分析当代社会的某些现象。例如，李沛良曾尝试用实证统计的办法研究"差序格局"，他在考察当代香港社会中熟人支持纷争、解决困难和经济资助等现象的基础上提出了"工具性差序格局"的概念。③

第三种策略是对"差序格局"进行再解释。例如，阎云翔一反学界关于"差序格局"主要指横向社会关系的观点，提出"差序格局"既包括横向关系上的、以自我为中心的、富有弹性的"差"，也包括纵向关系上的、刚性等级化的"序"。他进而指出，"差序格局的维系有赖于尊卑上下的等级差异的不断再生产，而这种再生产是通过伦理规范、资源配置、奖惩机制以及社会流动等社会文化制度实现的。"④

第四种策略是将"差序格局"予以扩大运用。例如，张继焦认为农民工在城市就业并不完全遵循原有的"差序格局"顺序，进而将农民工按照城市异质关系网络建立的关系称为"城市版'差序格局'"，以区别于原

① 参见麻国庆《永远的家》，北京大学出版社，2009。
② 杨善华、侯红蕊：《血缘、姻缘、亲情与利益》，《宁夏社会科学》1999 年第 6 期。
③ 李沛良：《论中国式社会学研究的关联概念与命题》，载北京大学社会学人类学所编《东亚社会研究》，北京大学出版社，1993，第 71 页。
④ 阎云翔：《差序格局与中国文化的等级观》，《社会学研究》2006 年第 4 期。

来的"乡村版'差序格局'"。①

就以上针对"差序格局"的拓展性研究思路，笔者曾专门撰文分析其优点与瑕疵，② 在此不另赘述。但此处仍需针对以上研究思路提出一个建设性的问题，那就是在费孝通先生创设"差序格局"概念原初思路下，进一步细化探讨中国社会与文化结构的研究思路一直付诸阙如。在《永家》中，"差序格局"也是被反复提及和得到探讨的一个概念。而且，在这里我们看到，除了论证需要援引之外，更多的是对"差序格局"的另一种拓展性研究。与以上所提及的诸种对"差序格局"的拓展研究不同，《永家》选择的拓展研究路径是进一步细化"差序格局"的理论系谱，讲清楚"差序"所遵循的方向、路径，及其在各类场域当中的表现特征和限度。

在这方面，从总体上来说，《永家》如同作者以博士学位论文为基础撰写的《家与中国社会结构》一书③（以下简称《家》），在研究思路上是一脉相承的，它延续了后者关于"差序格局"中"类"与"推"的细化研究思路。例如，作者就"差序格局"之说做了进一步的探讨，并在费孝通先生的基础上提出了一个更为具体的问题：在"差序格局"中，从中心点到其他各圈层的路径是什么？作者给出的答案是，一条路径是分家与继替，另一条路径是"类"与"推"。前者实现了社会的纵向结合，如以家为起点发展到分家，而分的同时又有继与合，故而形成了社会的延续，这在《永家》④ 与《家》⑤ 关于分家的探讨中表述得十分清楚；后者形成了社会的横向结合，如通过拟制的家与推己及人的拓展办法构建横向关系，《永家》关于传统汉族社会结构，⑥ 以及《家》关于秘密社会的探讨，⑦ 集中体现了此角度的发现。

《永家》与《家》在上述研究中所取得的发现，无论是在田野经验还是在文化传统方面，其解释力度都是显而易见的。以关于分家的研究为

① 张继焦：《差序格局：从"乡村版"到"城市版"》，《民族研究》2004 年第 6 期。
② 谭同学：《当代中国乡村社会结合中的工具性圈层格局》，《开放时代》2009 年第 8 期。
③ 参见麻国庆《家与中国社会结构》，文物出版社，1999。
④ 麻国庆：《永远的家》，北京大学出版社，2009，第 99~112 页。
⑤ 麻国庆：《家与中国社会结构》，文物出版社，1999，第 37~71 页。
⑥ 麻国庆：《永远的家》，北京大学出版社，2009，第 243~255 页。
⑦ 麻国庆：《家与中国社会结构》，文物出版社，1999，第 146 页。

例，这在社会学与人类学界已经是一个非常古老的话题，《永家》与《家》基于田野经验做出的解释，至少在合乎文化传统逻辑方面比前人的诸多研究显示了其突破性拓展。在以往的研究当中，尤其是持"异文化"眼光的诸多西方学者，往往认为中国的祖先崇拜其实是理性化的，晚辈为了获得祖先赐予的好处而持此信仰。与此相对应的是，在分家的问题上，往往将之视作一个完整大家庭的彻底分裂，变成若干个规模相对较小、结构相对较简单的家庭，而不同研究思路之间的争论主要集中在以何种标准判断分家这一社会行为正式发生。《永家》与《家》在关于分家的研究中却以大量田野材料证明，不管是有财产可供继承而产生的"析产"，还是没有财产可供继承而不得不以"分灶"了事的分家行为，都并不表明一个完整的大家庭如细胞分裂一般彻底分裂，而是有"继"。"继"一是指继人，即对老人的赡养义务，此为"分中有继""继中有养"，二是指继宗祧，即对祖先的祭祀。除了"继"之外，分家之后还有"合"。"合"指的当然不是再合为一个家庭共灶吃饭，而是指以"家"的观念和行为原则"类""推"及整个家族、宗族，整个家族、宗族合力继承祭祀义务和在日常生产、生活当中互助。分家是"分中有继也有合"这么一个完整的动态过程，而不是一次性的分裂。

质言之，将中国的祖先崇拜解读为理性化的算计方式，将之与财产继承或其他任何一种实利好处联系起来，是与中国文化的内在品质相去甚远的。造成此类视角偏差的因素可能有很多，但有一点可能是比较重要的，那就是在这种视角下中国经验本身并没有被放到突出的位置，以至于经验自身的特点不经意间即被西方理性化的理论所切割、掩盖了。与此相反，《永家》与《家》关于分家及"差序格局"的拓展性研究，则把中国经验摆在了主体的位置上，力图呈现经验本身的特征，而不是急于用所谓"理性人"的模式去套经验（这种做法实际上是将理论模型放在了主体的位置上）。甚至于，它也没有再局限于对"差序格局"进行字面上的拆解或再解释，而是在尊重经验主位的前提下，循"差序格局"概念的内在理路推进了其分析。

三 类型比较研究法及其应用

一旦谈到中国经验主位问题，从方法论上来说，不得不面对的一种疑问是如何将具体的田野经验与"中国"这么一个概念结合起来进行研究。或者说得再白一点，那就是什么样的经验才够得上作为主位的中国经验？如果不在研究方法上处理这个问题，势必会出现一种将任何发生在中国的社会现象均当作主位的中国经验来加以对待的局面，而其结果自然可能会导致依据极个别经验进行理论总结，并冠之以"中国"的现象发生。

例如，在前文提及的汉族乡村社会祖先崇拜研究中，芮马丁就认为，"中国人"（此处意为汉族人）对祖先的祭祀是完全与财产继承联系在一起的，没有从祖先手中继得财产者，可以不祭祀祖先，祖先并不总是仁慈的，相反常会无端地致祸于子孙。① 毫无疑问，就多数中国读者来说，这种说法多少显得有些冒犯。台湾人类学家李亦园后来撰文解释了此一结论：芮马丁所依赖的田野经验即使在台湾众多的移民社会当中也是非常极端的现象，其个案中的特殊婚姻（入赘、再婚、收养、过房）所占比重非常大，故而权力关系占了主导地位；而在我国老一辈人类学家许烺光所分析的经验现象当中，祖先仁慈且供奉祖先与财产继承无关，② 亲子关系占主导地位，是当时中国乡村社会的常态。③

这不由得让人想到利奇曾经针对中国研究提出的方法论问题。第一，自身社会研究能否做到客观？第二，个别社区的微型研究能否概括中国国情？④ 当利奇提出此问题时，言下之意自是说他本人的态度是否定性的。在旧殖民体系瓦解之后，像利奇这样的西方人类学家进入异文化也遇上了主权的边界，转而也不得不部分地转向了自身社会研究。故而，第一个问题问起来似乎有几分底气不足（当然，并不是说利奇提的问题就没有了方

---

① Ahern, Emily M., *The Cult of the Dead in a Chinese Village*, California: Standford University Press, 1973.

② 〔美〕许烺光：《祖荫下》，王芃、徐德隆译，（台北）南天书局，2001，第42页。

③ 参见李亦园《中国家族与其仪式：若干观念的检讨》，载杨国枢主编《中国人的心理》，江苏教育出版社，2006。

④ 《费孝通文集》第12卷，群言出版社，1999，第42页。

法论上的意义。对此，笔者曾提出在借鉴费孝通先生提供的对策基础上，以类型比较视野下的深度个案方法适度解决此问题，① 而百分之百地解决只可能是理论上的，事实上异文化研究一样也不可能做到此点）。对于利奇的第二个问题，费孝通先生曾提出通过"类型比较法"可从个别"逐步接近"整体。他说道，"江村固然不是中国全部农村的'典型'，但不失为许多中国农村所共同的'类型'或'模式'"。②

此法可谓深谙人类学的核心学理，在比较中发现各自的特点，通过他者看自我而又通过自我看他者，同时还不放弃通过自我看自我。正可谓没有"你"与"他"，便无所谓"我"。在《永家》与《家》中，费孝通先生倡导的这种"类型比较法"得到了充分的运用。

首先，《永家》通过对民族或族群互动的研究，无形中以其他社会与文化类型与汉族乡村社会结构与文化比较，而突出了后者的特点，以及二者你来我往、你中有我、我中有你的关系。例如，在早期关于广东阳春排瑶宗族与宗教的研究中，《永家》即呈现了一个群体利用宗族网络动员资源和凝聚人心，以宗教为主要依据，不仅保持了民族身份认同，而且获得了外界认可。③ 这反过来无疑衬托出了汉族社会当中宗族的结构与运行特点，以及信仰上与瑶族的区别与联系。在关于呼和浩特农耕蒙古族"家"的观念与宗教祭祀的研究中，《永家》更是明确提出了社区调查与比较研究相结合的研究方法，并通过对该蒙古族群家族组织与信仰上的考察，发现在这两点上与汉族已极为相似并未妨碍其强烈的民族身份意识。④ 从更深层次来看，这无疑更体现了两个民族在身份认同上的特性，有利于帮助人们认清中华民族身份认同呈多样性的同时而又在文化上成为一个有机整体的事实。

其次，《永家》与《家》通过对中国、日本这两种既有联系而又极为不同类型的社会结构与文化比较，以后者的特点衬托出前者的特点，以及二者在近代以来面对现代化冲击时所出现的不同反应。例如，在文化意识

---

① 谭同学：《类型比较视野下的深度个案与中国经验表述》，《开放时代》2009 年第 8 期。
② 费孝通：《费孝通文集》第 14 卷，群言出版社，1999，第 26 页。
③ 麻国庆：《永远的家》，北京大学出版社，2009，第 220 页。
④ 麻国庆：《永远的家》，北京大学出版社，2009，第 242 页。

层面,《永家》比较了中国的庙与日本的神社。作者发现,庙是自上而下发展起来的象征之物,村庙的祭祀是可以跨越村界的(这一点与以血缘关系为纽带而建造的祠堂不同),而神社则是自下而上形成的,血缘与地缘是一体的,不能跨界祭祀。不仅如此,在中国,村庙、宗祠主要是用于区域性或特定群体自己祖先的祭祀,与民族和国家关系均不是直接的,但神社却是日本国民普遍崇拜的民族与国家象征。[①] 置换成政治分析语言,可以说前者仅仅是地域性的动员系统,而后者则具有国家动员作用。中日儒家均强调家族主义,但因神道的存在,较之于中国文化强调的"孝",日本文化则更强调"忠"。与文化意识层面的此种特征相对应,日本的社会结构也有其独特之处。在这方面,《永家》以及《家》细致地分析了"分家"这一概念在中日社会结构上的区别。在中国,"分家"主要是动词意味,而在日本,它指的是长子继承制下长子之外其他儿子建立的家,主要是名词意味。故其家庭成员可包含非血缘成分,自我在处理家人及其他人的关系时,在中国强调"差序"原则,而在日本则强调"资格"和"场"。[②] 在现代化冲击面前,中国有更多不利于现代化的因素,如诸子均分祖产难以积累资本,小群体达成团结较容易,但国家整合却较难,等等。

最后,《永家》还从更为广阔范围的东亚与非洲及西方的比较中,力图论证经验在实地研究中较之于理论更应被置于主位。例如,《永家》曾从宗族理论的移植入手,探讨了亲属研究的普遍性与特殊性问题。亲属制度分析作为人类学的基本方法之一,对于东方社会的分析无疑也是适用的。但是,作为具体的亲属制度理论的宗族理论,则与非洲经验分不开,它被移植到东亚社会分析中的时候,多少显得有些"水土不服"。事实上,至少就中国宗族组织而言,并不像弗里德曼的宗族理论中呈现的那般缜密,而是根据社会生活变动也在某种程度上存在策略性适应机制。[③] 这些分析本身的周密程度,或许不是不可再讨论的。不过,《永家》呈现的以经验为主位,反对"本本主义"(但这绝不意味着一味排斥"本本")的研究思路却是十分明了。

---

① 麻国庆:《永远的家》,北京大学出版社,2009,第209页。
② 麻国庆:《家与中国社会结构》,文物出版社,1999,第188页。
③ 麻国庆:《永远的家》,北京大学出版社,2009,第35页。

四　从江村到乡土中国的方法

从以上三类比较分析当中，已不难看出《永家》与《家》将费孝通先生倡导的类型比较法贯彻到了具体的研究实践中。而在此，似有必要强调的是，与纯粹地照本宣科运用此方法不同，《永家》与《家》还形成了两条落实此方法的研究路径，它们构成了对此方法具体的、创造性的补充。这两条路径分别是：在与其他类型经验比较中发现研究对象的总体特征；在研究对象经验当中进行比较，就重要性或基础性程度划分类型，并抓住核心或基础类型进行分析，再将之扩展到其他讨论上。

在探讨类别中的关系时，第一条路径得到了清晰呈现。

潘光旦先生在其著名的关于"伦"字的考释中，曾指出"伦"有二义：一指类别，二指关系，关系的产生是在类别产生之后。[1]《永家》将潘光旦先生的论述引入中国社会文化结构的分析当中来，丰富了费孝通先生对"差序格局"的论述。与前文已提及的从社会继替而"分中有继也有合"、类与推并举两个具体角度，拓展"差序格局"的讨论略有不同，《永家》在此处主要依据"类"、"推"及"关系"的分析，从社会文化总体特征上拓展了"差序格局"的论述。例如，作者强调中国传统社会文化结构"类中有推、推中有礼"，前者指类别区分及如何处理自我所在类别与其他类别的关系，后者指"推"的原则。那么，"类"与"推"的基点是什么呢？答曰"类以群为本、推以家为轴"，这便是中国社会文化结构与个人本位的社会根本区分的地方。在处理与其他类别关系时如此，对类别中的关系怎么办呢？《永家》给出的答案是"类中有序、序中有辈"。在时间向度上，《永家》还强调了"类别还在延续、关系以'和'为贵"。[2]这样，《永家》在费孝通先生关于乡土中国"以己为中心一圈圈往外推"的关系格局论述当中增添了稍具体的内容。

在这些具体内容中，"类"与"推"是最基本的。"类"首先是分类

---

[1]　《潘光旦文集》第 10 卷，北京大学出版社，2000，第 146 页。

[2]　麻国庆：《永远的家》，北京大学出版社，2009，第 83 页。

的事实,是名词,即群己界限划定的前提。同时,"类"也是动词,即将"家"的原则应用到类似于家的范畴当中去。故而,"类"在分类的意义上并不具有绝对的不可通约性,相反能够参照"家"的标准进行伸缩,可以将"家"视作相同的"类",也可以将原本完全不同的"类"视作"家"。至于何时将"家"的范围伸缩至何种程度,得视"关系"而定。难怪梁漱溟先生在论述中国社会文化结构时,将之概括为"职业分立、伦理本位",① 王崧兴则称之为"有关系无组织",② 意指在这里没有因为社会分层或其他方式而形成的森严壁垒。可是,如何依照"关系"需要跨越不同的"类"对"家"的概念进行伸缩呢?承担此作用的即"推"。具体的"推"法主要有三种:一是"远""近"关系的"推",如在宗族内部不同分支和家庭之间运用"家"的原则待人;二是"上""下"关系的"推",在亲族组织中通过"辈分"和"排序"的方式反映出来;三是象征的"推",如拟制的"家"和拟制的亲属称谓,等等。在《永家》中,作者将"类"与"推"视作探讨中国社会结构原则的有益工具,③ 可谓在方法层面创造性地补充了类型比较法在中国社会文化结构研究中的具体路径。

在关于家与中国社会结构的探讨中,第二条路径也得以呈现。

正如利奇所指出的,靠局部叠加和个案堆砌,难以把握中国社会文化结构的整体特征。这正是不少像利奇这样的读者,认为从费孝通先生关于江村和云南三村的论述到其关于乡土中国的论述,存在一定的跳跃感的原因。一方面从具体内容分析来看,《乡土中国》具有很强的解释力,另一方面从方法论上来说,这些富有解释力的分析却又似乎无法从《江村经济》《云南三村》当中直接得出来。《永家》与《家》正好在此"跳跃"性环节上为《乡土中国》在论述上提供了具体的支撑。正如马克思不是试图穷尽资本主义的各类经验,而是将其庞大的资本论学说建立在对资本主义经济最基础的要件——商品的分析上,《永家》与《家》均将其关于中国社会文化结构的论述放在了关于家的考察上。而对于这一点,费孝通先

---

① 《梁漱溟全集》第 3 卷,山东人民出版社,2005,第 151~155 页。
② 王崧兴:《汉人的家族制:试论"有关系、无组织"的社会》,载"中央研究院"编《第二届国际汉学会议论文集》,(台北)"中央研究院",1989,第 271~279 页。
③ 麻国庆:《永远的家》,北京大学出版社,2009,第 73 页。

生在《江村经济》和《云南三村》中有丰富的论述，《永家》与《家》则建立起了这些论述与中国社会文化结构的整体特征分析之间的有机联系。例如，《永家》[①] 与《家》[②] 沿着费孝通先生关于"家"往外"推"的路线的论述（"家—扩展的家—村落—乡镇—区域"），具体细化和丰富了"推"的轨迹：一为"家—家庭—分家—宗族—同姓……联宗……异宗联合"；另一轨迹为"家—家户—村落—乡镇—城市—都会—经济区域……"也即，整个中国社会文化结构都是基于"家"而形成的，"家"及其关系的拓展轨迹即从《江村经济》到《乡土中国》转换的方法论依据（恰如《资本论》与"商品"的联系一样）。

就中国社会文化结构本身而言，依照地缘范围标准可以区分为社区、经济区系等类型，以血缘范围为标准则有宗族、房支、联合家庭、家等类型。从哪种类型或层面入手去认识中国社会文化结构更简便，或者说更容易理解其特征呢？弗里德曼认为以社区为基础的个案是有局限的，它主张从广泛区域内的宗族组织入手来分析中国。[③] 与此不同，施坚雅则认为应当从基层市场的经济区系入手来思考此问题。[④] 关于弗里德曼理论的优缺点前文已略有提及，因非专论此理论，在此不另赘述。施坚雅的基层市场六边模型（每一个经济区系如蜂窝状与其周围的 6 个经济区系发生联系）虽在叙述上有美感，却难以解释乡村社会中广泛存在的宗族、宗教联系。例如，其弟子萧凤霞在研究中山小榄镇的菊花会活动时就发现，除了经济区系上的联系之外，宗族、宗教和其他文化上的联系几乎都不按照地域上的六边形外扩，而是依据其他标准的远近决定关系的远近。[⑤] 经济区系上紧密相邻的两个村庄，完全有可能因为宗族或其他方面的隔阂来往甚少，转而在地理上舍近求远与同宗的村庄形成较紧密的组织。凡此种种，无须更多的铺垫，我们或已可说，"家"才是认识中国社会文化结构的真正基点，它既可沿地域原则扩展到经济区系，也可依血缘原则扩展至宗族。由

---

① 麻国庆：《永远的家》，北京大学出版社，2009，第 32 页。
② 麻国庆：《家与中国社会结构》，文物出版社，1999，第 216 页。
③ Freedman, M., *Chinese Lingeage and Society: Fukien and Kwangtung*, Lundon: Athlone Press, 1966.
④ 参见施坚雅《中国农村的市场和社会结构》，中国社会科学出版社，1998。
⑤ 萧凤霞：《传统的循环再生》，《历史人类学学刊》2003 年第 1 期。

此路径入手探讨中国社会文化结构的特征，方才有了脚踏实地的可能。也正是这种"可能"，使方法论上的江村到乡土中国之旅有了现实的依据。

五　家与中国研究的经验主位

《永家》以"永远"命名，自是十分关心传统社会的种种因素在当代的延续。由此它在标题上已然暗含了一种批评：那些将传统与现代完全割裂开来的观点可能是值得怀疑的。怀疑的理由自然不能只是凭空猜测，而要有经验事实作为依据。但要做到这一点，首先便需要将经验置于主体位置上，否则只会导致理论模型切割、掩盖经验，对与已有理论相左的经验视而不见，看到的都是已有理论模型已看到或要求看到的。

关于社会与文化结构的延续性问题，虽然有许多西方社会科学家以反对马克思而著称，但社会阶段论上却较之有过而无不及。在欧洲中心观的指引下，他们纷纷认为，其他的社会终究有一天都要像西欧这样发展，才算得上真正的进步或现代化。在诸多所谓的现代性因素当中，"市民社会"无疑是被当作一个社会现代化的重要标志。可是，从事中国研究的诸多史家们却似乎得出了这样的结论，不是现代中国而是传统中国，不是城市而是乡村，更像是拥有某种自治意味的"社会"。① 而在西方，这个概念原本是用来指称（尤其是现代资本主义兴起的）城市当中与国家具有对立性和自治意义的领域。② 按照现代社会代替传统社会的现代化理论，在这里似乎遇到了解释上的困难。一方面，毫无疑问中国正处在一个快速的现代化过程中，另一方面，原有的"社会"领域却急剧消失了。

难道中国的现代化是另类的，其过程导致的是"社会"的消失，而不是兴起？这样的问题，可能本身是成问题的。问题在哪里呢？这迫使我们追问，基于西欧经验概括出来的"市民社会"是不是普世的现代性标准，现代性因素是否可能与特定的文化传统完全割裂开来？《永家》正是从这个角度提醒了人们，在中国简单地将家族主义传统当作"市民社会"的对

---

① 参见黄宗智《中国的"公共领域"与"市民社会"？》，载黄宗智主编《中国研究的范式问题讨论》，社会科学文献出版社，2003。

② 参见邓正来、〔英〕J.C. 亚历山大《国家与市民社会》，中央编译出版社，2002。

立面是有危险的。在书中，作者力图说明家族主义主导下的、延续的纵式社会与"市民社会"存在互动与结合的可能，并称之为"家族化市民社会"。① 当然，此结论能否成立可能还需要更多的研究来检验。但有一点是毋庸置疑的，那就是它清晰地呈现了现代中国与传统中国在文化上的延续性。

除了以中国经验为主位批评阶段论式的、传统与现代对立的观点之外，《永家》对这种对立式的分析方式及其在中国的"水土不服"，最深刻的批评当属对"国家与社会"分析框架的质疑。

如上所述，"国家与社会"框架被移植到中国研究中后，在相当长一段时期内主要都是用来分析传统中国的。例如，黄宗智在研究传统中国乡村纠纷调解时提出了"第三领域"，② 罗威廉对近代汉口工商行会的研究也如此。③ 而《永家》与《家》给我们呈现的却是另外一番景象：无论是所谓的国家、乡村社会自治，还是工商行会，在中国都具有与"国家与社会"分析框架下不一般的意义。在"国家与社会"分析框架之中，国家与社会（如乡村自治群体、工商行会）具有对立的意味，"社会"是为了保护私人领域不受国家侵犯而形成的"保护膜"。

《永家》与《家》都曾提及，"家"具有扩展的功能。具体扩展法如前文所述有三：依据地缘扩展至村、乡镇、区域和国家；依据血缘可扩展至宗族、宗族联合；依据象征原则可扩展到拟制的家（如秘密社会、行会）。一句话，无论是国家、乡村自治的宗族，还是行会，在中国都共同根源于"家"。既属同源，它们虽有区别，却绝不具有"国家与社会"那般对立的意味。在这里，国家是根据"家"的原则来治理的国家，宗族是根据"家"的原则进行自治的宗族，行会也是根据"家"的原则管理的行会。不像西方的"社会"从"国家"中相对分离出来后，与之对立保护私人领域，中国的宗族和行会更是像协助国家共同基于"家"的原则治理社

---

① 麻国庆：《永远的家》，北京大学出版社，2009，第 51 页。

② 参见黄宗智《中国的"公共领域"与"市民社会"？》，载黄宗智主编《中国研究的范式问题讨论》，社会科学文献出版社，2003。

③ 参见〔美〕罗威廉《汉口：一个中国城市的商业和社会（1796~1889）》，江溶、鲁西奇译，中国人民大学出版社，2005。

会。话说至此，"国家与社会"理论与中国经验之间的错位已变得一览无遗。面对这种理论与经验的错位，难道我们还不应重视中国经验的主位问题吗？这大约是《永家》与《家》给出的无声拷问。

当然，若我们再回到利奇的问题，谈及经验主位，尤其对以研究自身社会为主的学者而言，可能还会面对一种与之十分相近却有本质区别的怀疑，那就是"主观"。如何克服"主观"给自身社会研究带来的偏见，前文关于类型比较法已有讨论，在此不另赘述。这里需要强调的是，如果没有"主位"，即使撇开了"主观"，做到了所谓的"客观"，也未必真正"客观"、合理，更不意味着正义。

关于这一点人类学史上有一个著名的案例。在分析后发展国家启动现代化过程中，社会原有内生的正义观同从外部引入的、更多反映现代生活方式和社会矛盾的正义观之间的紧张局面时，格尔茨称之为"语言混乱"。其所依赖的具体经验材料是：在法属殖民地玛穆什地区一个叫科恩的人的羊群被殖民政府控制区外的一群人抢劫，警察告知他政府的法律不适用于殖民控制区之外的地方。之后，科恩带领人将羊群抢回了家（这符合当地部落社会规则），却被殖民政府关进了监狱。[1]

毋庸置疑，作为解释人类学大师的格尔茨具有丰富的学识并敏锐地发现了当地法律"语言混乱"这么一个客观事实。但从根本原因来说，如果不是因为殖民统治的存在，法律的"语言混乱"局面在当地可能根本就不会出现。格尔茨却丝毫没有去批评殖民行为所带来的非正义性，俨然当地人本身的体验与他毫无瓜葛，正如一个动物学家对其实验玻璃瓶里的青蛙毫无感知一样。可是，与动物学家们有所不同，人类学家面对的是人，如果我们不能真正体味研究对象的喜怒哀乐，可能很难真正理解和"解释"清楚他们的生活。说到这里，我们又回到了本章开篇所提及的费孝通先生的告诫，对社会的研究，既要进得去，又要出得来。不真正"进入"，如何谈得上"出来"？这大概正是费先生提出"迈向人民的人类学"的现实缘由，[2] 并且从根本上暗含"文化自觉"的需要。[3]

---

① 格尔茨：《文化的解释》，韩莉译，译林出版社，1999，第9~11页。

② 《费孝通文集》第7卷，群言出版社，1999，第417页。

③ 《费孝通文集》第14卷，群言出版社，1999，第154页。

　　《永家》与《家》所呈现的中国社会文化研究中的中国经验主位，可算作这种告诫烙下的印迹。如此结论，自然主要是从方法论的角度来说，而无意在研究内容上夸大其完满性。因研究侧重点的需要，《永家》与《家》都强调了中国社会文化结构延续性的一面，但对其自近代以来变动的一面则少有提及。故而，就具体内容而言，无论是《家》还是《永家》，都尚是开放的、未完成的叙述，亟待更多后续的"添砖加瓦"。

第六章 参与式理论祛魅、文化自觉
与精准扶贫

——基于贵州 S 山区县的调查

一 从方法神话到本土实践

从社会治理角度看，扶贫也是社会治理的一部分。其基本目标和功能在于，通过对贫困人口的扶持，以克服社会分化带来的"马太"效应，实现善治。在我国社会治理和发展中，扶贫也是一项艰巨的任务。从 20 世纪 80 年代初至今，若就扶贫支持力量而言，毋庸置疑，国家力量在扶贫中扮演了不可或缺的角色。由此，在讨论如何提高扶贫资源使用绩效时，国家也便成了绕不开的分析要素。例如，曾长期从事扶贫和扶贫研究的学者发现，扶贫资金使用目标偏离往往与"精英俘获"有关。[①] 此外，政府扶贫资金管理中出现的"公地悲剧"、"垒大户"和监督缺位现象，[②] 也是近年扶贫研究中的焦点问题。正由此，精准扶贫作为一项国家重大战略，被推到了前沿。

与此相对照的另一种扶贫模式是参与式扶贫（也常称"参与式发展"），于 20 世纪 90 年代被引入我国，并成了一种较有影响力的话语。

---

① 邢成举、李小云：《精英俘获与财政扶贫项目目标偏离的研究》，《中国行政管理》2013 年第 9 期。

② 参见朱晓阳《施惠原则、垒大户与猫鼠共识》，《开放时代》2004 年第 6 期；王卓《扶贫资金政府管理中的公有地悲剧》，《农村经济》2007 年第 7 期；姜爱华《我国政府开发式扶贫资金使用绩效的评估与思考》，《宏观经济研究》2007 年第 6 期；黄万华、陈矞《委托代理框架下的农村财政扶贫资金使用效益研究》，《经济论坛》2013 年第 8 期。

其中，有研究者将之视作政府、社会团体和个人扶贫可选择的机制之一。[①] 也不乏更激进者，认为"政府失灵"属不可避免之弊端，故应由非政府组织（NGO）推动的参与式扶贫成为主导模式，[②] 或主张国家重点需要做的应是"完善与非政府组织相关的法律法规"，唯其如此方能在扶贫中弥补"政府责任缺失和市场失灵造成的不足"。[③] 更多的参与式扶贫倡导者则对此类论点的差异予以模糊化的处理，而着重突出论述贫困人口社会参与需求必须得到满足，以及参与式扶贫在道义与治理技术上的优势。如杨团曾介绍道：自 20 世纪 80 年代以来，西方国家的普通公民发现，"政府可以做到的事情实在有限……（从而）不愿意把改善社会福利和自我福利的责任更多地交给政府"，[④] 而协商、参与则能更好地满足现代社会治理中公民"日益增长的对政治权利和人权的要求"。与此相对照，"传统社会政策动用的主要手段是经济再分配，常常无视不同贫困人群需求的差异，他们长期无法实现社会参与的要求"。[⑤]

与以上观点有所不同，有研究者结合扶贫实证材料，对扶贫对象"参与"的主动性，[⑥] 以及"参与"的扶贫效果表示过质疑。[⑦] 此外，郭占锋曾强调，有必要对参与式扶贫"项目区深层次的文化原因进行探析"，又尤须注意国际机构支持的参与式发展项目"所具有的跨国际性、工作面广泛、链条长、文化环境复杂、民族差异性大等固有特点"。[⑧] 此番论述无疑入木三分，但是还可继续深思：参与式扶贫自其在西方产生及引入我国开始，即与治理问题相连，由此有针对性的反思亦当将之联系起来予以斟

---

① 李小云：《参与式发展概论》，中国农业大学出版社，2001，第 21 页；杨小柳：《参与式扶贫的中国实践和学术反思》，《思想战线》2010 年第 3 期；赵玉、刘娟：《参与式扶贫中政府与农户合作的障碍与对策》，《河北学刊》2013 年第 4 期。

② 陈立勤、〔美〕Kangshou Lu：《对我国政府主导型扶贫模式效率的思考》，《开发研究》2009 年第 1 期。

③ 李青青：《非政府组织在农村扶贫中的功能发挥》，《理论学习》2011 年第 8 期。

④ 杨团：《社会政策的理论与思索》，《社会学研究》2000 年第 4 期。

⑤ 杨团：《社会政策研究范式的演化及其启示》，《中国社会科学》2002 年第 4 期。

⑥ 何俊：《农村自然资源管理的参与式方法》，《林业与社会》2003 年第 4 期。

⑦ 徐家琦：《参与式"本土化"改造与 CNPAP 社区林业实践》，《林业与社会》2003 年第 5 期。

⑧ 郭占锋：《走出参与式发展的"表象"》，《开放时代》2010 年第 1 期。

酌。如朱晓阳、谭颖曾分析道：第一，参与式扶贫隐含对国家扶贫绩效的怀疑，但 1978 年中国农村贫困人口近 2.6 亿人，1985 年下降到不足 1 亿人，1998 年再下降到 4200 万人，前者"主要是由家庭联产承包责任制等一系列政策和实践措施促成的"，后者也与政府的努力密切相关；第二，参与式扶贫将贫困看作个人权利贫困的结果。①

从总体上看，参与式扶贫在我国形成的话语影响，远胜于基于本土实践的反思。以至于，曾长期参与国际援助发展项目，同时也是参与式扶贫在我国的重要引介者之一陆德泉也认为，对该模式的本土化和反思还似显不够。② 笔者认为，就此论题而言，似有必要将参与式扶贫及与之相连的理论基石——治理理论，作更进一步的综合考察。

言及此处，我们有必要对参与式扶贫的兴起略作简要回顾。它的基本理念与二战后西方发达国家对欠发达国家有计划地干预和发展援助有关，尤其是在亚非拉地区，尽管在 20 世纪五六十年代有了快速发展，但直至 70 年代其减贫的速度仍不尽如人意。在分析原因时，这一状况被认为与穷人在发展活动中被边缘化有关。由此，不少从事发展研究的学者和国际发展援助机构提出要扩大贫困人口在发展决策中的参与度，而首要的是在社会治理中进行"权力再分配"，③ 为贫困人口"赋权"，④ 让他们更有主动权。⑤ 参与

① 朱晓阳、谭颖：《对中国"发展"和"发展干预"研究的反思》，《社会学研究》2010 年第 4 期。
② 相比之下，西方长期从事发展研究的学者 Leys Colin 反倒对此有所反思，虽然其提出的解决方案仅是要在"折中主义"基础上再思考世界政治与发展的关系。参见陆德泉《发展人类学：架起研究者与实践者之间的桥梁》，载陆德泉、朱健刚主编《反思参与式发展》，社会科学文献出版社，2013，第 2~3 页；Leys Colin, *The Rise and Fall of Development Theory*, Bloomington: Indiana University Press, 1996, pp. 29-31.
③ 参见 Edgar Cahn, Barry Passet, *Citizen Participation: Effecting Community Change*, Westport, CT: Praeger, 1971, p. 9; Sherry Arnstein, "A Ladder of Citizen Participation", *Journal of the American Planning Association*, No. 4, 1969.
④ 参见 Derrick Sewell, John Coppock, *Public Participation in Planning*, London, New York: Wiley, 1977, p. 15; Peter Oakley, David Marsden, *Approaches to Participation in Rural Development*, Geneva: International Labour Office, 1984, p. 3.
⑤ 参见 Samuel Paul, *Community Participation in Developing Projects*, Washington DC: World Bank, 1987, p. 6; Spencer Laura, *Winning Through Participation*, Dubuque: Kendall Hunt Publishing Company, 1989, p. 20.

还被认为本身就是一种目的，有助于培育民主。① 在治理权力运行上，参与式发展理论则强调，扶贫项目要以贫困者的愿望为基础，是"对自上而下的权力结构的挑战"。② 在此理论脉络下，贫困问题与治理问题几乎被认为是一枚硬币的两面。以至于，世界银行于 1989 年言及非洲的贫困情况时，直接就称之为"治理危机"，③ 强调要通过（国际）NGO 推动参与式发展、克服危机。

简而言之，参与式发展理论在扶贫问题上，最基本的预设即国家不可靠。政府过强或民主化程度过低、贫困人口公民权利过弱，既是贫困人口致贫的原因，也是妨碍其脱贫的原因。该理论及其预设背后，又有一套治理理论为基础。它强调，社会治理的"非政治性"④ "多中心化"⑤，以及"弱化国家权力"⑥ "理性公民文化"的重要性。⑦ 在国家观上，它以自由主义国家理论为底色，如强调"最弱意义的国家"⑧ "自生自发秩序"。⑨ 在公民观上，它一方面强调个体居政治的首要地位，与强调公共责任优先的共和主义公民观针锋相对，⑩ 另一方面又强调以一种跨越国界的"公共

---

① Norman Wengert, "Citizen Participation: Practice in Search of a Theory", *National Resources Journal*, No. 1, 1976.

② 〔美〕约翰·弗里德曼：《再思贫困：赋权与公民权》，《国际社会科学杂志》1997 年第 2 期。

③ World Bank, *Sub-Saharan Africa: From Crisis to Sustainable Growth*, Washington DC: World Bank, 1989, p. 60.

④ 〔美〕卡尔·博格斯：《政治的终结》，陈家刚译，社会科学文献出版社，2001，第 31 页。

⑤ 参见〔美〕埃莉诺·奥斯特罗姆《公共事物的治理之道》，余逊达等译，上海三联书店，2000，第 314 页；〔美〕埃莉诺·奥斯特罗姆等《规则、博弈与公共池塘资源》，王巧玲等译，陕西人民出版社，2011，第 358~359 页。

⑥ 〔美〕文森特·奥斯特罗姆：《隐性帝国主义、掠夺性国家与自主治理》，载迈克尔·麦金尼斯编《多中心治道与发展》，毛寿龙译，上海三联书店，2000，第 209~233 页；〔美〕詹姆斯·罗西瑙：《没有政府的治理》，张胜军等译，江西人民出版社，2001，第 337 页。

⑦ 〔美〕罗伯特·帕特南：《使民主运转起来》，王列等译，江西人民出版社，2001，第 195~196 页；〔美〕文森特·奥斯特罗姆：《民主的意义及民主制度的脆弱性》，李梅译，陕西人民出版社，2011，第 286 页。

⑧ 〔美〕罗伯特·诺齐克：《无政府、国家与乌托邦》，何怀宏等译，中国社会科学出版社，1991，第 35 页。

⑨ 〔美〕弗里德利希·冯·哈耶克：《自由秩序原理》，邓正来译，三联书店，1997，第 33 页。

⑩ 郭忠华：《中译者序：个体·公民·政治》，载〔英〕德里克·希特《何谓公民身份》，郭忠华译，吉林出版集团有限责任公司，2007，第 13 页。

性","在族群复杂的社会和全球化政治背景下……超越当代国家主义政治的困境"。①

众所周知,我国正是一个日益融入全球化的多民族国家,且由于自然环境和历史的原因,贫困地区与民族地区多有重叠之处。那么,源于以上治理理论及其国家观、公民观的参与式理论在我国扶贫中的实践,以及与政府主导的扶贫工作互动而形成的扶贫格局,就既有为改进扶贫机制而加以考察之现实需要,也有检视、反思以上理论的意义。

以下我们将结合我国南方某省苗县的扶贫实践材料,② 对上述论题略作探讨。苗县辖 28 个乡镇 500 余个村(居)委会,总人口约 73 万,分属苗、瑶、土家等民族。苗县属"老、少、边、穷"地区,20 世纪 80 年代以来政府主导的扶贫项目即从未中断。自 90 年代末起,不少国际发展援助机构和 NGO 支持的参与式扶贫项目也得以在该县开展。也即,它涵盖了我们所要讨论的两类扶贫经验。

二 从管理式扶贫到服务式扶贫

就政府主导的扶贫模式而言,遇到的首要问题便是扶贫资源配置。其由上而下的资源配置模式,属于再分配性质,这就必然涉及再分配机制与基层扶贫实践对接的问题。从苗县的扶贫实践看,扶贫资源再分配及监督机制确有其亟待进一步完善的地方。这从如下几个方面的事例中可见一斑。

首先,"跑扶贫"现象使扶贫成本较高,粗放型再分配体制尤须转型。

在苗县调研过程中,笔者频繁地听到县乡两级干部提及"跑扶贫"和"跑项目"。究其本意,指的是前往省市两级相关部门去争取扶贫项目。因扶贫再分配机制尚不太精细,基层是否积极争取,所能获得的扶贫项目支

---

① 〔英〕布赖恩·特纳编《公民身份与社会理论》,郭忠华等译,吉林出版集团有限责任公司,2007,第 17 页。

② 除特别注明外,本章所用经验材料均源自笔者于 2011 年 7~8 月、2013 年 9 月及 2016 年 8 月在苗县调查所得,人名、地名均为化名。感谢王春光、孙兆霞、毛刚强、曾芸等人提供了帮助。

持往往相差很大。但如此一来，争取扶贫项目的成本也便不可避免地增高。除去有关部门的具体工作人员可能发生腐败行为不说，单是程序化的环节费用即不容小觑。其一是"跑扶贫"工作人员的差旅费，其二是支付相关评审专家的误工费用，其三是存在部分非正式接触开支。

其次，在扶贫资源配置与贫困群体客观需要之间，亟待提高对接精准度。

2008 年，苗县梧镇申请到省交通部门的扶贫资金，为其所辖的几个村修建碎石公路。因当年申请到的资金有限，该路只完成了约 70% 的工程量，其中最后 3 公里已修好路基但还不能通车。2009 年，梧镇提出再申请30 万元扶贫资金，将该路彻底修通。苗县将该项目上报后，得到的答复为该年的"政策精神"是提倡产业扶贫，不再鼓励搞基础建设，若要获得扶贫资源，需申报产业发展项目。修路一事被搁置，时隔两年，最后 3 公里路基已被雨水冲坏，若要通车，连路基都需重新再修。与此同时，苗县和梧镇政府又都不愿错过获得扶贫资源的机会。于是在无法申请修路项目的情况下，申请了一个种植葡萄的项目，并获得支持。但梧镇的贫困农民并无种植葡萄的意愿和技术，镇农技站也无指导农民种植葡萄的能力。为完成落实该项目，梧镇政府通过一些村干部做工作，劝说贫困农户种植葡萄。因部分贫困农户拒绝种植或根本无力种植，为凑足种植面积，村干部不得不选择一部分非贫困户加入该项目。其结果约 70% 的葡萄苗在种植过程中坏死、被当作柴烧，另约有 30% 的挂果，但因口感不好，也无经济效益。

再次，部门利益使扶贫资源分散化、低效化，制约扶贫合力的形成。

2012 年，在种植业扶贫资源配置上，苗县扶贫办有项目支持核桃种植，支持标准是每亩 370 元。与此同时，林业局有楠竹种植项目，支持标准为每亩 200 元，而发改局则有油茶种植项目，支持标准为每亩 200 元。由于各部门分头制定项目计划，在部分区域即出现了不同项目"争地"的现象。

又次，社区缺席扶贫，既不利于终端监督，也不利于社会主动性的发挥。

2011 年，苗县松镇梅村的一个小型水利扶贫项目发生纠纷，即属此类典型案例。该项目总经费 4 万元，按设计要求建一座蓄水池、架 200 米水管。项目由水利局发包给一位老板实施，从图纸设计到实施，村民均未参与，甚至松镇干部也只知道有此项目，但既未参与招投标，亦未经手经费。工程竣工后，老板找到村主任，让其在验收单上签字（凭此才能拿到项目余款）。村主任拒绝签字，水利局让松镇领导给村主任做工作，但纠纷并未解决。因项目运行几乎是撇开镇里进行的，镇领导也因"委屈"而消极。其后笔者经调查得知，其他村的干部之所以无视问题在验收单上签字，除了个人原因之外，所持逻辑确实如老板之词。而梅村村主任被视作"例外"，正是因他将扶贫视作了"关己"之事。由此视之，社区缺席扶贫似非个别现象，因社区无力，靠村干部个人监督扶贫项目质量，不免势单力薄。

最后，个别干部涉及扶贫资源再分配时有腐败行为，监督体系有待完善。

2002 年，苗县林业局曾获得一个扶贫项目，连续 4 年支持贫困山区农户植树造林。在该项目实施的核心区域之一柏镇，笔者了解到农户从镇政府领取到的、由市林业局通过县林业局发下来的树苗是杨树。但是，与苗县大多数山区一样，柏镇土层较薄，并不适宜种杨树，其传统经济林种植一向为杉树。农户和柏镇干部都曾向县林业局反映过这个问题，却并没有能够改变这一安排。其结果在 2005 年项目完结时，农户所种杨树已损失约 1/3。而据林业工作人员估计，即使成活的杨树，将来的成材率和经济效益也无法与杉树相提并论。除了树苗和土地资源浪费之外，基层干部无疑也浪费了大量的时间、精力，更为重要的是农户的劳力投入损失惨重。无奈之余，2005~2006 年苗县林业局又另申请扶贫资金，支持农户补种了约 1/3 的杉树。其实，自项目实施时起，不少基层干部和农户即猜测，市林业部门个别领导在此项目中可能有腐败行为。2010 年，其猜测被证实，一位领导被"双规"，其中即涉及与杨树苗种植老板权钱交易。不能不说，这中间关键的问题还在于监督体系不完善，未能及时予以纠偏。

从以上 5 个方面来看，政府主导扶贫资源再分配体制，如果能加强资金监管，同时在扶贫的具体实施环节上调整角色，其扶贫绩效显然还有提升的空间。但这丝毫不代表，政府主导扶贫资源再分配的基本模式从根本上就是低效的。关键在于政府需从扶贫项目具体管理者、实施者的角色当中超脱出来，变为监督者、服务者，从而能避免一些细节干扰，专注于抓扶贫质量。在这方面，苗县也有不少成功经验值得总结，如其养羊扶贫项目即为一个典型案例。

该项目的基本模式为"草地畜牧业发展中心+养殖基地+农户"。县政府将发改、林业、畜牧防疫等"条条"获得的扶贫资金整合为"块"，建设草场和养殖基地。农户负责修羊圈，到草地放羊。鉴于农户缺启动资金、技术，政府提供以下支持：第一，由草地中心发给由村组织申报养羊的农户羊只，3年后等额归还；第二，政府面向社会招聘专业养羊辅导员配备到村户，无偿提供技术服务，凭农户签字，政府为其报销工资；第三，若因草地中心和辅导员责任致羊死，须赔付农户80%款项，若因农户管理责任致羊死，农户向草地中心赔20%款项。自2007年实施以来，项目运行良好。据苗县政府统计，已有500余农户依靠该项目脱贫。

很显然，在此项目中，政府只是服务者和协调者，以及草地中心的所有者。农户投入劳力，监督扶贫资源使用，享受扶贫成果。参与实施扶贫的其他市场主体，如草地中心管理者、养羊辅导员，靠服务质量获得报酬，但如出现服务质量问题，须承担风险。此外，养羊辅导员与农户，以及农户与农户之间，在村庄社区层面频繁互动，既有利于技术传递，又有利于在社区范围内形成共同的监督力量。

在笔者及几位合作研究者的调研中，所遇养羊农户确实也都表示得了实惠。而其成功"秘诀"无疑既与政府主导资源投入有关，也与权、责、利清晰，有效调动了扶贫农户和参与扶贫实施的市场主体的积极性有关。其中，政府所做主要工作是服务，如提供资金支持、技术服务和监督。

由此视之，政府主导资源再分配的扶贫本身并非从根本上无法克服所谓的"政府失灵"现象。其关键在具体扶贫实践中，从实践思路到实施技术环节，政府亟待转变角色，从管理式走向服务式扶贫。若能实现这一转变，政府主导资源再分配的扶贫模式完全有能力完善机制，解决上文提及的5类问题，在现有巨大扶贫成就的基础上，进一步提高扶贫的精准度和资源的使用效率。

三　从参与式到共享式发展

相对于政府主导的扶贫模式，参与式扶贫模式确实有一些高效率的实践性技术环节。在苗县，也有一些此类典型事例。如在2005年，某NGO利用一笔境外援助资金在苗县支持3个贫困村庄修公路，其推进方式即参与式扶贫模式。

该项目分如下几步展开。第一步，发动群众。由该NGO的工作人员到相关的3个村委会召集农户推荐人员，成立理事会。在理事会中，明文规定控制村干部担任理事会成员的比例不能超过20%；第二步，理事会主持修路工作。由理事会讨论修路的具体设计，如路线、材质、劳力数量及购买原材料，等等。为降低修路成本，将碎石路修得更长，理事会决定，由村民投劳就地取材、用雷管炸石将之碎为石子。仅此一项，比通过市场购买碎石，就节约了近1/3的资金。与此同时，被占地的农户主动表示可以降低占地赔偿，又节约了一大笔资金。以至于该项目以25万元资金修通了近10公里碎石路，其造价远低于该年一般市场投标每公里7万~8万元的预算。

从此案例不难看出，在充分发动贫困人口参与扶贫项目实施这一点上，参与式扶贫的理念具有很好的动员效果。同时，它也有利于充分展示各方的意见，群策群力，达成更能够涵盖多样化需求的项目目标。甚至在具体技术环节上，也确实有促成各方谈判，训练其符合程序地争取正当利益，学会妥协、民主决策的意识。但是，它先验地认为"村两委"（党支部和村委会）成员是既有社会格局中的精英，需在扶贫项目中对其影响加以限制，以便产生更合适的、真正属于弱势群体的权威。撇开"村两委"并非必然不能代表民意不说，在实践中，它还容易造成扶贫组织与"村两委"关系紧张。在以上案例中，之所以这一关系处理得比较好，乃是因为不少村干部都认为，"帮我们修路是好事，也不可能出什么意外。只要把路修好了，由谁来（组织）修都可以。理事会能搞好，我们不参加，乐得少干点活。"但在另外一些案例中，这一关系则似乎处理起来不尽如人意。

在以上3个当中的一个村，同样是该NGO的工作人员，在其第三村民小组的低保户名单产生过程中，便与"村两委"产生了纠纷。起因是有几个超生户因当地"政策"无法进入低保户范围，但 NGO 的工作人员认为，既然超生已成事实，且曾缴纳过超生罚款，即应一视同仁被划为低保户。将遵守计生政策作为贫困户申请低保的一个条件，本身是否合理或另当别论，但确实并非"村两委"所能决定的事情，与村干部争论并无助于解决此问题。由此，村干部认为 NGO 不仅插手村庄公务，而且属于"无理取闹"，关系一度紧张。在另一个村计划利用政府扶贫资金建一座小公路桥时，"村两委"意欲将桥建在靠近"村两委"办公楼的地方，但后来在该 NGO 动员村民代表干预的情况下，建桥的地点改在了通往小学的路口，以至于"村两委"办公楼至今未通车。"村两委"为此事也对该 NGO 意见颇大。此二例一正一反，说明 NGO 所坚持的参与式扶贫理念在具体实践中，对既有基层治理体系，可能有补充、促进作用，也可能有固化的偏见，容易在扶贫中造成两类治理体系的冲突，使一些原本可能得以善治的问题变得复杂化。

　　即使不涉及"村两委"，单是参与式扶贫项目本身，在实践中也未必能如其理论所假设的那样，可以避免决策风险。原因在于，集体参与发展决策并不简单等同于正确发展道路。例如，1998 年，某 NGO 在苗县开展农业扶贫项目。经过 NGO 工作人员深入贫困农户广泛征求意见发现，贫困户所能想到的致富方式主要是种养业，其中技术条件最成熟的是养猪。为防止贫困户挪用扶贫资金，NGO 发给农户猪仔（计价每头 700 元），由农户饲养，农户售猪后归还猪仔成本。这个看似简单，也是农户原本即已有成熟饲养技术的项目，却遭遇了自然和市场的双重风险。首先，由于当地防疫技术跟不上，部分猪仔在饲养过程中因病死去。其次，那些将猪养大的农户也因猪肉价格下跌而未能真正赚到钱。

　　同时，参与式扶贫模式在具体实施环节，尤其在其对政府主导模式质疑较多的项目实施招标环节，也同样面临风险。例如，2008 年，某国际发展援助机构找到境内某 NGO 作为合作伙伴，委托它在苗县以参与式扶贫的方式，实施一个外币无息贷款种植油茶的项目。依照参与式扶贫的原则，该 NGO 的工作人员认为，参与幼苗供应招标的只有林业局下属的育苗基地，严重不符合多方参与的精神。苗县林业局曾提出，在附近地区唯有此育苗基地有正规资质。NGO工作人员则认为，对资质进行限定本就是不利于弱势群体的、带有垄断性的做法。因NGO比林业局更符合国际发展援助机构的理念，其意见成为主导。于是，招标降低资质标准要求，另外3家私人育苗场参与竞标。竞标的结果也再次"验证"了NGO参与式扶贫的基本预期，私人老板给出的价格更低，每株一年生幼苗1.1元、二年生幼苗1.98元，比县林业局育苗基地的价格各低0.2元。一时间，这被NGO当作了典型案例，用来说明市场毫无疑问优于政府，多元参与优于政府主导。但在两年后，部分农户发现自己所种植的并非油茶树苗，而是其他杂木苗，另外还有不少农户所种虽为油茶，却病虫害严重（部分源于此前幼苗消毒处理未达标）。当时提供油茶幼苗的3个老板却早已关闭育苗场，前往沿海去做生意，根本联系不上。农民除了要偿还油茶幼苗贷款本金之外，还浪费了大量的人力、物力。

可见，就精准识别贫困人口而言，参与式扶贫模式有其独特的优势。究其缘由，乃因为村庄是个"熟人社会",[①] 村民彼此比政府更熟悉各家各户的困难程度。但是，参与式扶贫并不能保证其扶贫资源带来的发展成果，就必定为贫困人口所享用。在2011年的调研过程中，笔者曾访谈过一位资深的参与式扶贫协作者李某，在苗县枫镇枫村从事参与式扶贫已达7年之久。他坦言，7年前入村时那20多户贫困村民仍是贫困户。一方面，这是因为要培养这些贫困户致富的能力并非一朝一夕的事情；另一方面，参与式扶贫如完全不与社区中能力较强的村民进行合作，很多项目根本就无法开展。结果数年下来，能力较强的村民或善于组织，或善于表达，直接、间接地从扶贫项目中受益的效果，比贫困户更明显。所以，除非推动参与式扶贫的NGO代替社区内生权威完成所有此类工作（而若如此就不是参与式扶贫了），否则就得依赖社区内生权威去动员、协调和表达利益。至于在发展成果的享用上，更是有可能具有一定公共性，未必能让贫困户成为最大的受益者。如前文提及的参与式扶贫修公路桥，确属多数村民代表同意的项目，但也不可否认，其结果仍是本已有了拖拉机的村民利用了更多的资源，从中找到了更多的商机。

---

① 费孝通：《费孝通文集》（第5卷），群言出版社，1999，第319页。

此外，参与式扶贫常批评政府主导扶贫模式存在官员个人挪用、贪污扶贫资源的现象。但种种迹象表明，参与式扶贫模式似也难以从根本上解决这个问题。因无法查阅相关援助机构和 NGO 的财务资料，故此处难以从整体上做出数量化的判断。但据李某所言，这一领域并非没有此类丑闻发生，只是一般极少以公共媒体的形式暴露出来。

从以上几个方面看，参与式扶贫模式是否能真正产生持续绩效，其关键似乎并不取决于参与式的动员、项目设定和实施，而取决于是否共享发展成果。否则，即使所有具体实施技术环节都符合参与式扶贫的标准，其结果贫困人群仍可能难以从扶贫项目带来的发展效应中受益，甚至仅仅只是养活了实施参与式扶贫项目的 NGO。一旦如此，贫困人群就不再是参与式扶贫的真正目标，而转为了其手段，即向国际发展援助机构申请资源、实现自我价值的借口。在此情况下，贫困人群仍愿意参与进来"合谋"，乃是因为他们虽非主要受益群体，但总比没有任何机会好。而国际发展援助机构则可能故意合谋、视而不见，或有心改之而无力执行。

不可也不必否认，参与式扶贫的基本技术是有用的，其部分理念也值得我国在扶贫过程中借鉴、吸收。例如，在不少具体扶贫实施环节上，政府理应注意引导以参与式扶贫为主的 NGO 充分发挥作用。但同样值得注意的是，参与式扶贫绝非包治百病的"万能药"。从内在精神上说，一味强调"参与式"，倒不如强调"共享式"发展。前者只是形式，后者才是实质和目的。用政府主导资源再分配的方式未尝不可达到"共享式"发展，而若只有"参与"而无发展成果的"共享"，参与式扶贫又何尝不是另一种形式主义。这样的形式主义，除了能使实施参与式扶贫的 NGO 获得自我实利和国际美誉乃至虚荣外，能带给作为目标群体的贫困人口的也就只剩下"总比没有任何机会好"的"鸡肋"。

四　精准扶贫须与社会治理并进

从以上正反两方面经验材料的分析，不难看出，政府主导扶贫模式与参与式扶贫模式在不同实践环节上各有其优劣之处。

政府主导扶贫模式的优势在于，以国家为后盾，扶贫资源量大，且具有可持续性。同时，它也最有利于与现有县乡基层组织相结合。在实践过程中，暴露的一些技术环节上的不足在于，选择扶贫目标群体的精准性有待提高，再分配扶贫资源时条块关系有必要进一步理顺，资金监管尚需进一步加强，尤其是自下而上的、源自贫困农民及村庄社区的主动性还未激发出来。

参与式扶贫模式的优势在于，其目标群体测定更精准，对村民参与公共事务有一定的训练作用。但是，其扶贫资源强烈依赖国际发展援助机构，具有不稳定和不确定性的一面。同时，它与现有基层组织相结合时不可避免有不同程度的摩擦，在实践中 NGO 与基层组织相互抵触的情况并非鲜见。此外，参与式扶贫在实践中同样也可能出现资金监管上的问题，且问责机制难有实效。甚至于，实施参与式扶贫的 NGO 究竟应对捐助者、机构内部的上级还是目标群体负责，从根本上就是个模糊的问题。[①]

由此，若将这两种扶贫模式相比较，似不宜片面地否定其中一种模式，而盲目地拔高另一种模式。当前这种将参与式扶贫在理论上当作神话，在技术上将之绝对化地夸得像巫术一般神奇，而在实践中不对其进行全面对比研究的做法，显然是不可取的。首先，它对政府主导扶贫模式构成了一种话语歧视，而抹杀了其作为扶贫主要力量的贡献。其次，对于进一步完善参与式扶贫本身而言，它也绝非明智之举。将之视作神话般的话语和巫术般的技术，在片面夸大其扶贫绩效的同时，必然也就掩盖了而不是去改进其不足。此外，由于过分夸大两种扶贫模式的差别，它还增大了两种模式相互借鉴、合作的难度。

若从扶贫实践的基层经验来看，这种神话式的观点之片面性似乎不难被发现。但在西方发达国家主导的国际发展援助机构于亚非拉地区的扶贫中，它却长期少有反思。这不能不说与理论基础，即西方盛行而缺乏反思的治理理论，又尤其是治理理论背后的国家观和公民观，有密切关系。

从苗县扶贫实践的经验材料看，正是现实中确实存在一些再分配体制上的弊端，使参与式扶贫及治理理论反思政府主导扶贫模式有其价值。就此而言，从国家与社会的关系看，也就是国家应持有限政府。若不然，

---

① 王绍光：《祛魅与超越》，中信出版社，2010，第34页。

"全能主义"的国家观容易忽视社会,[①] 尤其是公民个体的多元化需求(在扶贫中就是忽视贫困人群的多元化需求),以及公民参与社会治理、创新社会治理的潜能。此外,"全能主义"国家观还须面对另一个难题,即科层制的官僚体系。官僚体系容易出现"对上负责、对下不负责"的官僚主义,[②] 一旦政策出现错误,有一定的"自我纠偏困难"。[③] 在柏镇扶贫种植杨树的案例中,此弊暴露无遗,县林业局明知有问题,但并不会去尝试改变市林业局领导的决策。

由此,参与式扶贫及治理理论强调有限政府,对"全能主义"国家观和公民观进行反思,不仅在扶贫具体实践技术环节上,而且在理论上也有其合理的一面。但是,若借此而彻底否定公民权的限制性条件,强调彻底自由的"最弱意义的国家",则似在反对一类极端的同时变成了极端的另一类。从本质上说,这与其说是自由主义的,不如说是无政府主义的。在实践中,它将限制扶贫的绩效。撇开苗县的微观经验不说,从宏观上看,在此类治理理论及国家观、公民观盛行的亚非拉地区,尽管各式各样的国际发展援助机构带着所谓最先进的参与式发展理论,开展了 40 余年的扶贫,其减贫的效果也并不好。甚至恰如加莱亚诺所述,拉丁美洲的"血管"仍处在"被切开"的状态。[④] 换句话说,即使在微观经验层面确有贫困人口在发展决策中参与不足的问题,但从宏观上看,这些亚非拉地区的贫困问题与殖民主义体系及战后本国政治格局不无关系,[⑤] 远非扩大社会

---

① 邹谠:《二十世纪中国政治》,牛津大学出版社,1994,第 222 页。
② 王亚南:《中国官僚政治研究》,中国社会科学出版社,1981,第 121 页。
③ 〔法〕米歇尔·克罗齐埃:《被封锁的社会》,狄玉明等译,商务印书馆,1989,第 30 页。
④ 〔乌拉圭〕爱德华多·加莱亚诺:《拉丁美洲被切开的血管》,王玫等译,人民文学出版社,2001,第 327 页。
⑤ 依附理论学派对此进行了系统而详细的研究,认为发展中国家的低度发展绝非自然状态,而是殖民主义、帝国主义和资本主义世界体系分工,使其发展长期处于依附状态。果其如此,其减贫成绩不佳,根源即为其国家整体在世界体系中平等参与不足,而非其公民个体在国内治理中参与不足。参见 Cardoso Fernando, Faletto Enzo, *Dependency and Development in Latin America*, Berkeley: University of California Press, 1979, pp. 172-176; Evans Peter, *Dependent Development*, Princeton: Princeton University Press, 1979, pp. 324-329; 〔德〕安德烈·弗兰克:《依附性积累与不发达》,高铦等译,译林出版社,1999,第 2~7 页;〔埃及〕萨米尔·阿明:《世界一体化的挑战》,任友谅等译,社会科学文献出版社,2003,第 5~10 页。

参与、让社会"自生自发"和让国家变得"最弱"即可解决。至于在公民观上强调个体公民居政治的首要地位，甚至应在族群复杂的社会和全球化政治背景下超越国家主义政治，则更显得只是便于国际发展援助机构在支持发展中国家扶贫的过程中附加政治条件罢了。

在我国，参与式扶贫的实践亦有其复杂性。以苗县扶贫实践为例，虽然大多数参与式扶贫协作者都只是在扶贫实践技术环节上运用这一模式，但也不乏个别人在个别国际发展援助机构的支持下，试图要贯彻的正是这一扶贫模式背后的治理理论，甚至其中最激进的、无政府主义的国家观和公民观。在此类思路下，关于国家与民族地区贫困问题的关系，出现了悖论性的逻辑循环：一方面，贫困人口之所以贫困是因为国家管得过多、公民参与过少（而这又是国家未能有效捍卫个人的公民权的结果）；另一方面，想当然地认为只要保证了公民的参与权，只要国家不主导扶贫资源再分配，消除贫困便非难事。其隐藏的深层逻辑，无疑就是由自由主义经无政府主义导向民族分离主义。所幸苗县扶贫实践表明，民族地区的贫困群众对于参与式扶贫的认识尚算清晰，参与并不等于一切，他们更在乎发展成果共享。

不过，这倒从另一个角度给人一种启示：若从理论上对其加以改造、吸收和提升，将有助于发展出具有本土精神、符合我国扶贫实践需要的治理理论。与本土治理理论相连的扶贫实践，须注重政府主导资源再分配和参与式扶贫相结合，增加和创新贫困群众、NGO 广泛参与的渠道，推动国家与社会良性互动、合作，而不能用非此即彼的思路来开展精准扶贫。

这种理论上的自觉和创新，将需要大量的理论研究与实践探索相结合，绝非本章论述即可涵盖。在此，仅作为抛砖引玉，尝试提出两个具有开放性意义的、有关精准扶贫与社会治理并进的思考方向。

第一，精准扶贫须与反腐败相结合。

鉴于政府主导扶贫模式目前主要面临的问题与"条块"分割的部门利益及公权私用有关，由此，若要进一步提高该模式的扶贫绩效，就必须将扶贫与反腐败相结合，使之变成反腐败的相对专门领域。除了提高扶贫资源使用效率之外，如果与参与式扶贫背后的治理理论及国家观、公民做对照，这也是在民族地区树立正确的国家观和科学的公民观的必要途径乃至政治保证。否则，正如王春光、孙兆霞在某扶贫攻坚地区的调研中所指出，"资本、企业最终大量套走了农村产业发展和扶贫开发的资金……最终将贫困问题、乡村社会问题转化为政府与社会的矛盾问题……带来政治和社会风险"。① 就此而言，扶贫与反腐败是社会治理这枚"硬币"的两个侧面。扶贫实施如果不合理会滋生腐败，而腐败会进一步扭曲扶贫的实践机制。反之，抓好反腐败无疑有利于精准扶贫，而不折不扣地落实精准扶贫战略也有利于反腐。两个方面最终的绩效均指向良好的社会治理。

第二，精准扶贫须与社会建设相结合。

若对参与式扶贫加以改造，完全可以将其相当一部分扶贫技术手法运用到政府主导的扶贫中去。其中，尤其是注重提升政府在扶贫中的服务角色，以服务促扶贫管理。而从管理式到服务式扶贫，则离不开社会建设。作为社会治理的方式之一，社会多元化参与本就是社会建设的重要内容之一。② 政府采取购买服务等形式鼓励合法 NGO 发展，又可进一步增强多元参与的能力与水平。在此基础上，社会主动性方能发挥出来，与国家形成合力，共图扶贫大计。此外，从苗县扶贫实践看，社会建设尚需注重村庄层面的社区建设。唯有将之建成一个有发展能力而内部相互有支持的共同体，贫困的单家独户方可能有深厚根基的社会支持网络。否则，若在原子式个体主义公民观基础上，贫困被锁定为公民个体问题，无论是"赋权"，还是"赋能"，③ 可能在大自然、大市场面前，贫困人群将始终"站在齐脖子深的水里"。④

当然，若要实现精准扶贫与社会治理齐头并进，所需做的工作将绝不仅限于以上两个方面。但不管如何，我们确实有必要将参与式扶贫模式加以改造，突出社区整体而非个体公民权，并与政府主导扶贫模式相结合，相互取长补短。这不仅是实事求是、尊重客观规律开展扶贫的需要，也是

① 王春光、孙兆霞：《扶贫开发：惩防腐败应重点关注的新领域》，《中国党政干部论坛》2013 年第 9 期。
② 陆学艺：《目前形势和社会建设、社会管理》，《中共福建省委党校学报》2011 年第 4 期。
③ 〔美〕阿玛蒂亚·森：《以自由看待发展》，任赜等译，中国人民大学出版社，2002，第30 页。
④ 〔美〕詹姆斯·斯科特：《农民的道义经济学》，程立显等译，译林出版社，2001，第27 页。

从具体的扶贫理论、族群理论，到抽象的治理理论与国家观、公民观，走向理论自觉的需要。说到底，此亦为"文化自觉"的题中应有之义。① 而片面强调参与式扶贫的优势，又尤其忽视其背后的治理理论及国家观、公民观，则显然缺乏此类理论和文化上的自觉，在实践中既不利于扶贫合力的形成，甚至也不利于民族团结。在参与式扶贫笼罩性的"热"话语面前，不能不说，我们亦须有些基于本土文化自觉的"冷"思考。

① 《费孝通文集》第14卷，群言出版社，1999，第160页。

第三篇 ┃ 理解中国类型与层次

第七章 类型比较视野下的深度个案
与中国经验表述

—— 以乡村研究中的民族志书写为例

一 从两则中国乡村研究"公案"说起

经验万象自有其存在的方式和规律，人把握经验的路子可以是多种多样的，体验、推理、洞察、顿悟都常可能是我们认识世界的办法。但科学研究却有些不同，它比较强调能重复检验的认知模式。人文社会科学也不例外，若不承认和遵循这一点，总似难以避免他人就"严谨性"提出的责难。纯粹的哲理性分析倒是好办，坚守严密的逻辑阵线便在很大程度上解决了这个问题。相比之下，社会研究就较为费事了。尤其是在作质性研究时，如何把握和呈现社会研究中的经验，十分重要。我们常说的乡村研究就是这么一种研究，在这个话题下，英国人类学家利奇挑起了一则"公案"。

1982 年，利奇在其所著的《社会人类学》一书中，对以英文出版的中国早期人类学的 4 部民族志一一予以尖刻批评，[①] 并以否定性的口吻提出了两个问题：①自身社会研究能否做到客观？②个别社区的微型研究能否概括中国国情？[②]

[①] 这些民族志包括费孝通的《江村经济》、许烺光的《祖荫下》、林耀华的《金翼》和杨懋春的《一个中国村庄》，现均已有中译本。参见《费孝通文集》第 2 卷，群言出版社，1999，第 1~220 页；〔美〕许烺光《祖荫下》，王芃、徐隆德译，南天书局，2001；林耀华：《金翼》，三联书店，2000；杨懋春：《一个中国村庄》，江苏人民出版社，2001。

[②] 《费孝通文集》第 12 卷，群言出版社，1999，第 42 页。

对于利奇的第一个问题，世界格局的改变已然构成了某种批判的"武器"。在旧殖民秩序瓦解的情况下，包括利奇在内的诸多西方人类学家不得不转向对自身社会的研究。慢慢地，西方学界对研究自身社会的正当性也予以了半推半就的认可。由此，单就研究路数来说，在研究自身社会的客观性方面，中国学者未必比西方学者见拙。当然，这并不是说利奇的提问就失去了意义。事实上，利奇提此问题时，对旧殖民秩序瓦解后西方人类学的变化不可能一无所知。他之所以还坚持要提这个问题，大概不至于仅仅是因为傲慢与偏见。问题可能还在于，如何在经验研究中避免熟知带来的"视而不见"，确实是应该警醒的。

对于利奇的第二个问题，费孝通先生曾在两个场合下给予过回答。在《人的研究在中国》一文中，费先生曾以江村为例说道："中国各地农村在地理和人文各方面的条件是不同的，所以江村不能作为中国农村的典型，也就是说，不能用江村的社会体系等情况硬套到其他的中国农村去。但同时应当承认，它是个农村而不是牧业社区，它是中国农村，而不是别国的农村。"① 进而，他认为，通过"类型比较法"可能从个别"逐步接近"整体。在《重读〈江村经济〉序言》一文中，费先生进一步分析道，"江村固然不是中国全部农村的'典型'，但不失为许多中国农村所共同的'类型'或'模式'"。②

早在《云南三村》（*Earthbound China*）一书中，费孝通、张之毅就实践了类型比较法，并就中国农村人地关系、手工业等问题作出了富有解释力的精辟分析。③ 由此，没有理由认为它仅仅是用以回答利奇的辩词。不过，大概由于西方学界较专注于学术的有趣性，对学术研究对象——"他者"的经验生活及社会命运则不甚关心，以致未受"学术领域中各科边界约束"的《云南三村》，并未得到西方学者的重视④，类型比较法也未引起其兴趣。

晚近，一些学者尝试着不是以费孝通式的反驳态度，而是以融入西方

① 费孝通：《费孝通文集》（第12卷），群言出版社，1999，第46页。
② 费孝通：《费孝通文集》（第14卷），群言出版社，1999，第26页。
③ 费孝通、张之毅：《云南三村》，社会科学文献出版社，2006。
④ 费孝通：《费孝通文集》（第12卷），群言出版社，1999，第47页。

话语体系为基础，借鉴当代西方社会学与人类学发展出的新理论、新方法，探讨个案研究的改进之法。其中，布若威（Burawoy）所推崇的扩展个案研究法（extended case method，又译"延伸个案法"）引起了较多研究者的重视。[①] 例如，朱晓阳援引"延伸个案"方法，对作者在云南滇池边一个村庄所得田野资料进行了分析。作者将延伸性个案视作一种个人或集体行动的"条件信息"，这种条件信息以及其他历史时间下的结构性和或然性条件的交汇，影响特定行动者的行动，从而影响村落社区建设之"现实"。[②] 与朱晓阳不同，卢晖临、李雪结合学术史分析对扩展个案法的衍生和方法论特点，从理论上进行了一次论证。作者比较了 4 种处理个案中的特殊性与普遍性、微观与宏观之间关系的方法——超越个案的概括、个案中的概括、分析性概括以及扩展个案法，认为扩展个案法具有更大的包容性，它立足于宏观分析微观，通过微观反观宏观，并在实践中凸显理论的功能，经由理论重构而产生一般性法则。[③]

　　毋庸置疑，朱晓阳与卢晖临、李雪的具体分析进路有很大的不同。但无论是朱晓阳结合经验材料解读以凸显扩展个案法的特点，还是卢晖临与李雪对之进行方法论层面的分析，都很明显地受到了解释学与解释人类学的影响。在这种思路下，通过对个案的意义追踪，将个案的解释链条在时间上延长到历史层面，在空间上延长到宏观层面，反过来又从历史或宏观的层面来看待个案的特征，被认为是一种克服个案的局部性、条件性，拓展和深入挖掘其价值的有效路径。它对个案意义的追求并不是机械的代表性或典型性，而是加入了研究者的洞察力和理论推导，既注意到了计量上的概率问题，又照顾到了质性研究与量化的不同侧重点，避免强用一个标准硬套所有的研究。从建设性的角度来看，这无疑是值得探索的方向。

　　扩展个案方法非常强调既有理论对于个案阐释的作用。在某种程度

---

① 参见布若威的研究（Burawoy Michael, *The Extended Case Method*, *Ethnography Unbound*, Berkeley: University of California Press, 1991）。运用此种方法的具体研究，可参看布若威关于垄断资本主义劳动过程变迁的民族志（〔美〕布若威：《制造同意》，李荣荣译，商务印书馆，2008）。

② 参见朱晓阳《"延伸个案"与一个农民社区的变迁》，载张曙光、邓正来主编《中国社会科学评论》第 2 卷，法律出版社，2004。

③ 卢晖临、李雪：《如何走出个案》，《中国社会科学》2007 年第 1 期。

上，扩展个案方法正是依靠理论和深度个案之间的互动，完成从特殊到普遍、微观到宏观的跨越。在这方面，扩展个案法具有理论与实践相对照、相结合的优点，克服了一般个案的许多不足。

不过，依笔者愚见，扩展个案方法强调既有理论与深度个案之间互动时，实际上也隐含另一种重要的不足。那就是，当深度个案经验与既有理论所依赖的社会经验出现差异时，[①] 个案经验可以用来反思、修正理论，在以理论阐释个案的同时又发展了理论，但危险在于，当深度个案经验与既有理论所依赖的社会经验较为一致时，既有理论对个案经验具有高度的解释力，个案经验对既有理论的反思、修正能力则消失了。我们可做一个简单的假设，来说明这个稍有拗口意味的推理：假如既有理论为"所有天鹅都是白色的"，那么若在新的个案经验中发现了一只黑天鹅，它是能反思和修正既有理论的，但若在新的个案经验中仍是发现一只白天鹅，它对既有理论则缺乏反思与修正能力。基于扩展个案法在这方面的不足，[②] 笔者认为强调不同经验的重要性，通过歧异经验的冲击来定位个案中的经验，似乎显得更为重要和具有根本性（这正是我们将要强调类型比较视野的基本依据之一）。

此外，与一般的理论探讨或经验研究相比，方法论的分析还有其特殊的一面，那就是其逻辑整洁性在应用过程中往往不能直接得到体现，而需要具体化为一些可操作性办法才能真正融入具体的研究当中去。正如再好的"经"，也要"和尚"去"念"，没有较好的具体"念"法，好"经"也可能被"念"歪。扩展个案法也一样，究竟如何"延伸"个案的解释链条，是需要一些具体的可操作性办法作参照的。如果在这个环节上出问题，其扩展后的解释或推理恐有"解释过度"的危险（如以偏概全或将

---

① 事实上，既有理论也是前人对社会经验进行把握的产物，从根本上来说，它们也是以一定经验为基础的。从这个角度来看，既有理论与个案经验的对照，背后的实质归根结底都是经验的对照。它与本章所强调的类型比较视野所不同的是，既有理论所依赖的经验已经是限定了不可动的，可以说它才是比较分析的中心点、参照点，直接研究的个案经验反而不在中心位置上，是"被"阐释的经验。正是既有理论这种限定性的特性，使着重强调既有理论与个案经验互动的扩展个案法具有了以上所说的不足。

② 值得强调的是，毫无缺点的完美方法是可望而不可即的，本章分析扩展个案法的不足后再提出的方法也定然避免不了这一点。笔者之所以认为还有尝试的意义，乃在于为多样化的研究需要提供多样化的方法选择的可能，此可谓"尺有所短、寸有所长"。

"稻草"讲成"金条"），以致功亏一篑，最终仍不能很好地解决特殊性与普遍性、微观与宏观之间的关系问题。关于这一点，我们不妨来看看中国乡村研究中的另一则"公案"。

关于中国家族仪式之一——祖先崇拜，曾有 3 种颇有分歧的意见，三者均有个案经验作依据，但在"延伸"对个案经验解读时出现了分歧。第一种观点以许烺光为代表，认为祖先崇拜是中国人对直系祖先的亲缘仪式关系，并不是因为祖先留有财产继承才供奉祖先，祖先是仁慈而从不加害于子孙的；① 在弗里德曼（Freedman）的宗族理论指导下，武雅士（Arthur）结合中国台湾地区一个村庄的研究形成了第二种观点，认为中国人的祖先基本上是仁慈而不加害子孙的，只有在子孙疏怠祭祀或没有合宜地延续家系时，祖先才会惩罚子孙；② 第三种为芮马丁（Ahern）所持，认为中国人的祖先牌位设立和供奉，是与财产继承相关的，假如没有从祖先处继承得遗产，可不祭拜祖先，祖先并不总是仁慈的，相反常会无端地致祸于子孙。③

在比较三方观点所依赖个案材料的基础上，李亦园提出了中国人祖先崇拜仪式亲族关系的三种类型：第一类，亲子关系，包括抚养/供奉、疼爱/依赖、保护/尊敬等；第二类，世系关系，包括家系传承、财产继承等权利义务；第三类，权力关系，包括分支、竞争、对抗与合并。④ 进而，李亦园指出，许烺光所分析的个案属于儒家"大传统"影响较强的地区，是当时中国乡村社会的常态，亲子关系占主导地位；武雅士的分析所依赖的个案为移民的中国台湾地区村庄，世系关系占主导地位；而芮马丁之论述所依赖的个案是极端的例子（即使在中国台湾地区移民社会中亦非常少

---

① 〔美〕许烺光：《祖荫下》，王芃、徐隆德译，南天书局，2001，第 42 页。
② 可参看 Arthur, W., "Gods, Ghosts and Ancestors", in Arthur, W., *Religion and Ritural in Chinese Society*, California：Standford University Press, 1974, pp. 131-182；Freedman, M., *Chinese Lineage and Society：Fukien and Kwangtung*, London：Athlone Press, 1966；Gonçalo D. Santos, "The Anthropology of Chinese Kinship", *European Journal of East Asian Studies*, Vol. 5, No. 2, 2006, pp. 275-333.
③ Ahern, Emily M., *The Cult of the Dead in a Chinese Village*, California：Standford University Press, 1973.
④ 李亦园：《中国家族与其仪式：若干观念的检讨》，载杨国枢主编《中国人的心理》，江苏教育出版社，2006。

见），是移民人群竞争激烈的村庄，特殊婚姻（入赘、再婚、收养、过房）
以维系家系延续所占比重非常大，权力关系占了上风，强调权利义务原
则。① 故而，在"正常"情况下，中国人的祖先崇拜仪式一般如许烺光所
分析的"父慈子孝"，只有在较为特殊的情况下，世系关系乃至权力关系
的因素才会占主导地位，形成武雅士或芮马丁所述情形。

当然，李亦园关于中国祖先崇拜仪式中亲族关系的类型划分及论述是
否具有说服力，或许是一个可再争论的问题。武雅士及芮马丁在"延伸"
个案经验的理论概括时，对其"代表性"问题的警惕性则显然有所不够。
导致此"麻痹症"的原因，从方法论根源上来说，固然与其未能遵循扩展
个案法之"立足宏观分析微观"准则有关。但从具体可操作性的层面来
说，与之直接相关的，可能还是作者对其所欲表述的宏观文化框架下的其
他区域和类型的经验缺乏了解和敏感性。若他们能对其他区域和类型的经
验（如许烺光所提及的经验类型）略加比较，要在这一点上做到"立足宏
观分析微观"从而避免"过度解释"大抵并不难。

说到这里，我们又回到了费孝通所提及的、西方强势话语未太在意的
"类型比较法"。它看似与"扩展个案法"的立论基础相去甚远，却与之有
着内在关联，并且由于它更接近于操作层面而对于后者有着或许是不可缺
少的矫正意义。在经验研究中，如果我们能将二者适度结合起来，想必能
在增强个案自觉性的同时，增强其解释力。我们试图提出的"类型比较视
野下的深度个案"，② 即此种思路在可操作性层面的一种努力（而倘若它真
能在可操作性层面具有克服个案经验解释中的"麻痹症"的作用，谁又能
说它连一点方法论的意味都没有呢？）。依笔者愚见，它对于以挖掘厚重经
验为特征的民族志，乃至中国经验的表述，或具有些许参考价值。不过，
下面我们应该先暂将话题从中国乡村研究问题转移开来，对深度个案和类
型比较各自的长处和弱点略作梳理。

---

① 李亦园：《中国家族与其仪式：若干观念的检讨》，载杨国枢主编《中国人的心理》，江
苏教育出版社，2006。
② 笔者曾提过"区域比较视野下的深度个案"（谭同学：《乡村社会转型中的道德、权力与
社会结构》，华中科技大学社会学专业博士学位论文，2007），但在其后的分析中因感其
尚不够确切，尤其因感于其内核实为类型比较而非空间上的区域比较，故改为本书中的
提法。

二　深度个案与类型比较的特点

众所周知，对于个案的研究，必须要有深入的调查为基础。走马观花式的调查，是很难对个案有深入了解的。不过，这还只是从调查技术层面来说的。如果走马观花的个案也能建立起人文社会科学分析的信度的话，能做到少花功夫而让个案有说服力当然是更有效率的做法。但遗憾的是，个案研究的办法也是有参照系的，在方法论上，它与统计分析具有对照性意义。当统计分析以庞大的样本为基础、以抽样技术为辅助来把握经验时，已经占据了数量上的优势。在从特殊性到普遍性、从微观到宏观的分析链条中，个案如果要取得与统计分析相当的甚至于更接近于普遍性和宏观且具有说服力的论据，就必须在经验的质的分析方面多下功夫。正是在质性的复杂性、微妙性和历史性方面占优势，个案的深入性才具有自己的独特长处。由是，深入调查成了增强个案研究说服力的不二法门。

那么，"深入"又如何判断，或者说如何走向"深入"？简要地说，至少可以从如下几个角度进行努力。

第一个角度是对个案所在区域中相关的各类社会乃至自然因素进行尽可能详细的了解，然后寻找、分析关于个案聚焦的解释对象与这些因素之间的联系，并建立起一个分析框架或理论。这便是人们常说的综合民族志方向，早期的代表性作品可以拉德克利夫-布朗的《安达曼岛人》为例。在该书中，作者通过分析印度洋上安达曼岛居民的社会组织、仪式习俗、宗教、巫术、神话与传说等各方面的现象，来说明社会整合的机制。作者认为，安达曼岛居民中这些看似无关的"文化事项"的"功能"，即作为制度让凌驾于个体之上的社会把自己落到"实处"有了可以依赖的形式。[①]其中，作者大量分析了一些在外人看来"不起眼的小东西"对社会整合某一个方面的作用。毫无疑问，这些深入调查基础上的描述和分析增加了其个案经验的厚重感，增强了其经验表述的说服力。

---

① 参见〔英〕拉德克利夫-布朗《安达曼岛人》，梁粤译，广西师范大学出版社，2005。

第二个角度是对个案所在社会关系网络中相关联的事物分门别类并作专门的详细了解，然后寻找、分析某一专门对象与其他社会现象的关系，最后予以理论化处理。此为专题民族志方向，早期的代表性作品当首推马凌诺斯基的《西太平洋的航海者》。与《安达曼岛人》将社区生活的方方面面——"罗列"不同，《西太平洋的航海者》所聚焦的是20世纪初新几内亚特罗布里恩德岛居民生活中的活动之一——库拉交换。作者对当地居民为了进行库拉交换造独木舟与冒风险航行、举行各种仪式，以及库拉交换的技术细节进行了详细描写，以说明几乎没有任何经济实用价值的库拉，对于当地社会的权威生产和社会结合起到了至关重要的作用。[①] 正是这些围绕库拉交换的各类细节描写与分析，说明了库拉乃是理解当地社会生活的"钥匙"。

深入的调查是用个案方法表述经验的前提，然而深入调查得来的资料还需经过深入的分析尚能说明理论上或者宏观上的问题。丰富的经验材料是不可或缺的，但经验材料本身不能自动满足研究者在个案以外的关怀。于是，一种区别于照相机式的"现象主义"，强调以厚重经验描述为基础，理解其内部意义结构的研究方法，引起了个案研究者的重视。这便是格尔茨所倡导的"深描"之说，[②] 我们大概可将其视为如何将个案推向"深入"的第三个角度。

格尔茨认为，民族志呈现个案经验就是要总结"地方性知识"，[③] 其核心是"阐释"个案社会中的"深层游戏"。[④] 例如，作者从巴厘人的斗鸡活动中解释巴厘岛的社会秩序、抽象的憎恶、男子汉气概的炫耀性作用，等等。[⑤] 此外，格尔茨还通过对巴厘国王葬礼等庆典的描写与分析，呈现了巴厘岛与权力集中、专制的国家相对应的剧场国家性质。在这种国家中，社会不平等和地位炫耀在公共戏剧化中得到展现。[⑥] 在此基础上，格

① 参见〔英〕马凌诺斯基《西太平洋的航海者》，梁永佳、李绍明译，华夏出版社，2002。
② 〔美〕克利福德·格尔茨：《文化的解释》，韩莉译，译林出版社，1999，第3~39页。
③ 参见〔美〕克利福德·吉尔兹《地方性知识》，王海龙等译，中央编译出版社，2000。
④ 〔美〕克利福德·格尔茨：《文化的解释》，韩莉译，译林出版社，1999，第508页。
⑤ 〔美〕克利福德·格尔茨：《文化的解释》，韩莉译，译林出版社，1999，第508~520页。
⑥ 〔美〕克利福德·格尔兹：《尼加拉：十九世纪巴厘剧场国家》，赵丙祥译，上海人民出版社，1999，第12页。

尔茨曾将民族志表述经验的特点总结为 4 个方面：①解释性的；②解释的是社会性会话流；③解释需将这种会话内容从时间中解放出来，以他人能看懂的术语记录下来；④微观的。① 这种民族志，我们不妨称之为"阐释民族志"或"深描民族志"。

以上 3 种民族志书写角度很显然有某些交叉，既有区别又有联系。不管是综合民族志、专题民族志还是深描民族志，有一点是毋庸置疑的，那就是只要能保证个案的"深度"，个案很显然有自己的特长，而且也是定量方法所不可能真正取代的。我们很难想象，如何用定量的方法呈现库拉交换在特罗布里恩德岛的作用，或基于尼加拉的庆典仪式计算出"剧场国家"的结论。

不过，个案在方法论上有价值，并不代表它在具体操作层面就能轻而易举实现这些价值。

在具体的研究中，说到保证个案"深度"的第一个和第二个视角，大抵还是比较容易把握的。其关节点主要在于深入调查，不管是围绕社区还是围绕专门的主题，都强调尽可能多地掌握经验细节，然后才谈得上将这些细节如何进行体系化的分析。但如何确定重点把握哪些经验细节仍是一个具有操作意义的问题，当个案面对大规模的复杂社会经验时尤其如此。在人口规模小、社会关系相对简单的特罗布里恩德岛发现库拉交换的独特作用，或将安达曼岛社会的各方面一一"罗列"，可能会相对容易一些。但若要在资本主义社会中的某个个案中，发现如马克思所分析的、具有"一滴水见大海"作用的"商品"概念，并将其整个社会的分析建立在对商品的论述上，② 可能就非易事了。至于说将其社会经验作综合性陈述，则因个案可能牵涉的关系太广而变得无限困难（这大概是人类学转向复杂社会研究之后，即再少有综合民族志书写的缘由之一）。再一个问题就是，纯粹通过第一、二种视角保持个案"深度"，在某种程度上还强烈依赖于研究者的"他者"眼光。正是在一定程度上因为马凌诺斯基和拉德克利夫-布朗走进了与欧洲社会经验相差巨大的

① 〔美〕克利福德·格尔茨：《文化的解释》，韩莉译，译林出版社，1999，第 27 页。
② 参见〔德〕卡尔·马克思《资本论》第 1 卷，中央编译局译，人民出版社，2004。

"他者世界"，① 对一切有别于西方的经验都持一种比较新鲜的感觉，才可能对其所调查地区的那么多"不太起眼"的经验细节如此感兴趣，并作深入的了解、追踪，发掘其意义。如果不加入其他的可操作性参照系，可能确如利奇批评中隐含之说，对经验的敏感性问题，于研究自身社会的研究者而言是一个挑战。

同样，在具体的研究中如何通过"深描"来保证个案的"深度"也不是没有困难的。阐释民族志强调对个案经验，尤其是其中的社会性会话流进行解释，可是如何进行解释？例如，解释的方向和限度在哪里呢？没有一个可操作性的参照系，便难以产生方向感，从而也不太好把握解释的限度。格尔茨本人对巴厘岛社会经验的表述，确实是精辟而少有可挑剔的。一方面，这可能与其本人的学术洞察力有关，另一方面也有格尔茨未强调但事实上存在的比较性视野的功劳。例如，格尔茨之所以能辨明尼加拉国王葬礼的公共戏剧化特征，并作出"剧场国家"的解释，实际上隐含的是作者将此类经验与集中、专制的国家权力做对照。而且，正是由于格尔茨作为文化意义上的"外人"而不是本地人，才较为容易产生这种对照。质言之，从具体操作层面来看，若没有适当的比较性视野作参照系，阐释民族志书写可能也会出现"秀才"遇到"兵"的情况。

正是意识到了比较性视野的重要性，以马库斯（Marcus）为代表的一些学者开始倡导"多点民族志"来呈现"个案"经验，强调民族志既要顾"深"，又要顾"浅"。② 这里之所以要将个案二字加上引号，乃是因为多点民族志往往依赖于对与某一专题或事件较为紧密相关的多个观察点的经验进行分析（但是很显然，这仍是个别案例，而非统计意义上的抽样调查经验）。依据马库斯的概括，它的特点在于不局限于具体的社区，而是让调查和分析跟着研究所要聚焦的人、物、话语、象征、生活史、纠纷、故事的线索或寓意走，以在复杂的社会环境中将研究对象的特征衬托性地描

---

① 参见麻国庆《走进他者的世界》，学苑出版社，2001。

② Marcus E. George, *Ethnography Through Thick and Tin*, Princeton：Princeton University Press，1998，pp. 231-249.

述出来，并加以理论概括。① 很显然，多点民族志的对经验的表述方法，是在个案基础上进行对比而又在对比中呈现个案。

在杜磊的研究事例中，多点民族志的比较视野对于呈现 4 个不同个案的特征无疑起到了积极作用。不过，也正由于这种视野颇有平均用力的特征，让每一个个案的深度受到了影响。往宏观说明方面，它有利于总结性论点的形成。但在解释每一个个案的现状何至于如此时，则略显薄弱。另一个问题就是，如何选择可供比较的"点"是一个难题。杜磊的研究在某种程度上不无偶然性，若他在纳家户村获得了长期调查的机会，他是否会去选择书写一部多点民族志或许是值得怀疑的。

与杜磊的路子貌似而神异，费孝通的"类型比较法"则属有计划地选择不同类型的个案经验做比较。在《云南三村》的研究中，费孝通、张之毅"自觉"而非"自发"选择了在农业、手工业和商业方面各具特色的村庄进行调研。对于该书，无论是具体分析还是方法运用，学界普遍认为都是比较成熟的。② 但从民族志书写者精力的角度来说，要选择不同个案并在深入调查基础上形成比较也非易事。即使费孝通与张之毅分工合作且如此勤勉，在个别数据方面，亦有学者略带微词。③ 故这是值得发展的方向之一，但不必也不能完全以其替代个案研究。

此外，也有学者尝试在借鉴费孝通的"类型比较法"的基础上，将社区比较扩展为更宏观层面的区域比较。该方法的主要倡导者贺雪峰认为，"由个案调查，到区域研究，再到区域比较，是农村政策研究的基本进路。农村政策基础研究中的个案调查的核心是撰写村治模式。村治模式的撰写，可以克服目前以人类学为代表的个案研究的代表性困境。"其中，"村

---

① 参见 Marcus E. George, *Ethnography Through Thick and Tin*, Princeton：Princeton University Press, 1998, pp.89-98。由此方法延伸开来，产生了一系列具体的、有可操作性的办法。更详细的介绍可看 Margaret D. Lecompte, Jean J. Schensul, *Designing & Conducting Ethnographic Research*, Walnut Creek, Lanham, New York & Oxford：Altamira Press, 1999；Paul Atkinson etc., *Handbook of Ethnography*, London, Thousand Oaks & New Delhi：SACE Publications, 2001；Stephen L. Schensul etc., *Essential Ethnographic Methods*, Walnut Creek, Lanham, New York & Oxford：Altamira Press, 1999.

② 杨雅彬：《近代中国社会学》，中国社会科学出版社，2001，第 709 页。

③ 〔美〕大卫·阿古什：《费孝通传》，董天民译，河南人民出版社，2006，第 64 页。

治模式"指的是"村级治理中存在的那些相对稳定的内在关系,是村庄应
对外来政策、法律和制度的过程中呈现的相对稳定的结构性关系。"[1] 该方
法具有比较性视野,因而也具有与"类型比较法"相似的优点。但它在具
体操作层面也面临一些挑战。例如,个案在代表中国时存在困境,在代表
区域时是否就没有(假定研究者难以对区域内的所有村庄都撰写村治模
式)?如何看待同一个很小的区域内却相去甚远的村庄经验?在半个月左
右调查的基础上撰写村治模式,[2] 涉及村庄的各个方面,一方面多少有点
像综合民族志(那意味着面临综合民族志在研究复杂社会时面临的难题),
另一方面面临在如此短时间内如何深入了解村庄生活的方方面面并概括出
村治模式、进行比较的责问。正是由于这些可能性的挑战存在,有批评者
认为此方法有"走马观花又一村,一村一个新理论"之嫌。[3]

当然了,考虑到比较性视野的价值存在,我们亦可辩护性地认为此种
批评不无偏颇。关键是要看在什么层次上比较,若是对具有显性标志的村
治现象(如村级债务、村民选举、儿童失学率等)进行比较,则可以较容
易办到(故未必需长时间田野工作),且对于理解乡村治理逻辑不无意义。
这个回答还可应用到利奇的问题上。例如,若从半殖民地背景下农产品畸
形商业化这一层面来看,费孝通描写的江村未必就不能代表当时中国的绝
大部分农村(但若从缫丝业来看则显然不能代表)。由此,我们似应进入
另一个层面的讨论,即个案经验如何在分层的基础上,区分哪些方面在何
种范围内或意义上具有代表性。

三 类型比较视野下的深度个案

在讨论个案经验如何分层并区分其在何种意义上具有代表性之前,我
们仍有必要对一个看似简单却绝非可有可无的事实略加说明,那就是个案
的深度。但凡有过个案调查经历,尤其是有过依据个案经验进行质性研究
经历的研究者,都可能难以否认,对个案经验了解和理解的深入,是个案

---

[1] 贺雪峰:《个案调查与区域比较》,《华中科技大学学报》(社会科学版)2007年第1期。
[2] 贺雪峰:《南方农村与北方农村差异简论》,《学习论坛》2008年第3期。
[3] 徐勇:《当前中国农村研究方法论问题的反思》,《河北学刊》2006年第2期。

研究最终能否给读者带来启发的关键所在。再加上，如我们在前文也已指出的，相对于统计分析样本的概率分布均匀性和代表性而言，呈现田野经验的复杂性和主体性，是个案分析的优势所在。而很显然，若没有个案的深度作为保证，要做到这一点是不可能的事情。因此，可以毫不夸张地说，个案经验研究的生命力首先即在于它的深度。没有足够厚重、深度的个案经验，便强作理论概括，只能是盲动与空洞的信口胡说。

那么，什么样的个案算得上深度个案呢？这可能会是一个难以有定论的问题。但若不是为了追求一个精当的定义，而是作为一个研究论纲（很显然我们对于深度个案的探讨主要是从这个意义上展开的），笔者窃以为，深度个案可能需要在如下3个方面寻找自己的"刻度"。

首先，深度个案意味着深入调查。深入调查是获得个案研究中所需要的经验材料的必由之路，要掌握足够的经验细节，就必须要深入细致地调查。以乡村研究为例，在乡村社会日常生活中蕴含无限丰富的经验细节，但是这些经验细节本身是静默的，不可能自动组合起来说明某一个问题。① 它们都有赖于调查者去把握，区分哪些经验细节对问题的论述是有意义的，哪些没有意义或意义不大。最后呈现在个案分析中的经验，一方面不能太单薄以至于缺乏说服力，另一方面也不可能是乡村社会中所有经验细节的堆砌，以至于难以突出问题的实质所在。这个辩证性的问题，既不可能通过蜻蜓点水式的调查，也不可能完全依赖于熟悉个案区域的本地人主动提供经验材料所能解决（这就是为什么很多熟悉自己村庄经验的村民无法代替研究者的原因），而只能依靠研究者的深入调查得以解决。

其次，深度个案意味着经验的时间感。早期民族志在呈现个案经验时，往往是将其作为整体性的呈现，不甚重视其历史性的一面。以至于在这种个案当中，所谓的"土著人"俨然都是没有历史的人们。美国马克思主义人类学家沃尔夫重点强调了，自近代欧洲资本主义兴起开始，人类学家所面对的"土著"社会即已或直接或间接地与资本主义世界体系发生了

---

① 曹锦清：《黄河边的中国》，上海文艺出版社，2000，第1~4页。

联系①。这样来论述早期人类学家研究对象的历史性，在反欧洲中心主义方面无疑有其道理。但是，这些社会独立于欧洲之外的历史性似乎仍没有得到重点探讨。而就今日经验研究中的民族志书写来说，这显然是一个更为直接和重要的问题。不管我们研究的经验现象是否与"欧洲中心"发生了联系，它本身的历史往往对于理解其当下的状态十分重要。这正如朱晓阳所谈及的，个案的延伸后果对社区记忆和社区构建有不可忽视的影响。②以当代中国乡村研究为例，以民族志呈现个案经验时，如果撇开对历史的考察（哪怕是极为简单的），许多经验将变得无法理解。

最后，深度个案还意味着个案经验内部逻辑联系的呈现。如果研究者只是掌握了大量的经验材料（无论是在历史还是现实方面，也无论其数量和细致程度如何），而不能整理出这些经验材料之间的联系，其民族志所呈现的便不可能是一个让人信服的深度个案。充其量它只是一个关于个案经验的详细说明，甚或这种纯粹经验的"裸体呈现"与"狗仔队"式的"细节癖"又有何区别？由此，若要让个案经验具有社会科学意义上的"事实"与理论的说服力，研究者必须做的一项工作便是在把握这些经验细节联系的基础上，以符合社会科学逻辑化需要的语言将其陈述出来。除了避免总体经验"裸体呈现"之外，还尤须避免仅仅依靠支离破碎的经验进行民族志书写，以个别因果关系甚至共变关系代替整体性的因果关系论证。

在个案深度得以建立之后，若要对个案经验进行分层，确定哪些层面的经验在何种区域或意义上具有代表性，就必须对其他类型的经验有所了解和比较。比较的方法从总体上来说无非有二，其一是同一类型或相似类型个案经验的比较，其二是差异较大类型个案经验的比较。前者的主要作用在于，帮助研究者对深度个案中的因果联系进行有参照意义的把握，例如利用比较的视野帮助判断深度个案中哪些因果关系是偶然性、条件性的，哪些看似因果关系的联系实质是共变关系。后者的主要

---

① 参见〔美〕埃里克·沃尔夫《欧洲与没有历史的人民》，赵丙祥等译，上海人民出版社，2006。

② 参见朱晓阳《"延伸个案"与一个农民社区的变迁》，载张曙光、邓正来主编《中国社会科学评论》第 2 卷，法律出版社，2004。

作用在于，帮助研究者建立起一种类似于异文化的"他者"眼光，以增强研究者对深度个案经验的敏感性。两者虽有实质不同，但对于深度个案的意义有一点是共同的，那就是以类型比较视野克服纯粹自在个案经验的不足（因没有参照系而缺乏位置感），从而增强依赖于个案经验的民族志写作的自觉性。

从社会科学研究的历史来看，广义上的比较视野，起初被较多用于异文化研究。在异文化研究中，比较视野实际上就是一种"他者"的眼光。① 在费孝通的《江村经济》之前，早期人类学特别强调异文化的研究。② 研究者在异文化经验中，因为"自我"与"他者"比较性的眼光，③ 觉得一切都很新奇，容易产生学术敏感性。由于文化的同质性，本土社会研究者常因缺乏"他者"的眼光，而容易对"自我"经验"熟视无睹"。这是本土社会研究最容易陷入的困境。

那么，对于本土社会研究而言，如何培养"他者"的眼光来审视"自我"呢？笔者认为，对于本土社会中的个案而言，不同类型的比较视野也是一种独特的"他者"的眼光。一方面，类型比较视野能最直接地激发研究者对长期调研个案的"新鲜感"，产生新的疑问。以避免对经验作按图索骥式的把握，看到的东西都是自己想看的东西。另一方面，将个案田野经验置于比较视野之下，还可帮助我们较为准确地把握"点"的经验或区域性的经验在较大范围内的位置（当然，完全无偏差是不可能的），使深度个案获得其理论自觉。

由于研究者（只能）将主要精力放在深度个案的调查与研究上，对于其他类型比较性经验的调查与研究，在客观上很难达到与深度个案相提并论的程度。由此，这里的比较视野所强调的类型比较法，与费孝通、张之

---

① 参见麻国庆《走进他者的世界》，学苑出版社，2001。

② 关于此背景更为详细的分析，可参看费孝通、赵旭东、萨义德、沃尔夫等人的论述。参见《费孝通文集》第14卷，群言出版社，1999，第13~49页；赵旭东《马林诺斯基与费孝通：从异域迈向本土》，载潘乃谷、马戎主编《社区研究与社会发展》，天津人民出版社，1996；〔美〕爱德华·W. 萨义德《东方学》，王宇根译，三联书店，1999；〔美〕埃里克·沃尔夫《欧洲与没有历史的人民》，赵丙祥等译，上海人民出版社，2006，第24~25页。

③ 参见〔法〕马塞尔·毛斯《社会学与人类学》，佘碧平译，上海译文出版社，2003；〔美〕马歇尔·萨林斯《"土著"如何思考》，张宏明译，上海人民出版社，2003。

毅的《云南三村》所提供的类型比较法范本略有不同。在这里，论证与分析仍主要围绕深度个案进行，而不是真正的两个或两个以上个案并重的比较研究，故而深度个案以外的类型比较性个案经验，其主要作用在于提供一种比较性视野。我们不妨将此类比较性的个案称为"影子个案"，多个不同类型的"影子个案"提供的比较眼光，有利于帮助研究者在对待深度个案时"擦亮眼睛"。在"影子个案"的参照下，我们可以对个案经验进行分层，然后分析各个不同层次的经验在何种意义上于何种范围内具有代表性。没有统一标准便难以建立起可比性，"影子个案"类型的选择和深度个案经验层次的划分，当根据研究的需要拟定一定的标准为参照，而不是笼统的区域划分。以乡村研究为例，若民族志书写之主题与社会结构相关，则当以社会结构为标准寻找与深度个案相对应的个案作为"影子"，而若深度个案的主题探讨与农业灌溉相关，则可考虑以降水、水利模式等为参照标准，锁定"影子个案"的选择范围。

说到这里，有两个问题不得不稍作强调。其一需要指出的是，对于深度个案以外的比较性经验，我们同样也需要有理论自觉。由于调查并不深入，基于这些比较性的经验概括出来的模型在更多的意义上只是一种"理想型"，而不能代替深度个案；其二值得强调的是，在一定区域内的社会经验必须要有足够的异质性。早期民族志书写强调异文化比较研究之所以有其深刻的道理，是因为当时人类学家田野工作的主要区域，都是文化和社会结构同质性非常高的小型社会。在这样的社会经验当中，要从内部建立起差别分明的比较性视野，是有很大困难的。相反，将之放在与欧美社会经验的比较视野下，研究者很容易建立起对这些小型社会的学术敏感性。

正是在这一点上，中国经验有其适宜于在内部建立"他者"眼光的广大"纵深"。无论是从历史还是从现实的角度来看，中国经验都不是高度同质性的，相反是包容了诸多异质性的有机体整体。在此，仍可以乡村研究为例。从生产文化来看，中国乡村在总体上有与之相差很大的狩猎、游牧和半农半牧文化可兹参照，在农业区域内部还因水利、气候、种植结构等因素而存在诸多类型的农业生产形态；从社会结构来看，宗族、氏族、部落均能找到具有比较意义的类型，若研究父权也以母权社会经验做参照，在婚姻形态上一夫一妻、一夫多妻和一妻多夫制均有经验材料可循；从宗教信仰来看，汉族聚居区儒、释、道均盛行，依照费孝通先生所说的民族走廊划分，[①] 在西北走廊、藏彝走廊、南岭走廊的广阔地带上，伊斯兰教、佛教、道教各具特色，而又在相互之间以及与其他数不胜数的民间信仰之间，有频繁的互动。凡此种种，无须再一一赘举例子即可说明，文化与社会结构上的多样性是中国经验一个十分显著的特征。这对于理解和表述中国经验而言，一方面是挑战，任何一个个案若试图全方位代表中国几乎是不可能的，故而在深度个案经验具体表述中必须加以比较视野，自觉地限定这些表述在何种意义上和何种范围内具有代表性；而另一方面也是机遇，研究者拥有充足的经验类型、地域空间和历史容量，在本土社会内部建立起比较性的视野。

回到利奇的关于自身社会研究者缺乏"他者"眼光的判断，或可说，在逻辑上这是一个不无道理的判断。但在实践中，至少从中国经验研究来看，这是可以在很大程度上得以克服的。[②] 而笔者认为，在深度个案的基础上加以类型比较视野，正是可以利用中国内部经验类型多样性的特点，在一定程度上弥补本土社会研究者缺乏"他者"眼光之不足的有效途径之一。对于中国经验表述而言，毋庸置疑，异文化式的研究进路可以而且应当存在，但要记住的是，它不是唯一的进路，建立在内部视角基础上的中国（乡村）经验研究，是理解中国（乡村）社会变化和实现中国（乡村）研究本土化的重要途径之一。而且，由于西方学术的霸权性和笼罩性，这一途径显得更加珍贵而紧迫。由此，类型比较视野下的深度个案研究，或许不仅仅是对于民族志书写的完善，而且还可算作增强中国经验表述，让本土社会的经验研究获得理论自觉性或者说推进中国（乡村）研究本土化的尝试。最后或许还有必要指出，在这两者中，后者可能比前者更重要。例如，马凌诺斯基以《江村经济》为据称赞"社会学的中国学派"，以及弗里德曼鉴于以中国田野为基础的民族志影响日益扩大，而强调社会人类

---

① 《费孝通文集》第 8 卷，群言出版社，1999，第 319~322 页。
② 当然，从逻辑上来看百分之百避免此点是不可能的。但是，别忘了即使研究异文化也并不能在逻辑上保证"他者"眼光能起到完美地克服偏见的作用。最终决定一项研究客观性的因素，绝不仅是"他者"眼光这一样"武器"而已。

学的"中国时期",① 很显然都不是强调民族志书写方法上的完满性，而是中国经验的呈现及其深度。类型比较视野下的深度个案若能成为有效表述中国经验的方法之一，也很显然首先不是其本身而是中国经验的厚重、广博与多样性决定的。

---

① 《费孝通文集》第 14 卷，群言出版社，1999，第 15 页。

第八章　再论作为方法的华南

——人类学与政治经济学的交叉视野

华南是人类学聚焦的重要地区之一，在海内外富有广泛影响的汉人宗族研究范式，就是弗里德曼主要依据华南经验而提出来的。[①] 同时，华南汉族与周边族群的互动，以及华南移民与海外社会的互动，也引起了人类学研究者的广泛关注。在此基础上，麻国庆先生在《思想战线》发表的《作为方法的华南》一文中提出了一个命题："作为华南研究本身已不仅仅是研究对象，而在某种程度上已具有方法论的意义。"[②]

缘何地理上的区域性研究具有方法论意义呢？麻国庆先生主要从"中心与周边"这一组关系分析出发回答了这个问题。他给出的理由主要如下。

第一，同在一个中华文化圈内，各个区域文化都呈现迥异的文化格局。传统话语中的"华夷秩序""朝贡体系""天下"等观念当中，就已然含有"中国之中的中国"和"中国之外的中国"的"中心与周边"文化关系判断，但缺乏从"周边"看"中心"的视角。

第二，弗里德曼借鉴非洲研究中宗族概念用来分析华南汉族社会结构，形成了一种人类学认识中国的范式。虽然宗族范式本身的解释力可再争论，但其中隐含的"中心与周边"社会互动的分析思路，以及社会经验中广泛存在的因宗族而发生的中国与海外华人的频繁联系，对于认识中国社会结构与文化及其变动具有重要意义。

---

① 参见〔英〕莫里斯·弗里德曼《中国东南的宗族组织》，刘晓春译，上海人民出版社，2000。

② 麻国庆：《作为方法的华南》，《思想战线》2006 年第 4 期。

第三，对华南族群互动及海外华人的研究，呈现了从"周边"看"中心"的方法论意义。从"周边"看"中心"，容易看到"中心"一些原本容易忽视的经验，或者"中心"一些已经消失了的文化。反过来也一样。这有助于我们更全面地认识"中心与周边"社会以及二者之间的关系。[①]

以上论述的关键词是"中心与周边"，具体地说，它呈现了三个层面的"中心与周边"关系：第一，在传统中华帝国视野下的"中心与周边"；第二，在族群视角下汉族与其他族群构成的"中心与周边"；第三，本土与海外华人构成的"中心与周边"。以"中心与周边"的分析方法审视华南，对于重新认识人类学关于华南研究的意义，以及丰富和调整我们研究中国社会的视角与方法，具有很大的启发意义。

麻国庆先生在作以上论述时，因侧重社会文化及族群分析的需要，开宗明义时即撇开（而非忽略）了政治及经济的分析。后者"在政治学、经济学的框架中，所谓'中心'与'边陲'的讨论，往往被置于现代国家体制及资本主义经济体系下进行思考"[②]。但是，若我们不是将之撇开不谈，而是尝试将政治经济学的视角引入华南的"中心与周边"分析，是否会让华南研究在方法论上另有一番意义呢？

面对这个问题，我们或许要琢磨两点：第一，人类学对华南的研究是否有必要引入政治经济学的视角；第二，将政治经济学的视角引入人类学的华南研究，在方法论上能看到什么样的新景象？此外，在此基础上，我们或许还得思考，在政治经济学与人类学的交叉视野下，可能开发出一些什么样的学术问题域？以下将尝试结合前人的研究以及笔者本人的部分调查，对以上 3 个问题给予简要的论述和回答。

一　视野交叉的需求与契机

为什么人类学对华南的研究有必要引入政治经济学的视角？

近年来大量区域史的研究表明，华南与江南一样，是中国现代市场经

---

① 麻国庆：《作为方法的华南》，《思想战线》2006 年第 4 期。
② 麻国庆：《作为方法的华南》，《思想战线》2006 年第 4 期。

济发育较早的地区，自近代以来尤其如此。① 就珠三角地区来说，由于海外贸易的兴起，商品经济即已渗透到该区域农村生产、生活的诸多方面。② 同样值得注意的是，在相当长一段时间里，这种商品经济的渗透，并不是纯粹的经济形态变动，而是包含复杂的国际、国内政治因素，与国际、国内政治格局密不可分。

可以说，离开弗里德曼强调的宗族理论，我们或许确实难以理解珠三角地区广泛存在的公田、义庄。③ 但是，离开政治经济学的视野，我们也同样难以理解像陈翰笙所提及的，珠三角地区更为复杂的租佃关系与阶级分化，④ 以及沃森所分析的华南宗族内部的阶级分化现象。⑤ 反过来也一样，考察华南区域经济的兴起，以及华侨与内地经济关系（乃至政治关系），将有助于我们更深刻地理解华南地区宗族运行的逻辑，以及"革命"与改革的话语曾经与宗族逻辑发生的复杂关系。例如，陈佩华、赵文词与安戈对改革开放前后陈村"革命"与改革做出的富有解释力的研究，⑥ 就与政治分析直接相关；萧凤霞在研究小榄镇菊花会的变迁中，⑦ 则呈现了华侨与内地宗族的政治、经济关系，这让我们更清晰地看到了宗族的整合力及其在现代市场经济中的再生能力。

或许还值得注意，人类学对华南的研究中，目前有四大类型的研究较富影响。第一是关于宗族的研究，第二是关于地方信仰的研究，第三是关

① 参见〔美〕费正清《剑桥中国晚清史》上卷，中国社会科学院历史研究所编译室译，中国社会科学出版社，1985，第175~176页；〔美〕费正清《剑桥中华民国史》上卷，杨品泉等译，中国社会科学出版社，1998，第145页。
② 关于现代性兴起后的世界体系以及作为"中心"的欧美与其他"周边"地带的关系，可参看沃勒斯坦和沃尔夫等人的精彩论述（〔美〕伊曼纽尔·沃勒斯坦：《现代世界体系》第1卷，尤来寅译，第2卷，吕丹译，高等教育出版社，1998；〔美〕伊曼纽尔·沃勒斯坦：《现代世界体系》第3卷，孙立田等译，高等教育出版社，2000；〔美〕埃里克·沃尔夫：《欧洲与没有历史的人民》，赵丙祥等译，上海人民出版社，2006）。
③ 〔英〕莫里斯·弗里德曼：《中国东南的宗族组织》，刘晓春译，上海人民出版社，2000，第15页；李文治、江太新：《中国宗法宗族制和族田义庄》，社会科学文献出版社，2000，第165~198页。
④ 陈翰笙：《解放前的地主与农民》，中国社会科学出版社，1984，第15页。
⑤ 参见〔美〕沃森《兄弟并不平等》，时丽娜译，上海译文出版社，2008。
⑥ 参见〔美〕陈佩华、赵文词等《当代中国农村历沧桑》，孙万国等译，牛津大学出版社，1996。
⑦ 〔美〕萧凤霞：《传统的循环再生》，《历史人类学学刊》2003年第1期。

于革命的研究，第四是区域社会史的研究（不排除四大类型当中存在交叉部分）。从总体上来看，它们都具有强烈的史学取向。这在研究风格独树一帜方面是一大优点，但在无意之间对华南的现代政治、经济关注相对就少了一点，从而烘托出这么一种印象：人类学视野下的华南社会还是一个相当传统的社会。① 从类型比较的方法来看，似乎贺雪峰提供的湖北荆门地区高度原子化类型的村庄，② 以及阎云翔所描述的东北地区"无公德的个人"类型的村庄，③ 更接近西方意义上的个人主义，更"现代"。但从政治经济学的视角来看显然不是这样。与之相反，我们会发现，华南比这些地方在政治、经济上更具"现代"意味。当然，在这里我们不是要指责其在浓厚的史学色彩烘托下，已有的人类学研究提供了有关华南社会的"错误"信息。而是要强调，仅仅这样未必是全面的，摆在我们面前的可能恰恰是一种"矛盾"的现象：在某些领域，华南似乎比中部地区更"传统"，但同时在诸多领域，它又比之更"现代"。

将政治经济学的视角引入人类学对华南的研究，除了华南研究本身的特殊需要之外，在某种意义上也可以说是人类学现代转型的需要。发端于对非西方社会研究的人类学，传统的视角倾向于将这些研究地带认定为非现代的社会，较多关注其生计而不是更为宽泛意义上的经济，较多关注与亲属制度或宗教未分离的政治，而不是现代意义上的政治。但是，一如沃尔夫提醒，④ 当现代人类学越来越多面对的是"现代"社会时，将其政治、经济内容列入人类学的研究视野就成了一件不得不做的事情。⑤

同样，将政治经济学的视野引入人类学对华南的研究，在促进人类学

---

① 当然，事实上这并不确切，并非所有华南研究都集中在这四大类型。但笔者在这里想强调的是，因它们最富影响，而在某种程度上遮盖了其他关注点的光芒。例如，黄淑娉、龚佩华等人关于广东疍民的研究（黄淑娉、龚佩华：《广东世仆制研究》，广东高等教育出版社，2001），对于理解社区区隔就很有意义，但事实上至今还未得到应有的重视。
② 贺雪峰：《乡村治理的社会基础》，中国社会科学出版社，2003，第3~27页。
③ 阎云翔：《私人生活的变革》，龚小夏译，上海书店出版社，2006，第243页。
④ 参见〔美〕埃里克·沃尔夫《欧洲与没有历史的人民》，赵丙祥等译，上海人民出版社，2006。
⑤ 值得强调的是，并非指每一个具体的研究必须予以这样的关注，这只是从整个学科来说的。对于一个具体的研究者来说，完全有理由只关注宗教、亲属制度等某一个方面的话题。

研究方法本土化方面也有其意义。因为，华南区域内的经济、社会发展不平衡和文化上的多样性，能为研究者提供一种通过类型比较而获得"他者"眼光的机会。人类学强调的异文化研究，让研究者面对一个与自身社会区别很大的社会，觉得一切都很新奇。从本质上来说，这就是通过不同类型社会或文化的比较，产生一种"他者"的眼光。① 而在本土社会研究中，研究者却容易因为对个案太熟悉，对一些有价值的经验熟视无睹。中国（华南）是一个巨型社会，而且内部政治、经济、文化和社会发展差异性很大。这样，区域内部不同类型经济、社会发展程度与方式以及文化模式，对于本土社会中的研究者而言，也是一种独特的"他者"的眼光。②

再进一步说，将政治、经济理解得更为宽泛一点的话，我们会发现，其实政治、经济也历来是人类学关注的重点，如互惠经济、无国家政治等。换而言之，与其说人类学有必要引入政治经济学的视角，毋宁说人类学自一开始就包含这样的视角，在这里我们所作的只是强调，在华南研究中抑或该是重新认识、重视人类学中的政治经济学视角的时候了。

二 交叉视野下的"中心"与"周边"

将政治经济学的视角引入人类学的华南研究，在方法论上能看到什么样的新景象？

若以"中心与周边"的关系来分析华南，再加上政治经济学的视角，华南除了在社会文化及族群关系研究上具有方法论的意义，似乎还在人类学的中国政治、经济研究中具有方法论的意义。

首先，在政治视角下，华南在转型时期经历了几次"中心与周边"的转换过程。

在传统的王朝政治框架下，华南无疑是边陲。尤其是作为华南中心地带之一的广州，在王朝政治的朝贡体系里扮演着重要的角色，那就是所谓

---

① 王铭铭：《人类学是什么》，北京大学出版社，2002，第20页。
② 谭同学：《类型比较视野下的深度个案与中国经验表述》，《开放时代》2009年第8期。

的"番夷"迈向王朝的"渡口"。① 但是,中国现代政治的兴起却曾经一度在"先进/落后"的意义上使这个区域成为现代政治的"中心",孙中山倡导的革命活动即为标志。在此视角下,昔日的政治中心北京成了现代政治革命的"边陲"。不过,华南这种"中心"位置随着"革命"的进一步展开而重归"边陲",并在1949年之后成为现代国家意义上的国家边陲。在有关华南此时期的民族志作品当中,我们能经常阅读到"逃港""逃澳""通敌"之类的带有边境线意味的辞藻。② 然而,富有戏剧性的是,在改革开放过程中,这里又一度成为"渐进式改革"模式的"中心"。从时而为"中心"时而为"周边"的华南来看中国政治的现代性转型,无疑是一个重要的方法论视角。

其次,在现代货币经济视角下,华南也经历了几次"中心与周边"的转换。

在王朝体制时期,基于小农经济形成的经济格局十分稳固(即便我们同意江南资本主义经济萌芽较早的说法),华南则较之于内地更深地卷入了现代商品经济——尽管并不是自主的。③ 如果说现代经济进入中国是一个从点到面缓慢扩散的过程的话,那么在此意义上华南无疑是这个经济过程的"中心"。这个"中心"位置与其作为现代政治革命"中心"颇为类似,也随着"革命"在全国范围内的兴起及最终胜利而画上了一个句号。在随后的计划经济体制之下,华南变为计划经济与资本主义世界经济交界

---

① 〔日〕滨下武志:《近代中国的国际契机》,朱荫贵等译,中国社会科学出版社,1999,第38页;而葛希芝甚至认为,朝贡制的生产是中国社会在宋代就发展出的"现代性"早期形式,朝贡制下蕴含小资本主义(Petty Capitalism)生产方式(在市场实践中,被另一种裹挟性的、无所不包的支配性朝贡制所限制的一种生产方式)。并且,时至今日朝贡制的生产方式仍然作用于中国社会(参见 Gates Hill, *China's Motor: A Thousand Years of Petty Capiltalism*, New York: Cornell University Press, 1996, pp. 77, 13–41, 243–269。

② 参见 Richard Madsen, *Morality and Power in a Chinese Village*, California: University of California Press, 1984;陈佩华、赵文词等《当代中国农村历沧桑》,孙万国等译,牛津大学出版社,1996;Siu F. Helen, *Agents and Victims in South China*, New Haven: Yale university Press, 1989。

③ 〔美〕费正清:《剑桥中国晚清史》上卷,中国社会科学院历史研究所编译室译,中国社会科学出版社,1985,第35、175~232页;Gates Hill, *China's Motor: A Thousand Years of Petty Capitalism*, New York: Cornell University Press, 1996, pp. 254–258;Faure David, *Emperor and Ancestor*, California: Stanford University Press, 2007, pp. 308–324.

的前沿"阵地"。① 之后，同样富有戏剧性的是，华南复又成为市场经济的试验田。正如傅高义的研究所表明，地处华南核心地带的广东，成了全国人学习市场经济和看世界的"窗口"，② 在现代市场经济意义上曾一度当之无愧地成为"中心"。从时而为"中心"时而为"周边"的华南来看中国经济的转型，能十分清晰地看到其转型的步骤、特点及轨迹，故而它同样也是一个研究中国经济的重要方法论视角。

最后，在当代政治经济条件下，华南在"中心与周边"意义上具有更为复杂的共生乃至互置关系。

以"中心与周边"关系而论，华南在当代中国的政治体系中毫无疑问并不居中心位置。但与此并存的事实是，就现代市场经济发育而言，它又是一个中心区域。③ 同时，在社会文化上，华南在很大程度上仍被认为是"周边"，但其文化中遗存的宗族文化传统，往往较之于中部地区许多地方都要强。由此，我们看到一些近似于"悖论"式的现象：在华南这个社会文化的"周边"地带，较多地保留了被人们认为极具传统色彩的宗族以及村社。并且，这些传统色彩较浓的宗族与村社在这个政治上的"周边"地带，与现代市场经济结合了起来。以专业镇为特色的地方经济兴起，使华南在中国的现代市场经济当中充当了某种"中心"。然而，若将视界放得更为宽广一点，我们又会发现这种现代市场经济意义上的"中心"仅仅是相对意义上的。在整个世界体系当中，④ 华南仍是世界经济的边缘地带，在这个区域最集中的仍是世界产业链条上趋向末端的加工业，亟待升级换

① 〔美〕傅高义：《共产主义下的广州》，高申鹏译，广东人民出版社，2008，第144~146页；〔美〕傅高义：《先行一步：改革中的广东》，凌可丰等译，广东人民出版社，2008，第28~30页；〔美〕陈佩华、赵文词等：《当代中国农村历沧桑》，孙万国等译，牛津大学出版社，1996，第247~248页。
② 〔美〕傅高义：《先行一步：改革中的广东》，凌可丰等译，广东人民出版社，2008，第45页。
③ 需要特别指出的是，我们在强调从经济视角理解"中心"与"周边"关系的同时，必须同时强调这并非纯粹的"经济"概念。因为，撇开历史与政治的经济，无助于理解现实的经济过程及其与社会的关联（〔德〕卡尔·马克思：《马克思恩格斯选集》第2卷，中央编译局，人民出版社，1972，第82页；参见〔英〕杰弗里·M. 霍奇逊《经济学是如何忘记历史的》，高伟等译，中国人民大学出版社，2008）。
④ 参见〔美〕伊曼纽尔·沃勒斯坦《现代世界体系》第3卷，孙立田等译，高等教育出版社，1998。

代。如果不理解华南这种"周边"中有"中心"、"中心"中有"周边"的特点，我们就很难理解该区域的地方治理、农民工社区发育等问题。

三　可能呈现的学术问题域

将政治经济学的视角引入人类学的华南研究，能够呈现一些什么样的学术问题域？或者说，除了麻国庆先生提及的从文化、族群上的"中心与周边"视角研究族群、华侨、地方文化、地方信仰等问题之外，从方法论的角度来说，以政治经济学与人类学交叉的"中心与周边"视角来审视华南，将有助于我们研究哪些问题？

笔者认为，这可能是一个需要在研究中不断挖掘经验资源、产生问题意识的过程，而无法在当下一一列举出来。以下笔者仅以几个典型问题域为例，对此简加讨论。

（一）"中国制造"背景下的农民工

华南是"中国制造"叙事的主角之一，外向型的加工业自 1980 年以来蓬勃发展，造就了一个庞大的农民工群体，人类学对这个群体的关注主要集中在生计方式、文化适应和家庭生活（如儿童教育）等方面。若将政治经济学的视角加入人类学关于农民工的研究，可能有助于我们理解华南地区依赖低端利润产业的"中国制造"背景下，农民工的生计选择，他们与华南的文化互动关系。他们的存在及存在方式，与华南既是"中心"又属于"周边"的位置极其相关。例如，潘毅的名著《中国女工》就是利用人类学与政治经济学的交叉视野，对珠三角地区女工（农民工）的研究。它呈现了这个经济"中心"在世界中的"边缘"角色，以及女工本身在性别上"边缘"角色与工厂劳动体制等多种因素的复杂关系。①

（二）制度转型背景下的代耕农

珠三角作为华南乃至全国的经济"中心"，在 1980 年后普遍出现了农

---

① 参见潘毅《中国女工》，任焰译，明报出版社有限公司，2007。

民"洗脚上岸"（退出农业）的现象。与此同时，其在政治上相对"周边"的位置，使公粮缴纳、基本农田等制度成为农民"洗脚上岸"的羁绊（他们曾必须缴纳公粮而非现金，并至今被要求必须保留一定基本农田）。于是，几十万的外地农民被制度性地作为永久"代耕农"引入珠三角（将其户籍也转入了珠三角），从事农业。[①] 如今，公粮制度已改变，土地价值急剧上升，"代耕农"与当地人的摩擦不断出现（例如，当地人要求收回土地，选择性地不承认其户籍——除了允许其子女以当地人身份上学、结婚之外，其他户籍权利基本上不被承认）。借助政治经济学的视野，将有利于人类学更深入地研究这个群体。

（三）跨国人口流动背景下的外来工

尽管在世界分工体系中，华南仍处于"周边"的位置，但在区域性的范围内它具有相对"中心"的地位。这一状况吸引了两个庞大的跨国务工群体，一个是来自非洲的劳工群体，大部分聚集在广州三元里一带，另一个是来自东南亚的劳工群体，广泛分布在珠三角及粤西、桂东地区。与许多人原有印象中的发达国家来华的"老外"不一样，他们当中相当大一部分人从事的职业以及生活状况与我国的农民工有许多相似之处。对于此类特殊群体的研究，除了沿用人类学常用的文化比较、亲属制度、社会网络与宗教信仰分析等研究方法之外，加上政治经济学视野让我们能更恰当地理解其宏观生存条件。因为，毕竟他们进入华南的过程本身就是世界政治、经济互动的一部分。

（四）草根工业背景下的地方治理

华南既居"中心"又是"周边"的辩证位置，使专业镇与村庄在华南的工业化中担当了重要角色（这与长三角和浙江有显著区别）。但在地方治理中，这也导致了一种"局部效率"现象。[②] 符合地方利益但不符合广

[①] 参见胡俊生《广东代耕农生存状况调查》，《中国改革》（农村版）2004 年第 5 期。广义上的"代耕农"还包括后期以租赁的方式在此从事农业（主要是种菜）的外地农民（他们不拥有珠三角户籍）。如果加上这部分"代耕农"，这个数字估计在 100 万元以上。

[②] 张永宏：《地方治理的政治》，《中山大学学报》（社会科学版）2009 年第 1 期。

东省全省或更大范围内全局利益的生产或社会活动，有时会得到地方政府的支持乃至保护，政治"中心"的政令被执行得走了样（如国家及广东省要求在该区域取消高耗能、高污染的企业，保护农民工权益，等等，但这些政策在个别地方并未被很好地执行）。导致这种局部效率的原因，或多或少与其在政治上居"周边"有关（以至于"天高皇帝远"），与其在世界经济格局中居"周边"有关（以至于只能靠这些低端产业和相对剥削农民工以维持微薄的利润），也与其在中国市场经济中居"中心"有关（故而吸引到如此多的廉价劳动力）。

（五）公共空间生长背景下的传媒

有一种流行的观点认为，华南是文化的沙漠（"周边"），尤其是珠三角地区，除了有钱什么都没有。但它忽视了两点：华南的传统文化（如宗族文化）比内地许多地区更鲜明；港产影视影响了整个中国一两代人，穗港媒体在当代公共舆论与传播上具有强势地位。对于被常人忽略的两点，人类学利用文化与族群关系上的"中心与周边"概念，对前一点已做出了较多研究。但对于后一点的研究，却似乎有必要加入政治经济学的视野。因为，这些媒介不仅是文化现象，同时也是经济活动的一部分（从其经营效益中可见一斑），还是逐步构建公共空间和公民社会的标志性"工程"。

（六）"一国两制"背景下的日常生活

"一国两制"政策被人类学家费孝通先生认为乃是中国文化的创造性表现之一，[①] 目前在地处华南的港澳已经得到了应用，但人类学对该政策具体实践的研究却并没有得到相应的发展。目前，关于此话题的研究主要集中在政治学和经济学，关于此政策下人们日常生活的研究却付之阙如。而就研究日常生活而言，人类学有一套比较成熟的研究办法。如果能够实现两种视野的结合，无疑将会大大丰富我们对"一国两制"的理解，以及对其实践的研究。例如，霍志钊结合政治经济学的视野，对澳门土生葡人

---

① 《费孝通文集》第 14 卷，群言出版社，1999，第 389~391 页。

宗教信仰的研究，[①] 就丰富了我们对"一国两制"背景下人们的族群、宗教认同与政治、经济关系的理解。

（七）不平衡条件下的区域发展问题

发展人类学是人类学的一个重要分支，也是人类学中与政治、经济发展话题联系最紧密的一个分支。我国发展人类学的研究地域主要集中在西南和西北一些欠发展地区，这固然是有道理的。但是，华南作为发展人类学的研究区域也有其特殊意义。因为，华南的发展也存在十分明显的区域不平衡问题，少数的城市与广阔的乡村之间，以及珠三角地区与两广大部分地区之间，形成了非常大的反差。这种对比，值得发展人类学去研究、反思并贡献建设性的发展思路。而从方法论上来说，这很显然需要人类学与政治经济学视野的互补才能满足这种研究需要。

四　结语

归结起来说，如麻国庆先生已指出，在社会文化与族群关系上，华南研究已具有方法论意义。而若在人类学的华南研究中引入政治经济学的视野，结合"中心与周边"关系分析，在现代性框架下，我们则会看到华南具有多重角色。在人类学的政治、经济研究领域当中，华南研究也具有方法论的意味。在政治经济学与人类学的交叉视野中，因为华南具有"中心与周边"共存且共生的特点，一些新的学术问题域将会呈现在我们面前，一些老的学术问题域也可能将会被赋予新的研究意义，并可能推进对这些问题的理解与解决。

---

① 参见霍志钊《澳门土生葡人的宗教信仰》，社会科学文献出版社，2009。

第九章 实践、反思与自我的他性

——以《孙村的路》为例

俗话说，"人贵自知"。可见，人要看清"自我"并非易事。"自知"事关对"自我"的反思，而反思在实践中则又有赖于恰当的参照系。近来阅得《孙村的路》一书（以下简称《路》）。作为一项本文化研究成果，笔者认为，在经验叙述、理论论证和方法论三个层面上，《路》均给出了诸多值得深思和具有参照意义的洞察。本章将试图以其为例，对实践、反思与"自我"社会之关系略作探讨，以期从方法论上对于明晰经验研究的理论自觉有所裨益。

一 常识之外与情理之中

较之于哲学思考，田野工作的乐趣和挑战皆在于，它会带来新的发现。所不同者，只是"新"的内容有差异，可能是见到新事物，又或是体会到新道理。但不管如何，这一切绝非事先就已经知道得清清楚楚。若不然，在田野工作中能发现的都是已经发现的，又何苦去做调查呢？而其挑战则在于，进入田野经验后，已有常识就须被检验，且可能被打破。

现代知识人进入乡村做田野调查，往往会碰到农家"过日子"的复杂性问题。且不说不熟悉乡村生活的人如此，即使出生于本地的学者，也因"少小离家老大回"概莫能外。《路》所呈现者，正是这种情况。作者重回故里，所见者可谓既熟悉又陌生。熟悉者如"乡音不改"，或乡俗即使不再依旧，也至少似曾相识。可是，这些简单的事实一旦与作者在异乡生活或求知所得"常识"不一致时，就变成了亟待重新加以认识、解释的复杂问题。

　　例如，《路》要重新认识孙村，却发现在什么样的空间意义上来理解"孙村"，竟然也成了一个问题。在行政边界之外，传统地理界定、"亲戚圈"等无形而有弹性的边界，实际上在孙村人的日常生活中，也有重要的意义。[①] 若单纯以行政边界为准，事情是清楚而简单的，外嫁女当然不再属于孙村村民。但生活的复杂性在于，在祭祀、经济交换（互助）及诸多其他重要活动中，她们仍活跃在孙村，是孙村不可缺少的一部分。若要完整地描述出孙村生活的全景，焉能将她们排除在"孙村"之外？由此，《路》首先以乡村生活的复杂性，暗示了研究乡村时修正"常识"的必要性。

　　在婚姻这类常见的事情中，《路》更以详细的统计数据表明，在城乡商品网络一体化的情况下，当地乡村区系网络的维系因素，并非现代知识人"常识"中津津乐道的"祭祀圈"和"基层市场圈"。[②] 同样，在人们根据一般原则想象的"常识"中，随着社会趋于现代、开放和自由，自由恋爱应是常态，浪漫情感的因素必会增长，通婚圈理应日益扩大。《路》却发现，孙村有着"无所不在的媒人"[③]，"讨（娶）一个有用的人"比浪漫情感更为村民所看重；[④] 通婚圈在急剧缩小，甚至出现了大量未到法定婚龄而不经结婚登记就暗中事实结亲的"黑婚"。[⑤] 这些现象无疑与现代人的"常识"出入很大，却绝非因为孙村年轻人都是逆现代潮流而动的"老古板"，相反是因为他们较之于祖辈更深地嵌入了现代市场经济，理念上更有"斤斤计较"的色彩。

　　因为生计方式逐步由传统的"糊口型"农业转向外出务工、投资，复又加上经济和面子竞争都很激烈，婚姻被越来越多的年轻人（当然也连带着父母），看作重新整合资源的途径之一。他们"尽可能培育、利用、挖掘、建构姻亲的网络，期望小家庭'根深叶茂'——发家致富"，[⑥] 而近距

① 吴重庆：《孙村的路》，法律出版社，2014，第6~7页。
② 吴重庆：《孙村的路》，法律出版社，2014，第10页。
③ 吴重庆：《孙村的路》，法律出版社，2014，第11页。
④ 吴重庆：《孙村的路》，法律出版社，2014，第12页。
⑤ 吴重庆：《孙村的路》，法律出版社，2014，第15页。
⑥ 吴重庆：《孙村的路》，法律出版社，2014，第42页。

离婚姻可让姻亲网络更紧凑。同理，有些儿子数量少或无子的家庭，更是希望在近距离范围内建立起"鞭长可及"的姻亲网络，以在某种程度上壮大自家在当地日常生活中的"势力"。① 当然，这并不是说孙村年轻的一辈就彻底把婚姻当成了买卖，以利益最大化为标准。事实上，向媒人打探对方的"品行"也是很重要的事情，② 毕竟这同样也是一个家庭能否和睦的重要条件。媒人之所以重要，则乃是因为青梅竹马者毕竟少。大多数年轻人常年在外，只有春节时分才回家，并没有在家乡细挑对象和自由谈恋爱的时间。这就得依赖媒人提供信息和配对建议，以节省挑选、了解对象和就聘金讨价还价的时间。③

　　至于"黑婚"，其初始原因则与逃避当地计划生育"土政策"有关。该"土政策"规定，早婚者（男未满 23 岁、女未满 21 岁）罚款 5000~10000 元（此规定显然完全是违法的），未满间隔生育（第一胎为女孩，允许生第二胎，但须间隔 4 年）罚 3000~5000 元，超生一胎罚 10000 元。在"以罚代管"的逻辑下，"计生工作队"对违规者家庭频频施暴——拉猪牵羊、抓人（哪怕非当事人）、扒粮、卸门砸屋。④ "苛政猛于虎"，农民除了"躲"，似乎也没有更好的办法。为避免因受罚而"倾家荡产"和连累其他亲人，大多数年轻人即采取了秘密通婚的形式。以至于，有些新娘根本没有过婆家的门，只是与新郎相约在车站，随即一道出外从事小本生意，待生了男孩后才公开回婆家。⑤ 为了保密，同时媒人又必不可少，只好找关系特别近的亲戚充任媒人。这进一步使其寻找对象的范围缩小，以免牵涉过广而泄密。

　　"常识"可作参照，却常不够解释田野中经验的复杂性，并不只是当下的事情。关于历史，情况也一样。《路》在述及婚俗历史变迁时，曾有一段"乡老"的回忆："毛泽东时代破迷信，唯独婚、丧这两项没人敢出头'打限'（取缔），不然，那会激起民愤……时代是新时代，古'例'

---

① 吴重庆：《孙村的路》，法律出版社，2014，第 16 页。
② 吴重庆：《孙村的路》，法律出版社，2014，第 19 页。
③ 吴重庆：《孙村的路》，法律出版社，2014，第 19 页。
④ 吴重庆：《孙村的路》，法律出版社，2014，第 34 页。
⑤ 吴重庆：《孙村的路》，法律出版社，2014，第 15 页。

还是照走"。① 当然，变化也是有的，如多数婚礼放在农历十二月中下旬，持续三天而又不至于耽误农活。甚至于，新的基层政权自一开始就不乏灵活地处理实践问题的例子。如孙村所在的地区"解放"后，不少因娶媳妇分期支付聘金的人，不肯再付，原因是听说"解放"后婚姻自由、结婚不要钱。而按当地习俗，男方中途停付聘金，对女方是一种侮辱（类似于失身），女方家庭有权没收男方已付的那一部分作为名誉补偿。由于此类纠纷太多，"农会根本就忙不过来，只好采取尽快息事宁人的办法，要求双方各让一步"，② 而并未完全取缔聘金。国家政策、乡土习俗在乡村实践中的关系，比那些依据宏观政策乃至"革命"口号所得出的传统文化在此时期已被彻底中断的"常识性"结论，③ 显然复杂得多。较之于乡村历史实践的复杂性，后面这种笼统的结论毋宁说是一种想象。而不幸的是，太多现代知识人已习惯了用这类简单逻辑野蛮地切割复杂的历史，以至于想象竟也成了"常识"。

乡村经济未来的路该如何走，也是一个复杂的问题，仅靠"常识"未必能说清楚。早在 20 世纪 30 年代费孝通先生即发现，在现代工业的冲击下，乡村经济正面临生产要素，尤其是乡村金融和农家子弟知识分子外流的难题。④ 他主张用乡村工业的办法，⑤ 以及用小城镇连接城市和乡村，带动乡村发展，⑥ 来改善这种局面。但很可惜，随着新自由主义经济学"常识"在中国普及，近 30 年来快速扩张的主要是大城市，与之相对的则是"农民真苦、农村真穷、农业真危险"。⑦ 21 世纪农村税费改革后，农村条件虽稍有改善，但并未能从根本上改变大城市像一台台"抽水机"，将农村的"水"（劳动力、金融和优质土地资源）极大限度地抽离出来，造成乡村"空心化"的现象。对于这一局面，"常识"告诉人们，这是符合经

① 吴重庆：《孙村的路》，法律出版社，2014，第 22 页。
② 吴重庆：《孙村的路》，法律出版社，2014，第 217~218 页。
③ Siu F. Helen, *Agents and Victims in South China*, New Haven: Yale University Press, 1989, p. 292.
④ 《费孝通文集》第 2 卷，群言出版社，1999，第 186 页。
⑤ 《费孝通文集》第 2 卷，群言出版社，1999，第 201 页。
⑥ 《费孝通文集》第 8 卷，群言出版社，1999，第 218 页。
⑦ 李昌平：《我向总理说实话》，光明日报出版社，2002，第 20 页。

济规律的唯一大道，"世界潮流，顺之者昌，逆之者亡"。然而，《路》却向我们展示了另外一番景象，谓之"大道朝天，小径依然"。① 孙村作为打金这一"同乡同业"农民群体的中心，② 以本土社会网络支持家庭为单位的小本创业，而民间宗教活动又不断提升社区的共同体意识，为"离土离乡"的村民维系、扩张社会网络。这使他们有效降低了交易成本和生产要素成本，③ 将打金业的所有产业链条、生产环节都掌握在自己手里，"以非正规经济的灵活与低成本优势，不给任何大资本、大企业在竞争中获胜的机会"，④ 而对同乡"自己人"，却恰恰不是"大鱼吃小鱼"的逻辑。⑤ 反过来，致富了的村民也无法逃离乡村，因为附着于故乡的社会关系网络和社区共同体意识才是其致富的法宝。他们得回村庄盖房，参与公共活动和维持人情往来，⑥ 从而在客观上形成了一个乡村"空心化"的反向运动。⑦

二 渠清如许与源头活水

不少乡村经验不符"常识"，却又在情理之中。梳理清楚这些情理，既可以矫正"常识"，也是激发学术活力的源泉。

首先，在现代知识人最容易倨傲的"理性"与"迷信"关系中，可见一斑。

以现代知识的分类，世界要么是纯粹物质的（如无神论者）；要么物质生活是物质生活，精神上可信奉宗教，却并不妨碍人们宣称自己是理性的（如基督徒）。相比较而言，那些"三教九流"都信的农民则被认定为"迷信"。且不说那些认为"宗教信仰自由"的准则只适合信奉上帝、真主或释迦牟尼的"教徒"，而不适合信奉地方神灵的"迷信者"，显然是一种不平等的态度。即使为了弄清楚"迷信者"为何"迷信"，这种先入为主

---

① 吴重庆：《孙村的路》，法律出版社，2014，第 1 页。
② 吴重庆：《孙村的路》，法律出版社，2014，第 148 页。
③ 吴重庆：《孙村的路》，法律出版社，2014，第 150 页。
④ 吴重庆：《孙村的路》，法律出版社，2014，第 148 页。
⑤ 吴重庆：《孙村的路》，法律出版社，2014，第 150 页。
⑥ 吴重庆：《孙村的路》，法律出版社，2014，第 152~153 页。
⑦ 吴重庆：《孙村的路》，法律出版社，2014，第 154 页。

的有色眼镜也不利于人们看清"迷信者"的行为实践。

话说《路》中所载孙村也有一座神社——永进社，人民公社时期遭拆。20世纪70年代末，一位目不识丁的中年女性宣称被永进社原供奉的神灵附体，要求村民修复永进社。① 依照现代理性的解释，很显然是难以证实，或者说完全就是"装神弄鬼"的事情。但若作为田野工作者，其分析即到此为止的话，显然未必说得上真正弄清楚了农民"过日子"的逻辑。事实上，对于其他大多数村民而言，"神灵附体"之事本身是真是假或许并不重要，重要的是这一提议暗合了他们本已有或潜在的想法。

可当村民因利益所涉，不愿意迁就"神灵"时，这套说法就未必起作用了。在永进社重建后要决定游神路线，而碰到村中公共道路、戏埕早已被部分村民侵占的问题时，仅有"神灵附体"的"旨意"，已无法让侵占者退出。解决此问题的，还是村庄日常中的"机缘巧合"，以及村庄精英——"乡老""循循善诱"。某村民患癌症，医生无策，其妻金母只能将希望寄托于神明，但求神亦无效。于是，金母怀疑是自家房屋侵占神灵戏埕所致，并以退出所占之地求之于永进社。不久后，她宣称丈夫病情好转。② 以理性的眼光看，金母不免有些"神神叨叨"。可她除了能这样做，又还能在现世当中有什么更有效的办法呢？同理，乡村生活中的男男女女也一样没有更好的、看得见摸得着的办法，消除人生中的不确定性。于是，当"乡老"通过卜卦的方式，以神灵的名义要求侵占村道以及在村道旁设粪池的村民拆除建筑、移走粪池时，阻力就小了很多。

言及"理性"，不得不说，它在特定文化中有不同的含义。依《路》给出的"深描"，③ 孙村及附近地区元宵节娱神仪式中所大量依赖的"牵马人"，及其与马、人、神之间的关系，正体现了"理性"与文化交错之后形成的复杂"均衡理性"。④

饲养和驾驭马匹，在当地传统中属于地位低下的人，被称作"使马人"。20世纪80年代，在当地逐步恢复的元宵娱神活动中，人们开始雇请

---

① 吴重庆：《孙村的路》，法律出版社，2014，第53页。
② 吴重庆：《孙村的路》，法律出版社，2014，第55页。
③ 〔美〕克利福德·格尔茨：《文化的解释》，韩莉译，译林出版社，1999，第3页。
④ 吴重庆：《孙村的路》，法律出版社，2014，第96页。

马匹（得要人牵着，因此改称"牵马人"），作为神明的"坐骑"，跟随神明绕境巡游。马匹数量多则意味着场面大，以至动辄租用数百匹。不少家庭较贫困者逐渐加入"牵马人"的行列。在"马市"上，高大的白马价格相对较高，而"牵马人"亦需相对富裕，能买得起白马且能供应上等饲料。① 在与租马人谈判的过程中，"牵马人"是"理性"的，会斤斤计较、讨价还价。可是，"牵马人"又不是"理性"的。选择进入这个利润并不是很高的行当，从总体上来说即不理性。而且，他们并不只是将自己饲养的马看成一种生产工具。相反，他们将马看作与神相连，而自己的职业也是服务于神明的。例如，《路》曾提到"马市"上一位牵红马的"牵马人"。若从纯粹经济理性考虑，毫无疑问他应处理掉红马，饲养一批白马。但他却没有这么做，而原因是："这红马善善，服服使，我家庭运气也顺顺，无端换走说不过去"。② 由此，如《路》指出，"不管是把'牵马人'看得太傻的低视，还是把'牵马人'想象得太淡利的高看，都没有真正理解到'牵马人'的生活世界"。③ 同样，如果不理解村民和"牵马人"的"迷信"，就无法理解"牵马人"的"均衡理性"，错失学术理论的生长点。

其次，在现代知识人最容易向往的"国家"与"社会"关系中亦可见一斑。

20世纪末以来，诸多有无限"民主"情怀的知识人开始接触到令其兴奋的理论框架，曰"国家与社会"。这里的"社会"，是指与国家相对立的、具有高度民主自治权利的领域，也即"市民社会"。④ 在西欧，这本是现代性兴起后，资产阶级在城市当中伸张权利的结果。⑤ 有了"建构市民社会"的情怀，抑或"普世"理论的需要，便有了按图索骥，生硬将中国经验塞进"国家与社会"框架的强大动力。于是，出现了一些奇特的现象。人们发现，在中国，不是现代性兴起之后而是之前，不是在城市而是

---

① 吴重庆：《孙村的路》，法律出版社，2014，第104~105页。
② 吴重庆：《孙村的路》，法律出版社，2014，第108页。
③ 吴重庆：《孙村的路》，法律出版社，2014，第109页。
④ 邓正来等：《构建中国的市民社会》，《中国社会科学季刊》1992年第1期。
⑤ 王浩斌：《市民社会的乌托邦》，江苏人民出版社，2010，第9页。

在乡村，不是资产阶级伸张权利而是小农自保的行为，[1]更加符合"市民社会"存在的标准。

在《路》关于孙村人修路的漫长历史叙述中，也不乏涉及"国家"与"社会"的关系。但它以大量细致的材料分析向人们展示了，这里的"社会"并非与国家相对立意义上的"市民社会"。同时，"国家"与基层"社会"的关系，也远比争取权利或自主权利发育的过程复杂，且极度依赖于具体的历史情境。

据《路》所载，孙村人第一次参与兴修现代公路，乃是地方土匪武装所迫，为首者是"埭头禹"。为建一条约10公里长公路，"埭头禹"利用武力勒令沿线"乡老"发工，"对公路占用的耕地也不作任何补偿，稍有不从，就派兵抓人"。[2]这条劳民伤财的公路，仅仅供"埭头禹"的旧汽车用过两次。此后，车子坏了，公路也随之废弃。"埭头禹"当然不是"国家"的代表，但也更不是乡村"社会"的代表，毋宁说他就是二者之间的一块"拦路石"。按说，"国家"将国家权力之"路"铺入乡村"社会"时，理应除掉这"拦路石"。可1935年孙村推行保甲制时，"埭头禹"并未被打倒，反而摇身一变成了县参议员。[3]由此可见，在"国家"与乡村"社会"之间"无路可走"，"国家"不能为"社会""做主"的情况下，"社会""自主"权利发育只能是一种奢谈。

1951年孙村"土改"时，接到号召参与修一条"备战路"，以防国民党部队"反攻大陆"。农会主席在村里只做了一个"反通知"："'地富反坏'不能参加修路"。结果，除"地富反坏"分子之外，几乎所有成年人自带工具、起早贪黑，花了3天时间就突击修成了上级分配给孙村的500米公路。[4]在这里，乡村"社会"似乎也无关乎民主、自主权利之类的事情，而是主动积极保护"土改"成果。当然，乡村"社会"这种高涨的"革命"热情有时候未必就能给"国家"办好事情。例如，1958年，孙村

---

① Esherick Joseph, Rankin Backus Mary, *Chinese Local Elites and Patterns of Dominance*, Berkeley, Los Angeles and Oxford: University of California Press, 1990, pp. 5-10.

② 吴重庆：《孙村的路》，法律出版社，2014，第120页。

③ 吴重庆：《孙村的路》，法律出版社，2014，第120页。

④ 吴重庆：《孙村的路》，法律出版社，2014，第122页。

人为了响应上级号召，实现耕作道路的半机械化（用于独轮车），抢修了一条宽不足 1 米、长约 500 米的乡间土路。为了与周边村子比速度，以证明本村更快地响应了"国家"号召，孙村的土路修得特别匆忙，路基都未来得及砌起，即被大雨冲垮，根本无法用于走独轮车。① 一系列惨痛的教训使孙村人对"国家"过度热忱的态度终于冷却下来，一些村民开始想"单干"，而干部们也默许了这一行为，并与村民一起想方设法应付上级"工作组"的检查。②

可这是与国家相对立的"社会"自主性兴起吗？似乎也不是。因为，村民不是在尝试建构一种高度自治的政治领域，而只是在努力争取一种以家庭为单位的经济经营方式。正由此，这也就决定了，实际上超越家庭之上的"社会"公共性并不可能相应地快速生发出来。20 世纪 90 年代中期，孙村再要修路时，就出现了以家庭为单位利益算计、损公肥私，甚至不惜破坏公路的行为。③ 1999 年，孙村村干部与"乡老"合作再修路，仍不乏阻挠者推倒路基。最后还是代表"国家"的干部出面，以"叫镇派出所下来抓人"相威胁，村道方得以修通。④ 正如《路》所分析，从"国家与社会"二元对立的立场看，此类现象是无法解释的。同时，对照黄宗智所说的"第三领域"，它们也不尽相同。⑤ 究其缘由，这里的"社会"，不仅并不具有与国家相对的自主政治意味，而且在内部，以家庭为基础的分散性远远强于社区公共性。

可以说，如果不深入田野经验，贴近、尊重事实，从实践中汲取营养，仅有"国家与社会"理论框架，对《路》中路的故事，似乎就只能"雾里看花"、似是而非，只是一堆"死"教条。

三 庐山面目与身在山中

研究文化，既可是哲思，亦可作经验叙述。若仅平铺直叙，对于熟悉

① 吴重庆：《孙村的路》，法律出版社，2014，第 123 页。
② 吴重庆：《孙村的路》，法律出版社，2014，第 124~125 页。
③ 吴重庆：《孙村的路》，法律出版社，2014，第 131~132 页。
④ 吴重庆：《孙村的路》，法律出版社，2014，第 138 页。
⑤ 吴重庆：《孙村的路》，法律出版社，2014，第 139 页。

此种文化的人而言，并不太难。可若将二者结合起来，则又并非易事。在一个生"我"、养"我"的地方，人的日常生活在不断实践着当地的文化，但正由此，反而可能会"熟视无睹""日用不知"。要以实证的方式，将经验上升到哲理讨论，进而又用理论透视经验，须得文化实践中的人首先将自己以某种方式从本文化中"跳"出来，与"庐山"保持适度距离，带上"他者"的眼光，方能看到"庐山"的"自我"真面目。

比之于异文化研究，本文化研究在这方面明显有些困难。对此，作为以研究"他者"著称的人类学转向本文化研究的标志性人物，费孝通曾做过提纲挈领式的总结：异文化研究的难点在于难以"进得去"，本文化研究的挑战在于不易"出得来"。① 前者因为天然具有"他者"眼光，容易对异文化的新奇特点具有敏感性，是故难点主要在难以贴近当地人的生活脉络去理解其文化。后者则需要将"自我"经验放进融入了某种"他者"眼光的框架下，重新加以审视，并提出理论上的总结。套用当代人类学家流心的话来说，它实际上要求研究者敏感地去捕捉"自我"中的"他性"，② 并给出反思性的理解。

尤其在当代中国，将文化哲思与经验叙述结合起来进行理解，困难还不仅在此。因为，随着现代思潮潜移默化地深入现代知识人的骨髓，不少研究者早已近乎难以自我察觉地接受了"先进"与"落后"的二分框架。在面对本文化，尤其是相对传统的文化时，往往未及深入理解，就先入为主地贴上了"落后"的标签，摆出一副居高临下、从根子上作彻底批判的架势。这样的套路，研究的固然是本文化，却也未必比研究异文化更容易"进得去"。

《路》是本文化研究的著作。由此，《路》要展现细致的经验材料，可能并不是特别难的事情。但材料本身不会"说话"，去说明某个道理。真正决定将材料如此呈现，用来说明种种道理的，还取决于研究者的视野。《路》发人深省之处在于，并未因为"身在此山中"而只以"自我"体验为中心突出"庐山"面目的一角。相反，它展示了一个"少小离家老大

---

① 《费孝通文集》第 14 卷，群言出版社，1999，第 32 页。
② 流心：《自我的他性》，常姝译，上海人民出版社，2005，第 152 页。

回"的"游子"，在外习得学理、见过世面和历练世故之后，重归故里发现"似曾相识"的敏感。例如，《路》的"后记"有载，作者既作为儿子也作为研究者，在听及老父亲叙述孙村历史时，突然发现这是"一个不曾想也未曾见的孙村，有粗粝的质地，有柔弱的内里，有陆离的景象，也有绵长的地平与人心"。① 这种仅从正文中难以看得出来的心路历程，实属对本文化研究认识论的真实体验。它表明，有了理论和他乡经验之后，研究者对本文化其实可以而且应当实现一个"陌生化"的过程。若要使之成为一项科学的田野调查研究，所需的即以理论和他乡经验——两个特殊的"他者"为参照系，重新再深入认识、理解"似曾相识"的"自我"社会和文化。与原来的"熟悉"有所不同，这次经过"陌生化"之后的"再熟悉"，已是加入了理性反思的"熟悉"。至于那些"似曾相识"的"陌生"，在某种意义上正是"自我"的"他性"。

总之，若有理论与"山外"经验相参照，《路》表明，"身在山中"完全也有可能认识"庐山真面目"。在认识论和方法论上，这即说明，只要有理论上的自觉、开放和谦虚，本文化研究完全可以"出得来"。

接下来，不妨再说说《路》作为一面镜子，对"异文化"研究"进得去"的方法论和认识论，也有一定的价值。

《路》的作者乃中国哲学训练出身，用的却是田野调查的方法，对家乡的乡土文化做哲理阐释。而人对世界作哲学思考，难免会有用某种"逻辑化"的框架进行总括的冲动。所谓的"逻辑化"，通俗点说即"说得通"，让人认为可信的解释。当某种解释对人们已触及的经验或哲学推理，都具有"说得通"的效果时，也就变成了一种"常识"。可在现代知识体系中，这种"常识"一旦不是民俗意义上的，而是"科学"意义上的，便具有某种特殊的地位，可称之为"哲学"或一般"原理"。当人们再拿着这种具有特殊地位的"哲学""原理"去衡量新经验时，若不谨慎，就容易变得过于自信。

在这方面，《路》以理论上的自觉、谦虚，最大限度地让已有"哲学""原理"给生活实践经验留出了空间。在有关通婚圈缩小及"黑婚"的讨

---

① 吴重庆：《孙村的路》，法律出版社，2014，第236页。

论中，它没有简单地将年轻人的选择归结为理性"经济人"。甚至对于基层政府粗暴地推行"计生"、出台"土政策"，它也没有简单地将之归于缺乏民主与"市民社会"等宏大话语抑或予以泛道德主义谴责，而是深入剖析了国家权力下乡过程中的种种复杂因素。而若直接套用此类理论，当然也不能说就完全没有任何说服力，却很可能会遮蔽掉乡村生活中那些活生生的特殊经验，变成放之四海而皆准的空话。至于那些被视作"迷信"或者具有构建自主性地方"社会"意义的民间信仰，《路》既没有简单套用机械唯物论，也没有照搬时髦的"国家与社会"理论，以发掘其与国家相对立意义上的独立空间。同理，关于民间纠纷调解以及修路过程中地方精英与乡村社会的互动，《路》同样既参照了"国家与社会"，而又未像流行的做法那样将地方精英行为简单归为"市民社会"。此外，在关于乡村经济发展与乡村"空心化"的问题上，《路》也给了"非正规经济"以呈现其经验的机会。《路》并不是在盲目反对主流经济既定的"原理"，只是自觉地给鲜活的经验留有"说话"的机会，让既有理论有了开放和生长的可能。而若是没有这种开放性，理论也就没有了"源头活水"，研究者也就无从谈"进得去"某种社会文化。

除了开放、谦虚之外，《路》还暗示了，真正的理论自觉不仅不能排斥，相反还在某种程度上依赖"身在此山中"的知识脉络。这里指的当然不是每个研究者都要研究本文化，而是说，研究任何一种社会文化，都有必要适当地从这种社会文化自身当中发掘出一定的概念、视角，用来理解它。否则，就很容易出现用已有理论框架、"哲学"、"原理"剪裁田野经验材料，以致"削足适履"的情况。在异文化研究中，这本应是一个常识，却常被人尤其是被在世界社会科学体系中具有强势、霸权地位的欧美学者所忽略。例如，法国人类学、社会学家杜蒙就曾痛恨地指出，诸多研究者完全忽视印度教自身的概念，而直接用西方"社会分层"的概念去切割、分析印度种姓制，结果根本无法真正理解种姓制。[①]

至于在本文化研究中，依《路》所示，对此保持必要的警惕性和理论

---

① 〔法〕杜蒙：《阶序人Ⅱ：卡斯特体系及其衍生现象》，王志明译，（台北）远流出版事业股份有限公司，2007，第438~443页。

自觉，也十分有必要。例如，《路》发现"解放"后的"革命"运动在很多方面改变了村庄生活，但在婚丧习俗及家族观念方面仍有一定的延续性。与此相对，同样共享闽南文化、来自我国台湾地区的黄树民于20世纪80年代到厦门附近调查时，发现"家族主义"在"革命"运动中仍在发挥作用，即匆忙得出了"革命"只是在社会表层刮擦了一下传统，而并未真正对传统有任何实质性影响的结论；① 而祖籍为广东的美籍学者萧凤霞则因在粤田野调查中发现"土改"取消了宗族组织的集体财产基础，"阶级斗争"运动压制了传统道德、宗教，得出了传统中断，以及"政权内卷"的结论。② 之所以有这种效应，首先并不是"家族主义"或"内卷"之类的理论概念出现了问题，而是这类概念与中国乡村社会实践经验之间细微但重要的差别从根本上被忽视了。若研究者对乡村生活实践中"家族"、"宗族"及其存在的复杂条件，以及相关概念在当地社会文化中的含义有更多的观照，或许就会在理论上有更多的自觉，不至于匆忙得出如此武断的结论。当然，仍扎根于本土文化中的研究者或许不至于如美籍华人这般隔膜，但作为一种方法论和认识论上的警醒，《路》给出以"身在此山中"的概念，来理解和分析"庐山真面目"的路数，仍是值得重视的。从认识论和方法论的"原理"上来说，它正暗合了是从实践出发，而不是从任何别的什么出发，反思"自我的他性"的需要。

---

① 黄树民：《林村的故事》，三联书店，2002，第22页。

② Siu F. Helen, *Socialist Peddlers and Princes in a Chinese Market Town*, American Ethnologist, Vol. 16, No. 2, 1989.

第四篇 | 人类学与民族学交叠

第十章　迈向主权的民族理论自觉

中国由帝制王朝转向主权国家，近代史殊为关键。有关民族的议题展开，也无不与这段救亡史紧密相连。但因种种因素影响，同为救亡，知识界不免歧见频出，以西南民族研究为例，即不乏激烈论争。

全面抗战时期，一批聚集西南地区的学者围绕"中华民族是一个"展开的论争，格外引人注目。不少研究者曾尝试梳理它所呈现的政治救亡对民族研究的影响，[①] 或是指出傅斯年、顾颉刚有借政治权力介入学术纷争之过，[②] 甚至是依附权力竞争，"因人废事"。[③] 不过，也有学人将之归结为受西学训练的年轻人（费孝通）与传统中国学者（顾颉刚）的知识交错，[④] 或强调各方观点都融入了重塑"中华"观念的进程，[⑤] 应结合"具体语境，从更广的视野上，揭示其中折射的学术与政治，及其他错综纠葛

---

① 周文玖、张锦鹏：《关于"中华民族是一个"学术论辩的考察》，《民族研究》2007 年第3 期。

② 参见黄天华《民族意识与国家观念：抗战前后关于"中华民族是一个"的论争》，中国社会科学院近代史研究所民国史研究室等编《一九四〇年代的中国》下卷，社会科学文献出版社，2009，第 1044～1061 页；葛兆光《徘徊到纠结——顾颉刚关于"中国"与"中华民族"的历史见解》，《书城》2015 年第 5 期。

③ 参见朱维铮《顾颉刚从政》，《东方早报》2009 年 4 月 19 日，第 4 版；王炳根《吴文藻与民国时期"民族问题"论战》，《中华读书报》2013 年 5 月 1 日，第 7 版。

④ 黄克武：《民族主义的再发现：抗战时期中国朝野对"中华民族"的讨论》，《近代史研究》2016 年第 4 期。

⑤ 参见黄兴涛《民族自觉与符号认同："中华民族"观念萌生与确立的历史考察》，《中国社会科学评论》2002 年创刊号；杨思机《指称与实体：中国"少数民族"的生成与演变（1905-1949）》，中山大学史学理论与史学史博士学位论文，2010，第 140～150 页；黄兴涛《重塑中华：近代中国"中华民族"观念研究》，北京师范大学出版社，2017，第303 页；李大龙《对中华民族（国民）凝聚轨迹的理论解读——从梁启超、顾颉刚到费孝通》，《思想战线》2017 年第 3 期。

的社会因素"。① 此外，在支持傅斯年、顾颉刚观点之余，认为"中华民族"的组成分子当称"族群"者，② 亦有之。

其实，就近代中国西南民族研究议题而言，分歧不止此一场。例如，傅斯年与顾颉刚、容肇祖、汪敬熙等人因史禄国、杨成志西南民族调查事件，傅斯年与黎光明因黎光明、王元辉川西民族调查事件（王明珂在台湾"中研院"历史语言研究所的档案中发现黎光明、王元辉的材料，并将之整理出版，③ 方为世人所知），均产生过重大分歧。关于史禄国、杨成志西南民族调查事件，有认为傅斯年为学术机构声誉而替史禄国"文饰"者，④也有批评顾颉刚、容肇祖狭隘民族主义情绪者。⑤ 基于傅斯年、黎光明的争论，有学者指出实质是应选择"造民族"还是"造国民"，并强调近代和当代中国都应注重造"国民"而非"民族"。⑥

后两场分歧未直接影响国家层面的政治实践，远不如前一场影响范围广且在学术史上引人注目。但若从追踪知识脉络走向及其方法论的角度看，它们与前一场论争无疑有同等重要的学术价值。将三场分歧一并置入近代民族学知识生产的连续谱中，或许比单独考察其中一场，更有利于清晰地呈现民族研究的历史脉络和值得反思的方法论问题。譬如，傅斯年、顾颉刚一贯就反对将少数"民族"作为特别的研究对象吗？若非如此，后来为何改弦易张？吴文藻、费孝通及其他参与论争者，在知识脉络上与傅斯年、顾颉刚是何种关系？"造国民"与"造民族"是否可以二选一，并

---

① 王传：《学术与政治："中华民族是一个"的讨论与西南边疆民族研究》，《中国边疆史地研究》2018 年第 2 期。

② 马戎：《如何认识"民族"和"中华民族"——回顾 1939 年关于"中华民族是一个"的讨论》，《中南民族大学学报》2012 年第 5 期。

③ 王明珂：《民族与国民在边疆：以历史语言研究所早期民族考察为例的探讨》，《西北民族研究》2019 年第 2 期。

④ 苏同炳：《手植桢楠已成荫——傅斯年与中研院史语所》，（台北）学生书局，2012，第 38 页。

⑤ 王传：《史禄国与中国学术界关系考实——以"云南调查事件"为中心》，载何明主编《西南边疆民族研究》第 18 辑，云南大学出版社，2015，第 7~16 页。

⑥ 参见王明珂《民族与国民在边疆：以历史语言研究所早期民族考察为例的探讨》，《西北民族研究》2019 年第 2 期；马戎《民国时期的造"国民"与造"民族"——由王明珂〈民族与国民在边疆：以历史语言研究所早期民族考察为例的探讨〉一文说起》，《开放时代》2020 年第 1 期。

且只能二选一？以何种方法论做参照，方能既顾及学术史上民族研究知识脉络的"具体语境"，而又兼及"更广的视野"（以何为坐标，视野边界"广"至何处）？

一　体质、语言、历史与民族科学方法

在三场分歧中，最早发生的是因史禄国、杨成志西南民族调查事件而起的论争。其所涉主角包括傅斯年、史禄国、杨成志、顾颉刚，等等。

傅斯年曾先后就读于爱丁堡大学、伦敦大学，学习数学、心理学、生理学、物理学，1923 年入柏林大学学习比较语言学（其关于民族学的知识脉络渊源，无疑当首属德国历史学派和比较语言学派，方法上强调语言和历史分析）。1926 年回国，他受聘于中山大学，1927 年在该校创立语言历史研究所（以下简称"语史所"），任所长。1928 年为中央研究院院长蔡元培所聘，他在广州为该院创建历史语言研究所（以下简称"史语所"），任所长，但仍兼任语史所所长，直至 11 月卸任。

1927 年 12 月，俄籍人类学家史禄国经人举荐，拟受聘语史所。1928 年 4 月，傅斯年亲自领史禄国拜访语史所顾颉刚，并与顾颉刚及家人一起观看瑶民跳舞，共同进餐，只是顾颉刚自感"惜予未能英语，无由达其款曲也"。[①] 其后，史禄国在中山大学讲授《民族学之一般概论》，为开展人类学调查做准备（史语所成立后，史禄国为两所共聘）。6 月，校方决定组团到云南凉山调查"罗罗人"，调查团由史禄国主持，成员包括杨成志、史禄国的夫人（稍后，民俗学家容肇祖申请加入）。7 月中旬，调查团自广州出发，经香港、越南到达昆明，但因先在越南遇台风，复加凉山一带常有"蛮子"（土匪）劫杀"汉民"而"行期累延"。约一个月后，容肇祖突告史禄国，他因需给学生开课得回广州，史禄国颇不满（史禄国原本预期容肇祖将长期参与调查，为之备制了整套行装和调查工具）。史禄国夫妇、杨成志对在昆学校、监狱和军队中的"罗罗人"做了数量可观的体质测量，但凉山之行迟迟未成。杨成志遂致信中山大学，谓史禄国"胆小"

---

① 《顾颉刚日记》第 2 卷，中华书局，2011，第 151 页。

"怕苦",并只身前往凉山调查。后来,杨成志确曾遇到"'蛮子'下山抢劫汉民的枪声,感慨顿生,终夜不寝",[①] 沿途几个县的县长均因"恐生不测"而劝阻其行程。[②]

1928 年 10 月底,史禄国被召回广州,中山大学组织了几场会议质问他。傅斯年不仅拒绝参会,而且为史禄国力排顾颉刚、容肇祖、陈宗南、汪敬熙等人的意见(陈宗南、汪敬熙曾往昆明调查此事,但取证草率),尤其反对汪敬熙要求校方辞退史禄国。[③] 对此,顾颉刚于 10 月 30 日记道:"孟真(傅斯年)极袒史禄国,此感情用事也,缉斋(汪敬熙)必欲去之,亦成见。"[④] 中山大学校史馆馆藏档案显示,11 月 25 日傅斯年致信校长朱家骅:史禄国为语史所、史语所共聘,"现在中大或不感觉此科(人类学)宜亟发展,而中央研究院颇思振作此事",可否由中研院单聘,史禄国仍在中山大学上课,算中研院送给中大的。[⑤] 此后,史禄国得以在中山大学上课,在中研院主持人类学研究组做研究。1930 年 5 月,史禄国聘期结束,傅斯年对其工作业绩表示"由衷的欣赏",并决定尽快出版其手稿。史禄国这些研究成果在中国几无知音,却曾"引起欧美学界广泛且深入的讨论"[⑥](鉴于它们中相当一部分乃史禄国基于昆明收集的资料所作,其昆明之行被认作无所事事,着实偏颇)。

---

① 杨成志:《单骑调查西南民族述略》,《杨成志人类学民族学文集》,民族出版社,2003,第 9 页。

② 杨成志:《云南民族调查报告》,《杨成志人类学民族学文集》,民族出版社,2003,第 36 页。

③ 此类矛盾亦与中山大学办学经费紧张有关。1928 年 5 月 22 日,在校方经费吃紧的情况下,汪曾反对顾、容等人费资刊印民俗调查资料《吴歌乙集》(被公认质量不如顾此前编的《吴歌甲集》。但顾自认为是"予行事太锐,招人之忌"。参见《顾颉刚日记》第 2 卷,中华书局,2011,第 166 页)。在汪看来,史拿高工资却不干活,更是令人愤怒之事,同时也针对马上要接替傅任语史所所长的顾。由此,顾亦对史不满。此外,他们和杨成志此时还共同认为,人类学未必要仰仗洋人。参见刘小云《学术风气与现代转型:中山大学人文学科述论(1926-1949)》,三联书店,2013,第 113~114 页。

④ 《顾颉刚日记》第 2 卷,中华书局,2011,第 218 页。括号中内容为引者所加(除特别注明外,后文同此)。

⑤ 刘小云:《学术风气与现代转型:中山大学人文学科述论(1926-1949)》,三联书店,2013,第 115~116 页。

⑥ 王传:《史禄国与中国学术界关系考实——以"云南调查事件"为中心》,何明主编《西南边疆民族研究》(第 18 辑),云南大学出版社,2015,第 7~16 页。

仅为了私人"感情用事"，傅斯年实在没有必要冒着得罪顾颉刚、容肇祖、汪敬熙等故交乃至中山大学校方的风险（傅斯年和顾颉刚多年私交过甚），一而再，再而三地为一个只有半年泛泛之交、流亡于中国的俄国人说话。毋宁说，傅斯年在学术研究上格外看重史禄国，其一，他实际上做了重要的科学研究，其二，其研究和教学国内暂无人可替代。为此，我们似乎有必要从学术视野、科学研究方法论的角度，对此事所涉人物的知识脉络再做些细究。

从总体上说，顾颉刚与傅斯年皆有引入西学视野研究中国问题的科学主义方法论意识。受西方史学思想影响，顾颉刚三十来岁即提出，"古史是层累地造成的，发生的次序和排列的系统恰是一个反背"。[1] 傅斯年曾致信顾颉刚，对此赞不绝口："你在这个学问（中国古史学）中的地位……是（可）在史学上称王了"，并一再强调，"请你不要以我这话是朋友的感情，此间熟人读你文的，几乎都是这意见"。[2] 由此不难看出：其一，傅斯年称赞虽不乏过誉之嫌，但足见顾颉刚将科学主义方法论引入中国古史研究，取得了巨大的学术影响；其二，傅斯年、顾颉刚在科学主义方法论研究中国古史方面，有共同的基本立场。

不过，傅斯年对科学主义方法论应用于中国研究的执着，乃至"偏执"程度，以及对塑造中国学术品格的视野和雄心，则显然远非顾颉刚所能相比。顾颉刚、傅斯年皆为"疑古派"代表人物，傅斯年此时却走上了"古史重建"的路。[3] 而欲达此目的，考古学、人类学皆为史学必不可少的辅助学科。是故，傅斯年强调"利用自然科学供给我们的一切工具"[4]研究历史，此时期给学生教授的课程不仅有《史学方法论》，还有《统计

① 顾颉刚：《古史辨第一册自序》，《顾颉刚古史论文集》第1卷，中华书局，2011，第45页。
② 傅斯年：《与顾颉刚论古史书》，欧阳哲生主编《傅斯年全集》第1卷，湖南教育出版社，2000，第447页。
③ 杜正胜：《从疑古到重建——傅斯年的史学革命及其与胡适、顾颉刚的关系》，《中国文化》1995年第12期。
④ 傅斯年：《历史语言研究所工作之旨趣》，欧阳哲生主编《傅斯年全集》第3卷，湖南教育出版社，2000，第3页。.

学方法论》。[①] 其《性命古训辨证》一书即统计方法运用于中国古史研究的成果，[②] 在当时中国史学界极为罕见。从知识脉络的角度看，比起顾颉刚的"古史辨"，傅斯年在方法论上更看重史禄国之体质测量，也就不足为奇。尤其是在实地研究方面，傅斯年虽然在一定程度上也认可顾颉刚、容肇祖等人的民俗学研究注重收集实地材料的办法，却认为他们的科学化程度不够高、视野不够宽。据顾颉刚所记，1929 年阴历正月初四，傅斯年到他家吃饭，说他"上等的天分，中等的方法，下等的材料"。[③] 1973 年 7月，顾颉刚又在该日记下方注道："材料是客观实物，其价值视用者何如耳。岂能分高下乎！"[④] 傅斯年的话固然说得有点过头，但也可见时隔 40余年后，顾颉刚仍似未理解傅语之主旨。

从傅斯年的角度看，历史学、语言学之于民族精神极为重要，而"地质、地理、考古、生物、气象、天文等学，无一不供给研究历史问题者之工具……若干历史学的问题非有自然科学之资助无从下手，无从解决"。[⑤] 他成立语史所和史语所，乃有与西方人一争高下的民族主义气魄，"要科学的东方学之正统在中国！"[⑥] 为此，傅斯年认为，必须倚仗科学主义方法论，"要把历史学语言学建设得和生物学地质学等同样"，[⑦] 他不无豪情地呼吁道："我们正可承受了现代研究学问的最适当的方法……要实地搜罗材料，到民众中寻方言，到古文化的遗址去发掘，到各种的人间社会去采风问俗，建设许多的新学问！我们要使中国的语言学者和历史学者的造诣达到现代学术界的水平线上，和全世界的学者通力合作！"[⑧] 正是在这样的

---

① 马亮宽、李泉：《傅斯年传》，红旗出版社，2009，第 113 页。

② 傅斯年：《性命古训辨证》，欧阳哲生主编《傅斯年全集》第 2 卷，湖南教育出版社，2000，第 499~655 页。

③ 《顾颉刚日记》第 2 卷，中华书局，2011，第 252 页。

④ 《顾颉刚日记》第 2 卷，中华书局，2011，第 252 页。

⑤ 傅斯年：《历史语言研究所工作之旨趣》，欧阳哲生主编《傅斯年全集》第 3 卷，湖南教育出版社，2000，第 7 页。

⑥ 傅斯年：《历史语言研究所工作之旨趣》，欧阳哲生主编《傅斯年全集》第 3 卷，湖南教育出版社，2000，第 12 页。

⑦ 傅斯年：《历史语言研究所工作之旨趣》，欧阳哲生主编《傅斯年全集》第 3 卷，湖南教育出版社，2000，第 12 页。

⑧ 傅斯年：《〈国立中山大学语言历史学研究所周刊〉发刊词》，欧阳哲生主编《傅斯年全集》第 3 卷，湖南教育出版社，2000，第 13 页。

学术视野和科学主义方法论上，就人类学这个"欧洲所能我国人今尚未能"①的领域，史禄国可谓傅斯年的高水平知音，也是达成这样的学术目标，可"通力合作"的最佳世界级学者。史禄国与马凌诺夫斯基、拉德克利夫-布朗、克虏伯是"现代人类学的创始人"。②而且，与后三者仅强调静态的社会人类学或文化人类学而不涉足生物层面不同，史禄国生物学训练"深透"，力图以"人"为中心，建立一门统合自然地理、生物、社会、文化的"动态演化"的"名副其实的人类学"③（以至于他对马凌诺夫斯基及欧美人类学界称赞有加的费孝通的博士论文，"曾表示过不满意的评论"④）。更难得的是，史禄国是彼时世界级的人类学家中唯一对中国境内民族有深入研究，且因逃避苏联政治斗争而愿在华长期工作者。

杨成志只身入凉山从事民族调查约两年，1930年回到广州。其调查取得不少珍贵资料和有影响力的学术成果，政学两界赞誉甚高，谓之"为西南民族，放一曙光""欧文亚粹吸收全"，⑤并因擅长"罗罗文"而被史语所聘为李方桂的研究助理（彼时，李方桂已是世界有名的汉、藏、侗台、印第安语专家）。凭借西南民族调查，杨成志在人类学、民族学领域俨然是迅速兴起的学术新星。唯傅斯年一方面肯定其"精神可佩"，创造了"新纪录"，另一方面又泼其冷水道："第一要义是免去宣传及Journalism之烂调，第二是随李（方桂）先生学方言等细密的方法，第三则随时扩充自己工作的工具，而一切观察工作尤要细心"，如此再努力三四年才能"入门"，七八年才能成"专门名家"。⑥后来，杨成志也自认科学训练不足，

① 傅斯年：《致蔡元培、杨杏佛》，载欧阳哲生主编《傅斯年全集》第7卷，湖南教育出版社，2000，第61页。
② 费孝通：《人不知而不愠——缅怀史禄国老师》，载《费孝通文集》第13卷，群言出版社，1999，第80页。
③ 费孝通：《人不知而不愠——缅怀史禄国老师》，载《费孝通文集》第13卷，群言出版社，1999，第86~87页。
④ 费孝通：《个人·群体·社会——一生学术历程的自我思考》，载《费孝通文集》第12卷，群言出版社，1999，第473页。
⑤ 杨成志：《云南民族调查报告·附录》，载《杨成志人类学民族学文集》，民族出版社，2003，第128~132页。
⑥ 傅斯年：《傅斯年致杨成志》，载王汎森等主编《傅斯年遗札》第1卷，"中研院"历史语言研究所，2011，第328~329页。

而前往法国求学于莫斯等著名人类学家。1933年，他在法国记述道："我6年来对于西南民族的探讨……深觉所发表的著述尚不能跻于专门的研究。"①

不难看出，对史禄国、杨成志西南民族调查事件，傅斯年鼎力支持史禄国并与顾颉刚等人发生论争，与之对"体质、语言和历史相结合"的方法论和世界性学术视野的认识水平、要求比顾颉刚高很多有密切的关系。在主张以科学主义方法论改造中国学术研究方式这一点上，他与顾颉刚总体上算是"同道"，尚且发生如此分歧，也就不难理解他与根本不主张用"体质、语言和历史相结合"的方法研究西南民族的黎光明，必然发生分歧。

黎光明本是川西灌县（今都江堰）回民，1922年入东南大学史学系学习，因参加反军阀、反帝的政治运动被开除，后转至中山大学并于1928年毕业。当年8月，傅斯年以史语所名义聘请黎光明与王元辉（也曾因参加反军阀、反帝的政治运动被北洋大学开除），前往川西从事为期两年的"民物学调查"。黎光明、王元辉两人到川西的"西番"地区后，却发现当地人根本不知何为国家，从而认定彼时当紧要的事情是向其灌输"国家"观念、"国民"意识，而不是从中区分"民族"。在川康地区的调查中，他们记道：有喇嘛问"三民主义和中华民国到底谁个的本事大"，有"土民"问南京"是洋人的地方不是"，②"羌民"的婚礼"几乎和汉人的一样"，③"土民"家"门前也有'泰山石敢当'"；④在体质容貌上，"西番假如改着汉装，其容貌没有几许显著的点子与汉人不同"，⑤"猼猓子""也和汉

① 杨成志：《我对于云南罗罗族研究的计划》，《杨成志人类学民族学文集》，民族出版社，2003，第227页。
② 黎光明、王元辉：《川西民俗调查记录1929》，（台北）"中研院"历史语言研究所，2004，第106页。
③ 黎光明、王元辉：《川西民俗调查记录1929》，（台北）"中研院"历史语言研究所，2004，第120页。
④ 黎光明、王元辉：《川西民俗调查记录1929》，（台北）"中研院"历史语言研究所，2004，第167页。
⑤ 黎光明、王元辉：《川西民俗调查记录1929》，（台北）"中研院"历史语言研究所，2004，第169页。

人的差不了多少，不过眼眶比较黑一点"。① 此类信息通过信函为傅斯年所知后，他即致信怒批黎光明在体质、语言和历史方面的专业知识、科学方法"未预备充分"，让其"尽舍其政治的兴味""少发生政治的兴味""少群居侈谈政治大事"。② 尽管在民族调查研究方面，黎光明远达不到傅斯年要求的科学主义程度，但从其使用"土民""羌民"，及"西番""猺猓子"等彼时汉人对当地少数民族的辱称用词看，他并非对"民族"毫无区分能力。甚至于，他和王元辉还曾清楚地在调查记录中写道：某寨子虽只有四十几家人，"但是有两个民族"。③ 可是，尽管如此清楚地知道当地有不同的"民族"，黎光明仍坚持认为，羌民、土司、汉人之衣、食、住"都是差不多的"。④

不用说，双方分歧太大，没法取得一致意见。黎光明、王元辉的调查报告，因傅斯年认为毫无价值而被搁置在史语所，终其一生未予出版。后来，王元辉曾任管辖茂县、松潘、汶川、理番、懋功、靖化（今金川）等县的保安处副处长，黎光明到川康边区协助之，力图打击"袍哥""烟匪"等地方势力，将国家权力渗透到边区基层。1946年，黎光明转任靖化县县长两个月后，成功设计刺杀当地"袍哥"头领，自己也被"袍哥"报复杀害，可谓求造"国民"之"仁"而杀身成"仁"。⑤ 与黎光明产生无疾而终的分歧后，傅斯年继续依照科学主义方法论原则，通过史语所派遣凌纯声、芮逸夫等人，用"体质、语言和历史相结合"的方法，对湘西苗族、松花江流域赫哲族开展研究。他虽然也参与政治活动，但力图对学术与政治进行较严格的区隔，只要涉及专业研究，即严守科学主义方法论，"专

---

① 黎光明、王元辉：《川西民俗调查记录1929》，（台北）"中研院"历史语言研究所，2004，第153页。
② 王明珂：《民族与国民在边疆：以历史语言研究所早期民族考察为例的探讨》，《西北民族研究》2019年第2期。
③ 黎光明、王元辉：《川西民俗调查记录1929》，（台北）"中研院"历史语言研究所，2004，第170页。
④ 黎光明、王元辉：《川西民俗调查记录1929》，（台北）"中研院"历史语言研究所，2004，第174页。
⑤ 马戎：《民国时期的造"国民"与造"民族"——由王明珂〈民族与国民在边疆：以历史语言研究所早期民族考察为例的探讨〉一文说起》，《开放时代》2020年第1期。

注于学术"。①

二 语言、历史、主权与民族理论自觉

20 世纪 30 年代初，中国日益面临严峻的领土危机，这促使傅斯年的学术研究开始发生重大改变。1931 年"九一八"事变后，傅斯年着手撰写专著《东北史纲》（次年出版），指出："满洲一词，本非地名""又非政治区域名""此名词之通行，本凭借侵略中国以造'势力范围'之风气而起，其'南满''北满''东蒙'等名词，尤为专图侵略或瓜分中国而造之名词，毫无民族的、地理的、政治的、经济的根据"。② 该书曾成为国际联盟（以下简称"国联"）形成决议的重要依据之一。③ 1933 年 3 月，在国联不承认伪满洲国的情况下，日本选择以退出国联的方式拒不执行其决议，以"民族自决"等说辞造成伪满洲国分裂中国领土的事实。

为驳斥侵略者和分裂势力以"民族自决"为借口分裂中国，1935 年12 月 15 日傅斯年在《独立评论》上发表了《中华民族是整个的》《北方人民与国难》两篇文章。前文着力于论证"'中华民族是整个的'一句话，是历史的事实，更是现在的事实"；④ 后文强调："我们的处境已是站在全国家全民族最前线上的奋斗者……我们只有在整个的国家民族中才能谋生存，我们一分裂便是俎上的鱼肉！"⑤ 在此类论述中，傅斯年有时以"中国民族"概念包括"少数民族"，有时又不包括。前文曾道："我们中华民族，说一种话，写一种字，据同一的文化，行同一伦理，俨然是一个家族""也有凭附在这个民族上的少数民族""有时不幸，中华民族在政治上

---

① 欧阳哲生：《傅斯年学术思想与史语所初期研究工作》，《文史哲》2005 年第 3 期。
② 傅斯年：《东北史纲》，载欧阳哲生主编《傅斯年全集》第 2 卷，湖南教育出版社，2000，第 376 页。
③ 彭池：《中华民族是整个的：傅斯年的大民族观及其历史价值》，《江汉论坛》2015 年第 2 期。
④ 傅斯年：《中华民族是整个的》，载欧阳哲生主编《傅斯年全集》第 4 卷，湖南教育出版社，2000，第 125 页。
⑤ 傅斯年：《北方人民与国难》，载欧阳哲生主编《傅斯年全集》第 4 卷，湖南教育出版社，2000，第 132 页。

分裂"于"外族";① 后文则说，北方人民"比南方受外族统制的时间更长些……明末，南都派了两位入燕使臣，正使左懋第，北人，终完大节，副使陈弘范，南人，反而做了汉奸"。②

不难看出，在边疆危机刺激下，主权在傅斯年的论述中占据日益重要的位置。在用学术方式参与救亡政治过程中，对民族语言差异的重视程度在下降，至于体质的视角则在方法论上干脆被放弃，让位给了主权这一维度。

同样，国家主义的救亡意识也迫使顾颉刚这样"一向在高文典册之中"做学问的学者，开始聚焦"边疆问题"，讨论"民族"。③ 1931 年 10 月 12 日，顾颉刚和吴文藻还加入了容庚发起的"抗日十人团第一团"。④ 1938 年，顾颉刚、吴文藻皆入滇并为云南大学所聘，顾颉刚在《益世报》上辟办《边疆周刊》，吴文藻则于次年初为该校建立社会学系（刚从英国获得博士学位的费孝通亦任教于此）。

从知识脉络看，吴文藻与傅斯年的科学主义方法论渊源关系，无疑比傅斯年和顾颉刚更近。吴文藻曾就读于哥伦比亚大学，学习社会学、人类学、心理学、历史学、统计学、人口学、生物学、化学等。在燕京大学从教后，吴文藻也对人类学和民族研究十分重视。正是在他引导和张罗下，费孝通才入清华大学和伦敦政治经济学院，跟随史禄国和马凌诺夫斯基学习人类学。吴文藻还力主科学主义方法论本土化，1933 年开始力推社会学本土化。然而，现实边疆危机将他们的学术视野、方法论交错，推向了分歧。

1938 年，暹罗在日本的压力下采取反华策略，宣称中国西南傣族地区

---

① 傅斯年：《中华民族是整个的》，载欧阳哲生主编《傅斯年全集》第 4 卷，湖南教育出版社，2000，第 125 页。

② 傅斯年：《北方人民与国难》，载欧阳哲生主编《傅斯年全集》第 4 卷，湖南教育出版社，2000，第 132 页。

③ 顾颉刚：《我为什么写"中华民族是一个"？》，载马戎主编《"中华民族是一个"：围绕1939 年这一议题的大讨论》，社会科学文献出版社，2016，第 150 页。

④ 汪洪亮：《顾颉刚与民国时期的边政研究》，《齐鲁学刊》2013 年第 1 期。

为其故地，支持我国滇、桂傣族"独立建国"。① 就在这当口，1939 年 1 月 16 日、23 日，顾颉刚所办《益世报·边疆周刊》却分别刊发了楚图南的《关于云南的民族问题》一文和干城所写的《云南民族学会成立》会议通讯稿。楚图南称"汉人殖民云南的历史，差不多纯粹是一部民族斗争史"，干城称"汉人殖民云南，是一部用鲜血来写的斗争史。在今日，边地夷民，仍时有叛乱"。② 从政治视野、信息来源看，此时身为国民参政会参政员的傅斯年，对日、泰在中国西南边疆制造分裂的敏感性，比顾颉刚、吴文藻等人更强，应在情理之中。在西南边疆和国家主权发生危机的敏感背景下，傅斯年阅《益世报·边疆周刊》后，于 1939 年 2 月 1 日致信顾颉刚，认为苗、摆夷、罗罗等民族研究有"巧立民族之名，以招分化之实"的嫌疑，须慎用"边疆""民族"两词。③ 2 月 6 日，他再次致信顾颉刚，谓其"登载文字多分析中华民族为若干民族，足以启分裂之祸"。④ 顾颉刚由此抱病写就《中华民族是一个》一文，13 日刊发于《益世报·边疆周刊》，认为唯有"中华"为"民族"，其他诸如蒙、藏、回、苗、摆夷应称"种族"。⑤ 随后，张维华撰文响应："一个"是"政治的联系和社会生活的各方面上说，非成为一个不可"，同时"血统上或文化上……是混一的"。⑥ 杨向奎也认为此说"天经地义"。⑦

从上述细节看，傅斯年致信顾颉刚之初始动机针对的乃是楚图南、干城，尤其是为顾颉刚办报的方向纠偏，而不是针对吴文藻、费孝通。吴文

---

① 王传：《学术与政治："中华民族是一个"的讨论与西南边疆民族研究》，《中国边疆史地研究》2018 年第 2 期。

② 黄天华：《民族意识与国家观念：抗战前后关于"中华民族是一个"的论争》，中国社会科学院近代史研究所民国史研究室等编《一九四〇年代的中国》下卷，社会科学文献出版社，2009，第 1047 页。

③ 傅斯年：《傅斯年致信顾颉刚》，王汎森等主编《傅斯年遗札》第 2 卷，（台北）"中研院"历史语言研究所，2011，第 954~955 页。

④ 《顾颉刚日记》第 4 卷，中华书局，2011，第 197 页。

⑤ 顾颉刚：《中华民族是一个》，载马戎主编《"中华民族是一个"：围绕 1939 年这一议题的大讨论》，社会科学文献出版社，2016，第 37~39 页。

⑥ 张维华：《读了顾颉刚先生的"中华民族是一个"之后》，载马戎主编《"中华民族是一个"：围绕 1939 年这一议题的大讨论》，社会科学文献出版社，2016，第 46 页。

⑦ 杨向奎：《论所谓汉族》，载马戎主编《"中华民族是一个"：围绕 1939 年这一议题的大讨论》，社会科学文献出版社，2016，第 130 页。

藻虽曾参与组织云南民族学会，但仅是多个组织者之一，且会议通讯稿毕竟是干城所写，未必代表学会组织者本意，吴文藻顶多算与此事间接相关（此为傅斯年、顾颉刚"因人废事论"不成立的证据之一）。

但是，1939 年 3 月 5 日吴文藻在《益世报·星期论评》上刊发《论边疆教育》一文，使双方观点发生了直接交错。吴文藻同样看到了欧洲"倡行的民族自决主义，曾几度发生流弊，尤以'一民族一国家'的分裂趋势为甚"，但认为，"自列宁阐明'民族自决'的真义……以来，于是一国以内少数民族的问题，开始得到了具体解决的妥善办法"，主张效法"苏俄对于政治经济事务，采取中央集权主义；对于教育文化事业，采取地方分权主义"的民族政策，并强调"欲铲除各民族间相互猜忌的心理，而融洽其向来隔阂的感情，亟须在根本上，扶植边地人民。改善边民生活，启发边民智识"。① 吴文藻此文其实并非针对顾颉刚而作，而是欲趁当局在重庆召开第三次全国教育会议，让"边疆教育"引起舆论界注意。② 然而，他对"民族自决"的强调，尤其是效法苏联民族政策的思路（尽管非欲全盘借鉴苏联加盟共和国之模式，更非主张以"民族自决"分疆裂土），与傅斯年、顾颉刚的思路差异显然十分明显。尤其在全面抗日和日、泰挑唆我国西南傣族"民族自决"和"独立建国"的敏感时期，加上其他人与顾颉刚争论日益激烈，吴文藻此文引发了傅斯年的别样解读。

针对顾颉刚之文，孙绳武撰文认为回族是存在的，它与宗教并非一回事；③ 陈碧笙表示，云南有诸多民族，但没有"民族问题"。④ 言辞较激烈者，当属自称"三苗子孙"的鲁格夫尔，他给《益世报·边疆周刊》编辑部两度致信，强调"苗夷"不是黄帝子孙，"决不承认是与汉族同源"，但

---

① 吴文藻：《论边疆教育》，载马戎主编《"中华民族是一个"：围绕1939年这一议题的大讨论》，社会科学文献出版社，2016，第49页。
② 吴文藻：《论边疆教育》，载马戎主编《"中华民族是一个"：围绕1939年这一议题的大讨论》，社会科学文献出版社，2016，第48页。
③ 孙绳武：《中华民族与回教》，载马戎主编《"中华民族是一个"：围绕1939年这一议题的大讨论》，社会科学文献出版社，2016，第56页。
④ 陈碧笙：《云南没有民族问题》，载马戎主编《"中华民族是一个"：围绕1939年这一议题的大讨论》，社会科学文献出版社，2016，第115~116页。

"同源不同源，夷苗族不管，只希望政府当局能给以实际的平等权利"。①
然而，引起顾颉刚、傅斯年激烈反应的，却是费孝通的《关于民族问题
的讨论》一文（1939年5月1日刊于《益世报·边疆周刊》）。该文对
"state""nation""race""clan"等概念作了辨析，认为顾颉刚称蒙、藏、
回、苗、摆夷为"种族"不准确，且"中华民族"应"谋政治的统一"
而不必"在文化、语言、体质求混一"，解决民族问题的途径应是让"组
成国家的分子都能享受平等"。② 顾颉刚连撰两文反驳费孝通。他先强调了
"民族自决"口号与伪满洲国的关系，认为卢沟桥事变后国家边疆危机应
成为重新思考"民族"含义的前提，③ 后又重新对"state""nation"
"race""clan"等概念进行辨析，认为除"中华"之外，蒙、藏、回、苗、
摆夷等皆不宜称"民族"。④

翦伯赞（维吾尔族）撰文加入辩论："当着新的帝国主义战争与世界
革命交织的今日，民族主义，一方面成为弱小民族革命的旗帜；另一方
面，又成为法西斯匪徒侵略的假借"，⑤ 但"'团结'不但不应否定其他民
族之存在，并且应该扶助他们的独立自由之发展"，⑥ 顾颉刚将民族与国
家、民族团结与"民族消灭"混为一谈，实属对民族的误解。⑦ 胡体乾则

① 鲁格夫尔：《来函两封》，载马戎主编《"中华民族是一个"：围绕1939年这一议题的大讨
论》，社会科学文献出版社，2016，第84~85页。
② 费孝通：《关于民族问题的讨论》，载马戎主编《"中华民族是一个"：围绕1939年这一议
题的大讨论》，社会科学文献出版社，2016，第64~68页。
③ 顾颉刚：《续论"中华民族是一个"：答费孝通先生》，载马戎主编《"中华民族是一个"：
围绕1939年这一议题的大讨论》，社会科学文献出版社，2016，第76~77页。
④ 顾颉刚：《续论"中华民族是一个"：答费孝通先生（续）》，载马戎主编《"中华民族是一
个"：围绕1939年这一议题的大讨论》，社会科学文献出版社，2016，第92~100页。
⑤ 翦伯赞：《论中华民族与民族主义——读顾颉刚〈续论中华民族是一个〉以后》，载马戎
主编《"中华民族是一个"：围绕1939年这一议题的大讨论》，社会科学文献出版社，
2016，第140页。
⑥ 翦伯赞：《论中华民族与民族主义——读顾颉刚〈续论中华民族是一个〉以后》，载马戎
主编《"中华民族是一个"：围绕1939年这一议题的大讨论》，社会科学文献出版社，
2016，第141页。
⑦ 翦伯赞：《论中华民族与民族主义——读顾颉刚〈续论中华民族是一个〉以后》，载马戎
主编《"中华民族是一个"：围绕1939年这一议题的大讨论》，社会科学文献出版社，
2016，第145~148页。

认为"中华民族在于成为一个的进程中",① 故肯定了顾颉刚的文章的现实用意、费孝通的文章关于名词的辨析,但认为顾颉刚的文章过于牵强,而费孝通的文章对"民族"则看得过于静态。徐虚生对历史上"苗"的演化和苗汉斗争进行了梳理,指出苗汉多有混合(用以批评鲁格夫尔所持"苗夷血统论"),但不管是苗、是汉,"今日之要务"是"相互携手,相互督促。赶速近代化"。② 杨成志考察了"国族"政策与民族研究分类根据的区别与联系,认为顾颉刚的文章用词确实不准,但有其现实情由。③

从字面上看,顾颉刚对民族、种族等概念的解释,无疑有些牵强。通晓英文、德文的傅斯年对此应不至于判断太离谱,但他对吴文藻、费孝通所持理论视野和方法论显得更敏感。1939 年 7 月 7 日,他致信时任教育部部长的朱家骅,虽然指责了徐虚生谈苗族时有"好些妄论,一直到了赞扬屠杀汉人之杜文秀,称赞其能民族自决",④ 但重点批判的是"吴(文藻)使其弟子费孝通驳之,谓……苗、瑶、猓猡皆是民族""有自决权""一切帝国主义论殖民地的道理他都接受了……夫学问不应多受政治之支配,固然矣。若以一种无聊之学问,其想影响及于政治,自当在取缔之列。吴某所办之民族学会,即专门提倡这些把戏的",⑤ 并让其停了吴文藻在云南大学的"人类学讲座"。⑥

从傅斯年的信看,除了对徐虚生的观点表示愤慨(然而,徐虚生的文章主旨乃批评鲁格夫尔,实际上与顾颉刚观点很接近,至于民族"自决"

---

① 胡体乾:《关于"中华民族是一个"》,载马戎主编《"中华民族是一个":围绕 1939 年这一议题的大讨论》,社会科学文献出版社,2016,第 122 页。
② 徐虚生:《用历史的观点对鲁格夫尔先生说几句话》,载马戎主编《"中华民族是一个":围绕 1939 年这一议题的大讨论》,社会科学文献出版社,2016,第 104~106 页。
③ 杨成志:《国族政策与民族研究之分类与关系》,载马戎主编《"中华民族是一个":围绕 1939 年这一议题的大讨论》,社会科学文献出版社,2016,第 132~135 页。
④ 傅斯年:《致朱家骅、杭立武》,载马戎主编《"中华民族是一个":围绕 1939 年这一议题的大讨论》,社会科学文献出版社,2016,第 126 页。
⑤ 傅斯年:《致朱家骅、杭立武》,载马戎主编《"中华民族是一个":围绕 1939 年这一议题的大讨论》,社会科学文献出版社,2016,第 126~127 页。
⑥ 王炳根:《吴文藻与民国时期"民族问题"论战》,《中华读书报》2013 年 5 月 1 日。

二字更是根本未曾提及。傅斯年对他的指责，纯属粗糙误读所致[①]），焦点很显然在吴文藻"民族自决权"之说。关键错误在于，首先，傅斯年忽略了吴文藻的思路其实与苏联加盟共和国有"民族自决权"的民族理论并不相同。其次，他固执地认为此类"民族自决"观点乃是由吴文藻、费孝通所持西方人类学理论视野和方法论决定的（循此逻辑，徐虚生这样的人固然可恼，但吴文藻、费孝通才是祸根所在）。相比于吴文藻、费孝通，陶云逵、杨成志及其弟子虽然更偏重西南民族研究，在此场争论中角色却很不相同。值此敏感时期，他们只字未提"民族自决"。暹罗宣称其主体民族"Thai"（今译"泰族"）与中、越、缅的傣族为"一体"，并于1939年6月4日以"Thai"民族立国的名义，改国名为"Thailand"（字面意为"Thai的土地"，今译"泰国"）。陶云逵当天即在《益世报》撰文驳斥其改国名的依据，揭露日本借泰、傣"民族一体"的"播弄之术"向我国滇、桂及越南、缅甸伸手的阴谋。[②] 至于杨成志，如前所述，在论争中认为顾颉刚的文章虽用词不准，却有现实理由。由此，傅斯年、顾颉刚之所以未直接针对杨成志，显然是因为有理由确信其在主权问题上的立场可靠，而非纯因"人情世故"（当然，也不排除昔日同事关系让他们更易相信他的立场可靠）。这些可算傅斯年、顾颉刚"因人废事论"不成立的另外三条证据。

作为对现实政治的委婉观照，1942年吴文藻发表《边政学发凡》，外称"边政学"，"中心"则为"人类学"。[③] 不久后，吴文藻参加西北建设考察团实地调查，持有不同的观点，团长罗家伦未将之纳入调查报告，而吴文藻沉默，未附和"宗族"说。至于费孝通，则坚持认为，"卸下把柄（否认它们为'民族'）不会使人不能动刀"，但认识到"这种牵涉到政治的辩论对当时的形势并不有利"，即"没有再写文章辩论下去"。[④]

---

① 可能正因此，其友人在1963年5月1日将该信函于台北《传记文学》杂志刊出时，删除了其指责徐虚生的内容。参见傅斯年《致朱家骅、杭立武》，载欧阳哲生编《傅斯年全集》第7卷，中华书局，2017，第206页。

② 王传：《学术与政治："中华民族是一个"的讨论与西南边疆民族研究》，《中国边疆史地研究》2018年第2期。

③ 吴文藻：《边政学发凡》，载《论社会学中国化》，商务印书馆，2010，第571页。

④ 费孝通：《顾颉刚先生百年祭》，载《费孝通文集》，群言出版社，1999，第30页。

三　"造民族"与"造国民"的比较视野

不难看出，在这场论争中，虽未必没有任何学术政治的因素起作用，但将顾颉刚、傅斯年之言行全部理解为囿于政治权力，很显然并不符合彼时的政治情境。傅斯年敢于撰文直骂孔祥熙、宋子文"失败"，① 恐很难说是媚权。而且，参与论争的各方实质上都是国家主义至上，都力主救亡。分歧在于，一方基于不同人群间体质、语言和历史差异认为，不同"民族"确实存在，承认这点，与统一对外并不矛盾；而另一方则有意撤除体质差异（但顾颉刚、傅斯年之论在逻辑上不乏悖论的地方在于，为突出"中华民族"之整体性，反复强调各类人群在血统上早已混杂为一体，恰恰是体质的视角），同时淡化语言和历史差异，而浓墨重彩地突出了主权的重要性。

1940 年，冯友兰曾批评顾颉刚在"古史辨"中力推民族渊源多元，此刻却不顾"前后矛盾"。② 傅斯年更在 1939 年 3 月（即他致信顾颉刚，谓之警惕西南"民族"研究后的 2 个月），撰写史语所工作报告，仍称呼凌纯声、芮逸夫、陶云逵等人研究的"苗""卡瓦""猓黑""僰夷""摆夷"为"民族"。③ 冯友兰的批评自是有依据的，但也有失公允之处。毕竟，任何学者关于民族研究的观点及其方法论，皆有一个逐步发展的过程，前后即便不一致，也属正常。况且，这些看似"矛盾"的地方正说明，他们并非不知或故意抹杀不同人群间的差别，只是为了突出主权而在尝试探索更切合彼时中国现实的民族理论。

且不说顾颉刚，至少傅斯年在民族研究和人类学方面，对强调"体质、语言和历史相结合"的科学主义方法论的重视程度，曾经远超吴文藻、费孝通。从其与黎光明关于川西民族调查研究视野与方法论分歧看，

① 傅斯年：《宋子文的腐败》，载欧阳哲生主编《傅斯年全集》第 4 卷，湖南教育出版社，2000，第 351~356 页。

② 冯友兰：《历史与传统》，《冯友兰论人生》，人民文学出版社，2012，第 90~92 页。

③ 傅斯年：《历史语言研究所二十六年度至二十八年度报告》，载欧阳哲生主编《傅斯年全集》第 6 卷，湖南教育出版社，2000，第 544~545 页。

他虽非丝毫不受民族主义影响，也非决不介入政治之人，但对政治的关注，被严格地限定在具体的科学研究之外。此一时期，体质、语言与历史分析，方是傅斯年试图与欧洲人一争高下的"主战场"。也只有从此方法论和学术视野，方能解释他为何如此重视史禄国，及其从体质、语言和历史等维度研究"民族"的努力。但是，在翦伯赞、冯友兰等"旁人"看来，颇有几分讽刺的是，顾颉刚、傅斯年在与吴文藻、费孝通的论争中，却在逻辑上完全否定了自己此前的科学主义学术脉络，以至于后人再审视此类论争时，有不少人将其归之于政治压倒了他们的学术客观乃至独立品格。他们面对如此显著的逻辑跳跃，乃至同时代人白纸黑字的批评，却置若罔闻，毋宁说在知识脉络和逻辑层面尚确实有未彻底厘清之问题。

若将三场论争并置在一起考察，则不难发现此类问题的关键头绪。在傅斯年、顾颉刚看来，"民族自决"之说可能被用来破坏中国主权。与其去否定"民族自决"理论（这种"游戏"规则在西方已有两百多年历史，要从理论根子上做彻底清理，殊为不易），不如在民族理论探讨中对"中华民族"的组成分子不予称谓"民族"（在"民族"概念远未清晰化、固定化的时代背景下，这在情理上并非不可，而且在现实上也并非根本没有做到的可能性——当然这并不代表在"民族"概念已清晰化的今天，仍可这样做）。这样一来，"中华民族"可凭借西方认可的"游戏"规则伸张主权，同时又可避免其组成分子被侵略者、分裂势力用来损害国家主权（它们既非"民族"，当然就不能套用"民族自决"之说）。更为值得注意者，不称"中华民族"的组成分子为"民族"，并不代表就否认他们在语言、历史、经济和社会发展方面的差异，更不代表不能给予他们优惠政策。只不过，扶持、优惠都不是针对"少数民族"，而是针对在教育水平、经济社会发展及边疆地理等方面相对弱势的人群（包括边疆汉人）。

然而，在民族研究的方法论上，这就带来一个新的问题，即源自西方的"体质、语言和历史相结合"的方法论亟待调整。如不调整，按照这三个维度分析蒙、藏、回、苗、摆夷等人群，对"主权"而言就必然是"反动"的。于是，"体质"视角在以主权为中心的民族理论自觉过程中，首先被弃用。认为各人群血统上已不可分，即否认体质可作为区别指标（当然，客观上却又因此未能彻底"忘却"体质视角，而选择了从血统融合的角度去论证中华民族的整体性）。在维护国家主权这一基本立场上，吴文藻、费孝通、翦伯赞等人其实也同样完全没有问题，若不然，何苦历尽艰难辗转到西南地区共赴国难。但是，他们对于民族研究如何体现、维护主权，在方法论上与傅斯年、顾颉刚等人显然有很不同的思路。他们认为，通过承认差异、给予扶持、促进平等，方能真正达到团结一心维护主权的目的，至于历史、语言、体质的因素则不必否认（他们自己的研究，其实并不偏重语言、体质视角）。换句话说，此一时期在民族研究上，欲自觉形成中国本土化的理论和方法论，总体上已是学界共识（吴文藻更是强调"本土化"的急先锋）。但很遗憾，在边疆和主权危机背景下，在"短兵相接"偏重看对方理论之不足而少见其长的具体论争情境中，加之各方言辞上确实不乏不够严谨，易引发误解之处，这种共识被忽略了，未得到进一步实质性探讨的机会。

在学术政治操作层面，这场论争看上去是傅斯年、顾颉刚取得了"胜利"。不过，也很难说蒋介石关于中华民族的组成分子为"宗族"的看法，就源自他们的观点。正如黄兴涛指出：蒋介石的观点显然与顾颉刚将"民族"与"种族"简单对立而将血统因素完全留给"种族"的做法不一样；因二者有重叠处即视顾颉刚、傅斯年为"御用"，不免忽略了蒋介石与他们的差别。[1] 换句话说，由此逆时推定傅斯年、顾颉刚此前就是为了迎合政治权力而压制吴文藻、费孝通，显得有些理据不足、揣度有余。[2]

不过，将民族研究的方法论调整为以"主权"为中心，兼及语言、历史视角，是否从学理上就能满足中国转向主权国家、维护主权的现实需要？从逻辑上看，既然中华民族之下不必再"造"出"民族"，那么在主权国家之下"造"出"国民"就显得更为紧迫。可是，这就又"回"到

---

[1] 黄兴涛：《重塑中华：近代中国"中华民族"观念研究》，北京师范大学出版社，2017，第 305 页。

[2] 诚然，历史总是多层、多维的。尤其是，近代历史离当下尚近，常有赖于研究者将之放置在更长、更多维度的参照系下，方易把握其主脉。为此，有学者从研究视角上提倡"要具备通史眼光，扩张学科边界"（戚学民：《中国特色近现代史学研究三题》，《求索》2019 年第 4 期）。笔者则认为，从方法论操作层面看，首先应撤除"厚黑"式的揣度，而从"多重叠加、交叉、替换、再生的关系条件下，去追踪历史的多维度、多层面乃至非连贯性"（谭同学：《社会治道变革的阶层品格与历史情境》，《求索》2019 年第 1 期）。

了傅斯年与黎光明之间产生分歧时，所涉及的问题。对彼时中国而言，有没有可能不造"民族"却造得出"国民"，又或者，选择了造"民族"是否就必然妨碍造"国民"？从深层知识脉络看，它们与其说是两个问题，不如说实质上是同一个问题的两个不同面向。那就是，对彼时中国而言，民族主义与国家主义，人们的民族意识与国民意识，是否可能清晰地区分、剥离得开？

我们无意苛求在现实政治救亡压力极大、火烧眉毛的情况下，相关学者心平气和、从容地去辨析学术知识脉络上的种种疑点。但是，答案则毫无疑问只能在他们所处的特定时空情境中去寻找。

言及此处，我们当知晓，人以"族"分，其实并非自盘古开天地以来，就如此重要。说到底，"民族"是一个充满现代性，且与早期现代欧洲历史分不开的概念。在中世纪中晚期，欧洲普遍笼罩在基督宗教之下，世俗封建领主与基督宗教不同派别相结合，形成了错综复杂的关系。各政治体之间竞争，动员机制主要是封建人身依附关系和宗教网络，"民族"并非重要的身份识别因素。但是，以1066年位于法兰西的诺曼底公国征服英国为初始标志，到1485年"玫瑰战争"结束，英、法之间长达数世纪的竞争、战争，慢慢改变了这种动员机制。在英国和法国，世俗"国家""主权""人民""民族"等观念开始兴起，国家形态也逐渐发生改变。①1618~1648年，一场几乎将所有欧洲国家卷入其中的"三十年战争"，再次"教育"了英、法之外的所有国家，为"国家""人民""民族"而非封建领主、宗教派别而战，方是"真理"。在这场战争中，天主教盛行的法国支持新教盛行的德意志北部地区，打击作为天主教大本营的奥地利，获利颇丰。战争以《威斯特伐利亚和约》的签订宣告结束，而该和约所载"人民""主权"等观念，也正式为各国所重视。②与传统国家相比，这种基于"民族""人民"观念，依"主权"而立的国家，在西方学界常被称

---

① 〔美〕尤金·赖斯、美安东尼·格拉夫顿：《现代欧洲史》第1卷，安妮等译，中信出版社，2016，第168~180页。

② 〔美〕理查德·邓恩：《现代欧洲史》第2卷，康睿超译，中信出版社，2016，第129~131页。

为"民族—国家"（nation-state）。[①] 此后，伴随着欧洲列强在全世界范围内的殖民和争霸，现代民族主义也传到了世界各地，并成为广大的亚非拉人民纷纷起来反抗殖民和外来侵略，争取主权独立的利器。19 世纪中叶开始备受西方列强欺凌的中国，自然也不例外。

在主权遭到践踏、国家危亡之际，觉醒起来的知识分子和政治家援引"民族"观念作为革命动员机制，一开始有重大偏差。例如，孙中山先仅提"驱逐鞑虏"（排满），后又改提汉、满、蒙、回、藏五族"共和"。[②] 至于一般社会大众缺乏"民族"意识，与缺乏"国家"观念、"国民"意识，其实完全是同一回事的两个不同面向。辛亥革命之后，以孙中山为代表的革命者建立新政权，在国名中同时突出"中华（民族）""（国）民""（主权）国（家）"等关键要素，不可谓不是针对彼时中国较之于西方列强的"民族—国家"最缺乏的东西。只不过，很不幸，他们并未找准将普通百姓变为"国民"的根本动员机制，以致军阀林立、外辱难却。

真正科学认识到"造民族"与"造"主权国家之"国民"辩证关系，并领导中国人民实现主权独立的，是中国共产党人。第一次国共合作破裂后，中国共产党曾主张民族平等、"民族自决"，[③] 发动少数民族群众建立革命政权，反击国民党政权。在长征过程中充分积累了民族工作经验后，加之日本侵犯中国主权日深，中华民族救亡变得极为迫切，1935 年 12 月中国共产党明确提出，"只有最广泛的反日民族统一战线（下层的与上层的）"，才能"取得中华民族的彻底解放，保持中国的独立与领土的完整"。[④] 1939 年 12 月，毛泽东更是指出，"中华民族的各族人民都反对外

---

① 〔英〕塞缪尔·E. 芬纳：《统治史》第 3 卷，马百亮译，华东师范大学出版社，2014，第 455 页。

② 孙中山：《临时大总统宣言书》，载中国社会科学院近代史研究所中华民国史研究室等编《孙中山全集》第 2 卷，中华书局，1982，第 2 页。

③ 《中华苏维埃共和国宪法大纲》，中共中央书记处编《六大以来》上册，人民出版社，1981，第 172 页。

④ 《中央关于目前政治形势与党的任务决议（瓦窑堡会议）》，载中央档案馆编《中共中央文件选集》第 10 册，中共中央党校出版社，1991，第 604 页。括号中内容为原文所有。

来民族的压迫，都要用反抗的手段解除这种压迫"。① 至此，中国共产党已在理论上清晰地指出，"各族"与作为整体的"中华民族"是不同层次的"民族"，皆属中国主权下的"人民"，并且只有通过"民族解放"战争和革命运动，方能实现主权独立、领土完整（质言之，没有"民族"解放，就不可能有独立"主权"的"国民"，"民族"观念和"国民"意识发育是同一个过程）。中国共产党还找准了变百姓为"国民"的动员机制，那就是深入发动群众，以"人民战争"求"民族解放"和主权独立，将"民族"观念和"国民"意识成功渗透到广大的基层社会。

换句话说，在近代中国反抗外来侵略，培育主权观念和争取主权独立的历史上，民族主义一直是唤起普通百姓国家观念的关键工具，"民族"意识与"国民"意识的形成，其实是同一过程的两个不同侧面。由此，在国家与民族关系上，也就不可能只造"国民"而不造"民族"；在"中华民族"整体与其组成分子的关系上，不可能只让整体形成自觉民族意识，而不让其组成分子，如蒙古族、藏族、回族、苗族等，也形成自觉民族意识；造"民族"并没有妨碍造"国民"，"少数民族"观念与"中华民族"观念如影随形地兴起，② 但也并没有妨碍"中华民族"作为整体的民族认同。相反，民国政府曾试图禁止人们使用"少数民族"概念，结果终归失败。③

从此后的知识脉络延展来看，在国家主权问题大体得到解决之后，"语言、历史和主权相结合"的方法论显然依然为民族研究所重视。1949年后，中国共产党强调各民族一律平等和给予因历史、自然原因发展较滞后的少数民族扶持。顺其自然，这当然就要求首先识别谁是少数民族，是什么民族。而在民族识别过程中，除识别对象主观认同的民族身份外，语言、历史是重要的客观依据。不过，虽然体质分析因有种族主义色彩而被

---

① 毛泽东：《中国革命与中国共产党》，载《毛泽东选集》第 2 卷，人民出版社，1991，第623 页。

② 杨思机：《指称与实体：中国"少数民族"的生成与演变（1905-1949）》，博士学位论文，中山大学史学理论与史学史，2010，第 24~27 页。

③ 杨思机：《指称与实体：中国"少数民族"的生成与演变（1905-1949）》，博士学位论文，中山大学史学理论与史学史，2010，第 161~169 页。

宣布弃用，民族识别并不进行体质测量，但大体上实践了子女民族身份随父或母而定的原则。这在客观上，不能不说又包含一定程度的"血统论"和民族身份固化的意涵。以此将各民族截然区分、固化代际传递，实际上在某种程度上也就将"民族"实体化了，与我国历史上各民族已形成"你中有我、我中有你"的联系并不完全相符。由此，费孝通有感于民族"历史研究不宜从一个个民族为单位入手"，① 1988 年以"中华民族多元一体格局"理论阐释了中华民族各组成分子交往、交流、交融的历史主线。此说无疑吸收并且辩证地升华了傅斯年、顾颉刚及吴文藻的思想，更接近中国历史与现实经验实际。它坚持中华民族及其组成分子都称"民族"（民族识别后，后者被称作"民族"已广为社会认可并融入相关的社会关系中，变成一种"社会事实"② ），但"层次不同"，③ 而且未像吴文藻那样具体细分"文化多元、政治一体"（各民族文化既有其特色，又相互交融为一体）。他将"中华民族"界定为"中国疆域里具有民族认同"的"人民"，④ 显然是以"主权"作为边界的，但与基于语言、历史差异的族别分析并不矛盾，而是辩证、相互促进的。在方法论上，语言、历史和主权的分析视角真正实现了有机融合。与数年后苏联解体的历史相对照，它无疑标志着我国民族理论及其方法论，总体上已形成本土化的自觉（在更多具体研究中，当然仍有与时俱进地进一步细化理论和方法论自觉的必要）。

此外，现代民族主义兴起和主权国家观念萌发均较早的法国，在空间上也可作为供我们比较的实际类型。法国自其大革命时代起即强调，国家由平等的公民组成，除公民身份外，国家不承认民族、宗教身份。1790 年，君主立宪派代表人物克勒蒙特-托内尔宣称："对作为个人的犹太人我们给予所有的一切，对作为犹太民族的犹太人我们什么都不给。"⑤ 1992

① 费孝通：《简述我的民族研究经历和思考》，载《费孝通文集》第 14 卷，群言出版社，1999，第 100 页。
② 〔法〕E. 迪尔凯姆：《社会学方法的准则》，狄玉明译，商务印书馆，1995，第 34 页。
③ 费孝通：《中华民族多元一体格局》，载《费孝通文集》第 11 卷，群言出版社，1999，第 416 页。
④ 费孝通：《中华民族多元一体格局》，载《费孝通文集》第 11 卷，群言出版社，1999，第 416 页。
⑤ 〔英〕安东尼·史密斯：《民族主义：理论、意识形态、历史》，叶江译，上海人民出版社，2006，第 42 页。

年，欧洲理事会召集成员国共同签署《欧洲地区性或少数民族语言宪章》，法国予以拒绝，其理由是在法国只有公民，没有"少数民族"。[①] 据 2016 年 6 月 24 日笔者在广州对巴黎政治大学罗卡（Jean-Louis Rocca）教授和刚毕业于法国社会科学高等研究院的清源（Camille Salgues）博士访谈所知，当代法国规定，在劳务市场，尤其是公共部门、大型企业等机构人员招聘中，不得要求应聘者提供年龄、性别，以及姓名、族裔、宗教乃至住址等可能反映族裔身份的信息。然而，实际生活中人们很显然仍是知晓民族差别的。2015 年 1 月，在法国发生了震惊世界的"查理周刊事件"。[②] 它虽被政府认定为恐怖主义袭击，但客观上无疑表明，族别差异并不会因为国家一厢情愿不讲"民族"，只认"公民"，甚至语言同质化（如皆说流利法语）而消失。相反，这恰恰容易导致忽视民族平等而酿成社会问题。

四　结论

20 世纪上半叶，对中国和中华民族而言，是一个极其艰难和脱胎换骨的历史时段。在这其中，也包括无数学者为国家主权之独立和中华民族之复兴，殚精竭虑。20 世纪 20 年代末至 30 年代末，围绕西南民族研究的三场分歧正是在此宏大背景下展开的。在某种程度上，不少具体论争实际上不乏相互误解的成分。但是，历史地看，包括学者在内的所有社会行动者，都是深嵌在特定历史时空中的。而今我们在相对从容的时空条件下，重新回顾这三场夹杂诸多因素的学术分歧，其要旨显然不在为其功过是非盖棺定论，而是为正在进行中的当代民族研究以及某些仍有延续性的问题，找到带有反思性的方法论方向。

在因史禄国、杨成志西南民族调查事件而起的论争中，我们发现，并非唯有顾颉刚、容肇祖、汪敬熙、杨成志等人有民族主义情结，傅斯年其

---

① 陈玉瑶：《公民民族主义与团结主义——法国"国民团结"概念的内涵与源流》，《西南民族大学学报》2018 年第 12 期。

② 《查理周刊》杂志曾用漫画影射伊斯兰教的先知穆罕默德，几名说流利法语的中东裔、非洲裔伊斯兰教徒为此袭击了该杂志编辑部，造成 12 人死亡，5 人重伤。

实也有。只不过，傅斯年的民族主义是服从于"体质、语言和历史相结合"的民族科学研究，力图体现为实现"科学的东方学之正统在中国"的宏大学术目标，而不是对西方学者在个体上盲目排挤。虽然在运用科学主义方法论研究中国问题的总方向上，傅斯年与顾颉刚、容肇祖是一致的，但顾颉刚、容肇祖对"体质、语言和历史相结合"的方法论和世界性学术视野，理解深度和重视程度远不及傅斯年。由此，傅斯年对史禄国的看法与顾颉刚、容肇祖绝非实质一致，只因要为语史所声誉而替史禄国"文饰"，更非"感情用事"。其主要缘由是在彼时历史条件下，人类学、民族学若要朝傅斯年所立宏大学术目标前进，史禄国具有不可替代的重要性。

同样，傅斯年将黎光明不按科学要求调查、记录川西少数民族特点而着重于造"国民"的行为，斥之为"政治"，亦唯有从其秉持以"体质、语言和历史相结合"的方法论开展民族调查研究的原则视之，方能得到合乎情理的解释。黎光明、王元辉的调查报告，在傅斯年看来毫无专业价值，其判断标准无疑也是"体质、语言和历史相结合"的方法论。黎光明客观上原本就受体质、语言和历史分析专业训练不够，主观上更是认为以此方法论区分"民族"，远没有向其灌输"国家"观念、"国民"意识重要。然而，历史的吊诡之处恰恰在于，无论是英、法之类的"民族—国家"先行者，还是反抗西方侵略、争取主权独立的亚非拉国家，其民众的"国家"观念、"国民"意识都是与民族主义相伴生的。由此，黎光明之壮举固然可歌可泣，在彼时中国问题上也确实有深刻的洞见，却未曾看到同一历史过程的另一面：离开"民族"观念觉醒，几乎不可能单独造出"国民"。

在围绕"中华民族是一个"的论争中，各方拥护中华民族与国家统一之心，其实是不用质疑的。尽管傅斯年、顾颉刚强调现实政治，尤其是傅斯年还动用了政治权力直接针对吴文藻、费孝通，但并不能说明他们纯属附和政治权力而因人废事。吴文藻的学术独立品格固然值得称赞，但至少在这个意义上，傅斯年、顾颉刚之学术品格并不与他构成截然相反的对比。从知识脉络上看，费孝通与顾颉刚之争，更不能代表受西学训练的年轻人与传统中国学者的知识交锋。事实上，他们的方法论基础都是源自现代西方的科学主义。论争的实质性分歧在于：傅斯年、顾颉刚认为须避免称呼中华民族的组成分子为"民族",方能防止侵略者和分裂势力利用"民族自决"借口危害中国主权;吴文藻、费孝通、翦伯赞等人则认为给予其平等、扶持待遇,方能真正衷心、团结一致、维护主权,而称其为有体质、语言和历史差别的"民族",与中华民族、国家统一御外并不矛盾。然而,国内外现实格局极具复杂性和敏感性,吴文藻等人关于"民族自决"的表述不乏歧义,傅斯年因此类表述而错误地判定他们对国家主权有立场问题,加上文字辩论"短兵相接"攻其一点不及其余,使辩论各方忽略了前置性的潜在共识。这一共识即民族研究须有中国的理论自觉,而在方法论上将"体质、语言和历史相结合"调整为以"主权"为中心的"语言、历史和主权相结合",则是形成本土化理论自觉的重要保证。

大致同时,倒是并未介入以上任何一场知识争论的中国共产党,在总结长征和团结各民族进行革命斗争经验的基础上,厘清了"民族"观念和主权国家"国民"意识的辩证关系。其主张,不仅"中华民族"及其组成分子为不同层次的"民族",而且唯有各族"人民"建立"民族统一战线",通过"民族解放"运动,方能实现主权独立。中国共产党所领导的民族解放运动和捍卫主权的实践,还格外注重深入发动群众,从而逐步在"社会事实"上让"民族"观念和"国民"意识深入广大基层民众的心中。这不仅是中国共产党结合中国的革命实际,矫正以往苏联式"民族自决"观点的结果,也为其后形成民族区域自治制度以及开展"民族识别",奠定了理论基础。较之于民国政府一直找不准动员"国民"的机制,以及知识界顾此失彼的"民族"研究歧见,中国共产党关于"民族解放"、捍卫主权的理论主张和实践,无疑显得更为高瞻远瞩。中国各族"人民"结束"一盘散沙"状态,团结奋战,最终"站起来了",即最有力的明证。因此,认为彼时"造国民"与"造民族"可以二选一,且只能二选一(即"造国民"),不仅是枉顾历史情境,而且显然至今未能准确地理解中国共产党领导的民族解放运动,捍卫主权的实践,及其中蕴含的理论洞见。

当代中国在落实民族平等、推进民族团结的过程中,有重要机遇,同时也不乏挑战。由此,民族研究也有与时俱进的必要。需要注意的是,无论是理论再建构,还是方法论反思,只能基于历史脉络和现实经验。有具体层面的现实民族问题存在，固然说明仍有进一步强化造"国民"之必要，但这并非靠着简单否定"民族"或将之改为其他名称即可实现（当称谓在历史中已积淀为"社会事实"后，更是如此）。近代中国和当代法国，作为一面又一面可供比较的"镜子"，充分呈现了这一道理。现代意义上的民族主义、主权政治"游戏"规则乃至民族科学，都是在"威斯特伐利亚体系"基础上生发出的世界性新事物。"造国民"与"造民族"，其实是同一过程无法相互剥离的不同面向。不同国家的区别并不在于选择了只造"国民"或"民族"，而在于同一过程的两个面向，有些国家"做"得相对成功，有些比较失败。因此，在"做"的层面既注重"中华民族多元一体格局"中的民族平等，又注重筑牢中华民族共同体意识，强化国家认同和国民身份，这是辩证、相互促进而不是矛盾的关系，远比在"说"的层面折腾名词重要得多。这既是沿着科学主义辩证认识论往前走的需要，也是推动"中华民族多元一体格局"沿着历史和现实主权政治脉络往前走的需要。在这其中，必然会遇到具体的困难，但无论是从观点、方法论还是理论视野上，似乎都只宜超越，而不是退回到傅斯年、黎光明当年在特定历史条件下，将"造民族"与"造国民"片面对立的状态。

当然，回顾历史并非没有意义。就以上历史事件而言，至少可以说明，民族研究的理论自觉，绝不只是研究者个体的主体性反思，至少还包括其作为"国民"和"民族"整体一分子的主体性自省。其知识生产不仅可以而且应该有个体性的，人之为人的科学主义面向，也有深嵌于主权意识及其社会情境的一面。民族研究理论视野与方法论的重大转向，不仅与研究者个人主观认识调整有关，更与其所处国家和社会的变动相连。近代中国忧患之局，对史禄国这样的"外人"而言，未必构成"体质、语言和历史相结合"的方法论反思之必需，但不可能不刺激中国本土的研究者重新思考主权在民族研究方法论中的分量。时代更迭，但只要世界范围内的主权政治"游戏"规则未变，民族研究须有本土化理论自觉，这是当下人们辩证、客观地认识民族事项不可或缺的方法论选择。本土化理论自觉，不止意味着使用中国材料，研究中国问题，更意味着以中国自身为理论主体，并以适当宽广的时空视野作为坐标，为之锚定位置和方向。唯其如此，我们方可能形成具有自己独特历史视野和主体意识的理论。具体就民族、国家、主权等研究领域而言,西欧和中国自身从传统国家转向现代"民族—国家"的历史时刻,无疑可作为类型比较坐标的时间轴,而此类观念兴起的源发地以及与之相对被迫卷入主权政治"游戏",争取独立主权的亚非拉地区,则可以作为类型比较坐标的空间轴。回顾历史,斯人已逝,然而其所立之言及其方法论启示,无疑值得后来者反复思考,以更好地续其志业,稳健前行。

第十一章　民族学知识生产的问题
意识与理论视野

——从李安宅先生的探索与启示说起

科学的知识生产，是深究某一问题的目的性活动。若无问题，无异于无病呻吟。同时，它还是追求规律性认识，也即问题表象背后理论的活动。这即为什么，不少人文社会科学研究固然离不开通过社会调查掌握经验材料，而社会上不少上了年纪或是消息灵通的人士虽然往往掌握着更翔实的经验材料，却并非人文社会科学家。就这两个要件而言，民族学的知识生产自然也不例外。撇开特殊时期因为某些干扰，民族研究不被认作专业之外，从知识谱系上看，自20世纪初传入中国后，其知识生产的专业化水平如何，即与问题意识、理论视野的关系极其密切。

当然，民族学知识生产的专业化程度也还依赖诸多其他条件。如研究人员的职业化程度、学术训练条件、学术互动网络乃至实地调查的条件，都可能会对之有影响。通常而言，这些条件与专业化成正相关，职业化程度提高、研究条件改善有利于专业化水平提高。但从民族学知识生产实践看，却也并不尽然如此。众所周知，在某些特殊历史时期，"左"的泛意识形态研究不仅没有实质性提高民族学知识生产的专业水平，甚至还对民族团结进步事业有妨碍。究其缘由，乃是因为所有这些条件若要发挥正向作用，都有赖于问题意识与理论视野这两个前提。一旦缺乏问题意识，加上理论视野狭隘，职业化程度提高、研究条件改善，除了让"无病呻吟"看上去更精致些，可能并无其他用处。

时代更迭，"左"的泛意识形态研究总体上已在民族学中消退。但专业知识生产的问题意识和理论视野偏差，却似乎并不见得也随之完全消失了。甚至于，严格地说，在不同时代里，这应是民族学知识生产需要不断追问的问题。唯其如此，民族学方能面向不同时代的现实，不断调整自己的问题意识和理论视野，避免教条化和僵化。

同理，一些在民族学知识脉络中被公认为值得反复参详的经典研究，往往也并非因其观点绝对正确、理论永不过时，而在于面向它所在的时代，有真切的问题意识和足够高度的理论视野。以下，我们不妨结合我国民族学的先行者、人类学"华西学派"的核心人物之一李安宅先生拓荒性的探索，对民族学知识生产如何克服问题意识与理论视野偏差这一问题，再做些延伸性探讨（由此，我们在这里无意致力于补充其学术生平细节或重新梳理、阐发其研究材料和观点。在这两个方面，近年学界已有不少成果可资参考）。李安宅之康藏研究，当属我国民族学早期经典无疑。它们在确立问题意识与理论视野方面所形成的经验，势必对我们当今民族学的知识生产仍具有重要的参照意义。

一　作为整体的李安宅学术及其民族学知识生产

依专业分类界定研究者的知识角色，是学界常见的做法，却并非知识生产真实逻辑的全部。作为一个力图以学术救国、强国的知识分子，在问题导向之下，李安宅的民族研究在知识脉络上并不只是民族学、人类学知识的利用和再生产。若限于民族学、人类学、藏学，是无法准确理解其民族研究的。反过来也一样，不管限于哪个所谓的"专业"，也无法理解其社会研究和边疆社会工作研究。从这个角度看，只有理解作为整体的李安宅学术，才能更充分地呈现其民族学知识生产的问题意识和理论视野。

李安宅最先着手的是关于"礼"的社会学研究。这里的"社会学"知识脉络，则又因为其师吴文藻主张融合社会学与人类学的缘故，而有鲜明的人类学功能主义学派特征。同时，该研究因从《仪礼》与《礼记》两部极为重要的礼学著作分析入手，史学功底也可谓跃然纸上。李安宅从社会学的角度出发，将"礼"从"圣人的天启"位置"降到社会的产物"。① 相对于传统经学或"国粹保存"的研究路数而言，这显然是一种重要的理论视野突破，而不是知识细节上的贡献。然而，在彼时代，对传统祛魅其实并不算极困难的事情。李安宅"礼"的研究，最难能可贵的还在于，对两部礼学经典"剥去神秘性，并不是剥去它们的社会价值"。② 正是这一视野，才使他能够不偏不倚地去追问真正的学术问题，即"礼"如何在社会中产生、具有何种社会功能，而不是浮于维护"国粹"或必将之全盘西化争议的热闹表面。带着这种理论视野和问题意识，李安宅分门别类地详细考察了衣饰、饮食、居住等物质文化，以及生育、成年、婚嫁、丧葬、祭祀等仪式，对其社会功能进行了条分缕析式再辨识。如"礼"的乱伦禁忌功用，使人别于动物；可用于判断亲疏关系，也可用于判断是非价值，因此既有规范社会之功，也有确立个体角色和人生价值之用；"礼"作为一种知识原则和精神，还赋予了国家法律、制度和社会组织文化品性。③ 时隔90余年后，我们知道，具体的功能主义理论自然不可能"永葆青春"。李安宅关于"礼"的研究之所以仍被人视作经典之识，显然并不在功能主义的具体观点，而是在"礼教吃人"观点广为流行的时代，以适当的理论视野拨云见日，形成了切实的问题意识，在"礼"的现代学术研究上做出了开创性的探索。

正是这种直面问题本身，而保持理论视野开放性的方法，使李安宅虽然在具体的功能主义理论知识积累方面不如同时代欧美人类学名家深厚，却依然不妨碍他在后者有长期研究基础的领域，生发出新的也被认为是更接近社会事实的学术洞见。1935年，李安宅赴美国研修期间，曾到新墨西哥州印第安部落的祖尼人社区做实地调查。对于祖尼人，美国现代人类学兴起时期的台柱式人物克鲁伯、斯蒂文森和本尼迪克特等均有过比较长时间的关注和研究。彼时，受这些人类学名家的影响，祖尼人通常被认为信仰"形式主义"、很少带个人情感的宗教；④ "害怕成为'自己人民的领

① 李安宅：《〈仪礼〉与〈礼记〉之社会学的研究》，上海人民出版社，2005，第1页。
② 李安宅：《〈仪礼〉与〈礼记〉之社会学的研究》，上海人民出版社，2005，第1页。
③ 李安宅：《〈仪礼〉与〈礼记〉之社会学的研究》，上海人民出版社，2005，第9~11页。
④ 李安宅：《关于祖尼人的一些观察与探讨》，载李安宅《〈仪礼〉与〈礼记〉之社会学的研究》，上海人民出版社，2005，第79页。

袖',因为那会使他有可能被指控为行使巫术而遭受迫害"① "根本不打孩子而孩子却很规矩";② 离婚男人所建房子归妻子所有,"在这样被抛弃时,毫无男子汉气概"。③ 李安宅注重在调查中与祖尼人平等相处,不以"孤立的文化特征"做论据,更不"绝对地站在自己文化的立场上"做论断,④ 很快就发现此类成说经不起推敲。事实上,祖尼人的宗教并非没有个人情感,⑤ 在公共权力上也并非没有进取心,⑥ 其子女教育只是与美国主流社会的方式不一样而已,⑦ 离婚男人不在乎房子是因为他必定有房子可住、根本"无须为房子担忧"。⑧ 此研究一经发表,即在美国人类学界取得了重大影响。而从旁观之,其洞见显然并不是由于李安宅比其他几位人类学名家有更高明的理论或更丰富的材料,而在于提问时从视野上避免了"套用本族文化法则去进行推理"的"关键的错误"。⑨ 这虽不是一项关于"礼"的研究,但与其不先入为主视"礼"为"天启"或"吃人"之物的方法,无疑相通。

1938 年,李安宅与妻子离开沦陷于日本侵略者的北平,前往位于甘南藏区的拉卜楞寺,从此踏上了藏族研究的历程。在拉卜楞寺调查历时 3 年,1944 年在华西协和大学社会学系主任和边疆研究所所长任上,李安宅又到西康南北两路开展了为时半年的藏族社会调查。这些调查所形成的研究成

① 李安宅:《关于祖尼人的一些观察与探讨》,载李安宅《〈仪礼〉与〈礼记〉之社会学的研究》,上海人民出版社,2005,第 85 页。
② 李安宅:《关于祖尼人的一些观察与探讨》,载李安宅《〈仪礼〉与〈礼记〉之社会学的研究》,上海人民出版社,2005,第 87 页。
③ 李安宅:《关于祖尼人的一些观察与探讨》,载李安宅《〈仪礼〉与〈礼记〉之社会学的研究》,上海人民出版社,2005,第 90 页。
④ 李安宅:《关于祖尼人的一些观察与探讨》,载李安宅《〈仪礼〉与〈礼记〉之社会学的研究》,上海人民出版社,2005,第 79 页。
⑤ 李安宅:《关于祖尼人的一些观察与探讨》,载李安宅《〈仪礼〉与〈礼记〉之社会学的研究》,上海人民出版社,2005,第 83 页。
⑥ 李安宅:《关于祖尼人的一些观察与探讨》,载李安宅《〈仪礼〉与〈礼记〉之社会学的研究》,上海人民出版社,2005,第 86 页。
⑦ 李安宅:《关于祖尼人的一些观察与探讨》,载李安宅《〈仪礼〉与〈礼记〉之社会学的研究》,上海人民出版社,2005,第 88 页。
⑧ 李安宅:《关于祖尼人的一些观察与探讨》,载李安宅《〈仪礼〉与〈礼记〉之社会学的研究》,上海人民出版社,2005,第 90~91 页。
⑨ 李安宅:《关于祖尼人的一些观察与探讨》,载李安宅《〈仪礼〉与〈礼记〉之社会学的研究》,上海人民出版社,2005,第 85 页。

果，后来大部分被集中收录在《藏族宗教史之实地研究》一书中。言及确
定研究问题的动机，李安宅表示是因为"西洋传教士利用汉藏互不了解的
情况，常见挑拨离间"，而"沟通汉藏文化，必须研究喇嘛教"。① 此后，
"在新中国成立前的前夕，西藏上层贵族中一小撮亲西方的民族分裂主义
者在外来反华势力的策划下，在国际上大肆活动，与仇视新中国成立的少
数西方国家狼狈为奸，试图通过制造所谓的'西藏独立'舆论，阻止解放
军进军西藏"。② 在此背景下，李安宅更是将其研究成果译成英文，"希望
能出版，借以抵制外国的造谣"。③ 在具体知识建构上，其研究既有依据实
地调查材料分析寺院公开大会、佛教神像象征、僧侣教育及周边村庄居民
的内容，也有基于地方志材料、家谱、口述史料分析藏传佛教史、区域史
地、土司政治更迭、人口及社会变迁的内容。其所用基本理论仍是功能主
义的，但其史志结合的研究方法，以及"将宗教作为一种社会现象，置于
一定历史条件下进行研究，既阐明其发展原因，又指出其局限性"的做
法，④ 则又使之与一般的功能学派研究相区别开来。⑤ 收集到了大量细致的
材料固然是其研究的重要贡献之一，但更重要的是在与印度佛教、中国儒
学及其官僚制相比较的理论视野下（此视野与原先"礼"的研究显然不无
关系），提供了一种对藏文化的整体性理解。这使其研究与很多学者注重
藏传佛教的巫术色彩和教派纷争等局部细节问题相比，⑥ 有根本的不同。
世界著名人类学家拉尔夫·林顿、中根千枝和东方学名家 F. W. 托马斯等，
对其研究给予了高度肯定。

　　李安宅关于康藏的调查研究，并不只是今人常强调的知识"创新"，
亦非纯粹个人兴趣。其研究旨在强国、救民的色彩，在关于边疆社会工作
的探讨中，表现得十分直接而充分。李安宅曾就何谓边疆、边疆与内地关
系、何为边疆社会工作，以及边疆社会工作的困难、所需条件和如何做好

① 李安宅：《藏族宗教史之实地研究》，商务印书馆，2015，第 3 页。
② 李安宅：《藏族宗教史之实地研究》，商务印书馆，2015，第 277 页。
③ 李安宅：《藏族宗教史之实地研究》，商务印书馆，2015，第 4 页。
④ 李绍明：《评李安宅遗著〈藏族宗教史之实地研究〉》，《中国藏学》1990 年第 1 期。
⑤ 陈波：《李安宅与华西学派人类学》，巴蜀书社，2010，第 200~201 页。
⑥ 张亚辉：《安多社会的知识性格——读李安宅〈藏族宗教史之实地研究〉》，《西北民族研究》2013 年第 3 期。

此类工作，提出了大量真知灼见。① 同时，他还力主边疆社会工作不能仅凭一腔热血，而要与边疆社区实地研究相结合。一方面，边疆工作"要有长久的计划"，"为要有长久的计划，必得先有深入的研究。必是认识清楚，才能产生可用的方案"；② 另一方面，"实地研究最好的方法，乃是利用服务的手段，这不但是因为'学以致用'的原则，更是因为旁观式、审问式的研究不如同情其处境，参加其行动，更来得亲切自然而易洞明其窍要"。③ 换句话说，李安宅通过自己扎实的研究体会到，真切的问题意识和恰当理论视野是帮助研究者，在具体知识上洞察"窍要"最直接有力的工具。

二 作为问题理解深度抑或知识井壁的"专业化"

除了是民族学家外，李安宅同时也是社会学家、人类学家、藏学家。其民族学知识生产的专业化水平，为举世所公认。但是，其关于"礼"的社会学研究理论视野，从社会和时代需要本身提出专业问题的意识，以及对研究对象历史维度的重视，显然始终在其民族学研究中发挥作用。对现实边疆社会工作的关注，更是与其后期康藏实地调查研究完全融合在一起。这些关于汉文化及其社会运转，信仰仪式与百姓家庭"鸡毛蒜皮"的生活需要，大尺度时间、地理空间变迁、人口聚合与政治、国家治理的关系，以及对现实问题的追问，非但没有妨碍其康藏社会、宗教研究专业化，相反是其超越诸多同时代专业研究，乃至在世界翘楚有深厚专业研究积累的领域，提出震耳发聩的新洞见之学术根基所在。

言及此处，也就涉及一个何为"专业化"的问题。从李安宅的民族学

① 李安宅：《边疆社会工作》，李安宅《〈仪礼〉与〈礼记〉之社会学的研究》，上海人民出版社，2005，第98～149页。
② 李安宅：《边疆社会工作》，李安宅《〈仪礼〉与〈礼记〉之社会学的研究》，上海人民出版社，2005，第138～139页。
③ 李安宅：《边民社区实地研究》，李安宅《〈仪礼〉与〈礼记〉之社会学的研究》，上海人民出版社，2005，第153页。

研究看，其他专业的知识以及对社会现实的观照，显然是加深了其对研究问题的理解深度。这种理解深度，从根本上构成了世界学人对其民族学知识生产专业化水平的认可。换句话说，"专业化"水平并不来自其知识生产过程中所用具体知识原料的专业性质，而在于对问题的理解深度（这又与问题意识和理论视野密切相关，甚或可以说就是同一回事情的两个不同侧面）。相反，如果以"专业化"为理由，不仅将具体知识划归不同的专业，而且在问题意识和理论视野上也"各自为政"，各自"跑马"圈一块地盘、自说自话，那么其实质也就不是在提升专业化水平，而只不过是在为知识生产的"井底之蛙"设置"井壁"罢了。

抚古思今，与李安宅的民族学研究相对照，当代民族学在不少具体知识的生产上，专业化程度无疑提高了许多。然而，若从问题意识和理论视野对于加深问题理解的深度而言，这种所谓的"专业化"却又似乎多少有些令人生疑。这样说，当然不是基于"厚古非今"的逻辑，泛指当代民族学知识生产一无是处、全是无效的知识增量。但除了具体专业知识日益精致化之外，问题意识和理论视野的确更为重要，而恰恰在这两个方面，当代民族学的知识生产似乎并非没有偏差。

关于中华民族大家庭及其所属成员各民族"你中有我、我中有你"的基本关系，费孝通曾将之概括为"多元一体格局"。[①] 不少研究者从我国多民族互动的历史研究入手，就此议题展开了进一步的梳理和细化研究。但是，在客观上也有些研究带着狭隘民族主义意识，甚至只是为地方发展旅游等局部短期利益，而牵强附会地将部分民族的"历史"不断朝古代往"前"延伸，在论据上却连历史学进行史料考证的基本规范也不再遵守。同时，近几十年给史学研究带来活力的各种理论视野，如政治史之外的经济史、社会史、文化史、生态史、心态史、科技史等"新史学"，在民族史研究中显然也还未如其在历史学中那般得到足够的重视。在西方历史学界，却不乏研究者靠着并不扎实的多语种和更不扎实的史料基础，强调用

---

① 《费孝通文集》第 11 卷，群言出版社，1999，第 416 页。

"非汉""去中国中心"意识形态建构"新清史"①或"大元史"。② 其研究以割裂历史主脉的方式，认为元、清等少数民族主政的王朝并非"中国"（其言下不良之意："中国"早已灭亡，那近代以来"中国"大致继承清王朝版图的合理性当然值得商榷）。我们一方面理应重视此类研究将中国置入更广阔空间和多元文化脉络中看问题的理论视角，另一方面对其史料、政治意识形态方面的谬误则无疑需予以有力批驳。但从目前已有研究看，我国学者较有力的回应主要来自历史学，③乃至哲学界，④民族史研究的成果却很少。⑤

在民族研究的现实议题上，经济对民族发展的重要性不言而喻。促进民族地区经济发展和少数民族群众收入水平提高，也是全社会的共识。在某种程度上，这一共识的形成，正是当代民族学知识生产取得成就的一面。但从当代国际、国内形势看，无疑还有更多崭新的或深层次涉及民族因素的经济问题，亟待展开研究。前者如，围绕"一带一路"建设相关国家中的民族问题与经济发展、政治运作的关系，其他国家对我国民族地区经济发展的影响。后者如，国内产业布局与各民族团结共同发展的关系，民族地区或涉及少数民族群众的产业结构调整，经济增长与涉及民族因素的改革红利分配机制、区域发展、生态保护、文化保育乃至劳资关系、企业管理等。所有这些，无不需要结合民族学与经济学的知识、方法，进行综合、系统地研究。目前经济学研究显然较少涉足其难以把握的民族问题，民族学研究的经济学素养总体上也无疑亟待提高（甚至这方面的从业人员也相对稀少）。而现实问题却是，若只关注经济发展而不综合考虑民族因素，将不排除出现经济增长并不能同步带来民族和谐的局面。

① Evelyn S. Rawski, "Presidential Address: Reenvisioning the Qing," *The Journal of Asian Studies*, No. 4, 1996, pp. 829~850.
② 〔日〕杉山正明：《蒙古帝国的兴亡》上，孙越译，社会科学文献出版社，2015，第15~16页。
③ 参见汪荣祖《"中国"概念何以成为问题》，《探索与争鸣》2018年第6期；罗新、葛兆光等《殊方未远》，中华书局，2016，第165~174页；《大元史与新清史》，上海古籍出版社，2019，第195~198页。
④ 葛兆光：《从历史看中国、亚洲、认同以及疆域》，载葛兆光等《殊方未远》，中华书局，2016，第1~12页。
⑤ 钟焓：《北美"新清史"研究的学术误区》，《中国民族报》2016年1月8日，第5版。

从社会层面看，当前人们笼统认作"民族问题"的不少现象，其实是涉及民族因素的社会分层、人口增长、人口流动和城镇化问题，或其所形成的社会心态效应，以及人与人的社会结合方式、社区结构和权威的现代化带来的社会治理问题。计划经济时代人口相对不流动、阶层区分不大的少数民族社会在市场经济急剧转型中，产生了大量新的社会问题。而依据原有社会格局形成的一系列社会治理体系，在新条件下不免捉襟见肘。逐步厘清此类新条件叠加民族因素之后的作用机理，当是系统性改善社会治理的基础。若仅聚焦民族身份、权利，从原则上强调民族平等，显然无法满足这种知识需要。这就需要系统地将人口、社会分层、社会心理及社区研究等，纳入民族学知识体系中来。目前虽已有不少学者从民族学与社会学交叉方法入手，聚焦此类问题，但从研究者和成果数量看，显然还远远"供不应求"。

即使是当代民族学研究中积累较厚实的民族文化研究，也并非没有与时俱进地更新问题意识和理论视野的需要。我们知道，阐释民族文化的要义及其价值固然重要，但文化的经济、政治功能以及社会组织方式，显然也有关注之必要。以民族宗教信仰为例，除教义、文化象征和人文价值之外，宗教组织和宗教精英的经济、社会与政治功能，宗教与经济发展、社会动员、现代教育和意识形态的实践性关系，也同样重要。在宗教事务政策部门的管理实践中，其经济、社会和政治功能的确也得到了一定程度的重视。但政策部门的实践感知和在摸清其运行机制、规律基础上的学理性认识，仍是有区别的。就目前民族学知识体系看，较之于它关于宗教文化研究的丰厚积淀，后者显然薄弱得多。

当然，与民族因素有关的历史与现实问题，以及它们的经济、社会、政治、文化等诸维度，往往联系紧密、无法割裂。不管开展哪项具体研究，就知识脉络整理、呈现和创新而言，无疑既需要在专门方向上有精深的探索，又需要在整体上对之有历时、共时密切关联的维度，予以恰当的观照。参照李安宅民族研究从历史与现实社会需要出发，以加深对问题的理解深度为导向，为研究赋予立意高远的问题意识和宽广的理论视野的做法，就当代社会所面对与民族因素有关的各种现实困扰而言，民族学知识生产中的问题意识无疑还有待加强，理论视野亦急需拓展。

三 作为应对现实民族问题的专业知识体系构建

正如李安宅民族学研究高超的专业水准，只有放置在其整体学术脉络中方能得到理解，当代民族学知识生产专业化水平的提高，也应以加深对研究问题的理解深度，而不是以在各类知识之间设置壁垒为导向。对此，以下不妨抛砖引玉式地提出几点思考。

第一，辩证协调与人类学知识体系的关系。

为加深对问题的理解深度，不仅可以而且应该突破专业知识分类边界，充分吸收相关专业所长，为"我"所用。反过来，囿于特定知识体系（哪怕它显然有长处），则可能难以应对问题研究的多维度需要。就当代民族学知识体系而言，学科关系最近者当属人类学无疑。20 世纪 80 年代起，民族学在反思此前意识形态化的研究中尝试与国际接轨，开始大规模地从西方学界引入基础理论。复又因为诞生于欧洲大陆的民族学在"二战"后普遍被取消学科建制，改头换面融入了人类学当中。中国民族学知识界，除马克思主义民族理论与政策研究外，客观上将文化人类学当作了重要的理论资源。进而，由于此时期西方人类学理论中"文化解释"理论和后现代主义颇为流行，"文化解释"和着眼于反思、解构的后现代主义对中国民族学知识生产的基础理论，也便产生了较大影响。这一转变让民族学知识生产，在很多领域增强了理论解释力。不过，两者在知识体系上毕竟并不完全相同，不能相互替代，而需加以辩证地处理。如人类学鲜有从宏观数据上探讨民族人口、民族关系、民族社会分层等问题，但就民族研究而言，这些却都是很重要的问题。

第二，辩证协调民族学与其他相关学科的关系。

作为研究民族共同体及其发展规律的学科，民族学内部关于经济、政治、社会、宗教等方面研究，无疑需要兼顾"专"与"博"。不过，这并不意味着民族学封闭运行即可达到深入理解民族问题的目的。在民族学与经济学、政治学、社会学、宗教学及生态学等其他学科的关系上，同样需要兼顾"专"与"博"。一方面，只有专门深入研究民族问题，方可明确它们与经济、政治、社会、宗教和生态等方面的密切关联；另一方面，也只有从这些具体的民族共同体生活面向入手，方可能脚踏实地在更大的社会坐标系中，准确地把握民族问题的意涵。与以上两个层面"专"与"博"辩证结合的需要相比，当代民族学所用方法偏重质性、个案，基于大样本量化的研究显然相对偏少，与经济学、政治学、社会学与宗教学等视野、方法进行交叉研究的成果也相对偏少。而从当代民族学知识生产面对的问题看，人口大规模流动，各区域间日益广泛深刻的经济、社会和政治关联，无疑需要更多基于大空间尺度的、大样本量的经验分析。同理，也只有以问题为导向充分吸收其他学科知识，为民族学知识生产所用，方能回应民族问题的综合性特点和时代需要。

第三，辩证协调和双向强化族别与专题研究。

在民族研究中，族别和专题研究既有密切联系，又各有侧重点。就研究而言，长期乃至终身研究某一民族（支系），自然有不少便利之处。在知识界，此类学者往往被称为"某族专家"。此类研究对于帮助人们从整体上认识特定民族（支系）的各领域，有重要的价值。不过，由于我国历史上和现实中各民族间交往交流交融十分密切，无论研究哪一种民族现象，犹似离不开对其他民族与之相关的现象予以观照。在知识界，这即聚焦专题研究的"某领域专家"。深入开展专题研究，一方面依赖对不同民族的同一类现象有较全面的认识，另一方面还得照顾到它们在各自民族中的意涵，因而不得不对其中某个或某几个族别进行深入研究。同样，深入开展族别研究，也意味着不是泛泛地对某个民族（支系）的历史与现实，及其经济、社会、政治和文化诸维度加以描述，而需要有重点地对某些领域加以聚焦。只有辩证协调和双向强化族别与专题研究，方不至于过于偏重某一方面，通晓某领域却不知族别，或通晓某族而无专业领域，达不到深入理解民族问题的需要。

第四，辩证协调和双向强化民族理论与经验研究。

当前我国社会主要矛盾已发生重大变化，与民族因素有关的社会事项也处在不断变化之中。民族理论研究很显然需要基于实事求是的原则，继续贴近和深入研究现实经验变化，并在此基础上创新民族理论。从这个角度说，民族理论研究不是纯粹逻辑推导的知识生产，更不是将马克思主义经典作家个别判断教条化的注解式知识孵化器。它的根本任务是要对马克思主义基本原理及其中国化理论进行深入研究，并为民族学知识生产提供马克思主义基本立场、观点和方法指引。它的发展，需以深入的经验研究为基础。如果缺乏经验研究支撑，理论研究将变成钻故纸堆，乃至照本宣科的教条。反过来看，关于民族的经验现象研究，很显然也离不开民族理论实事求是、适时创新。没有民族理论就社会现实和西方人文社会科学理论优缺点有的放矢地提供指导，经验性的民族研究就会偏离方向。只有民族理论研究和对民族经验现象的研究同步深入，并强化二者之间相互支撑的关系，才可能让民族学的知识生产找到坚实的社会与学理基础。

第五，辩证协调和双向强化学术生产与政策研究。

在现代社会专业分工的条件下，从总体上看，学术生产和政策实践是由不同的群体相对分开进行的。学术生产的理论性和系统性较强，而政策实践的现实性和紧迫性较强。不过，这不意味着二者之间是井水不犯河水的关系，而是需要相互支撑的辩证关系。学术研究直面可能危害国家统一、民族团结和社会稳定的重大问题，尤其在政策机理、政策长期化和常规化方面下功夫，有助于政策实践实现良性循环。反过来，政策定位则为学界展开研究树立可资参照的现实"路标"。当然，在学术生产与政策研究互动的过程中，对于政策研究而言，难免会遇到学术探讨有分歧的情形。但从辩证协调和双向强化这两类研究的角度看，学术争论恰恰是形成科学决策的基础环节。只要是在民主讨论与集中决策相结合的原则下，基于严谨学术规则和科学决策程序化的充分讨论，就不仅不会妨碍政策实践，反而可以有效促进二者"融通"。由此，辩证协调和双向强化这两类研究，应是当代民族学知识生产确立问题意识和找准相关理论视野，提高自身回应真实问题专业化水平的必由之路。

第十二章　关于制约当代民族研究
若干问题的反思

——迈向实践社会科学的视野

近年，若干涉及民族因素的重要社会事实给我国民族研究提出了一系列值得反思的问题。知识界就此展开的讨论表明，维护国家统一、民族团结无疑是基本共识，但在诸多重大议题上则仍纷扰不清。民族问题"何谓""何在""何治""中国特色的民族发展以及研究范式的转换"，成了现实的关切。[①] 麻国庆认为，这是由于"相当多的研究者在讨论中国民族的时候……忽视了民族之间的互动性、有机联系性和共生性"。[②] 张小军表示，它与"民族单义性""民族问题化"有关。[③] 范可尝试论证，这是因为"边疆范式"难以契合当代族群互动的事实。[④] 何明则指出，它与 20 世纪 90 年代以来的学科认同危机和学术体制问题有关。[⑤]

笔者将尝试指出，姑且不论当代民族研究是否已陷入"范式危机"，[⑥] 它受到了若干重要的制约，应是无疑义的事实。并且，它并非现在才第一次受到较严重的制约，在 20 世纪 80 年代也曾有一次。两次受制约的问题

[①] 参见周明甫《"民族问题"何谓？何在？何治？》，《清华大学学报》（哲学社会科学版）2016 年第 1 期。考虑到作者曾较长时间担任国家民族事务委员会副主任，该文所提问题之现实性、迫切性，可谓不言而喻。

[②] 麻国庆：《中国人类学的学术自觉与全球意识》，《思想战线》2010 年第 5 期。

[③] 张小军：《"民族"研究的范式危机》，《清华大学学报》（哲学社会科学版）2016 年第 1 期。

[④] 范可：《族群范式与边疆范式》，《清华大学学报》（哲学社会科学版）2016 年第 1 期。

[⑤] 何明：《民族研究的危机及其破解》，《清华大学学报》（哲学社会科学版）2016 年第 1 期。

[⑥] 赵旭东：《中国民族研究的困境及其范式转换》，《探索与争鸣》2014 年第 4 期。

有显著差别，但也有密切关联。若要更细致地考虑改进当前的民族研究，似乎有必要将这些问题共同置放在更长时段的历史视野下，进行对照分析，从而清晰地呈现学术脉络走向，以及有现实可能性的当代研究视野转向。

一 国家转型、民族主义与阶级分析

不少研究者谈到当前民族问题，会溯及20世纪中叶的民族识别工作，以及围绕它形成的一套研究视角、方法。这样追溯，当然有其道理。毕竟，当代民族问题和民族研究不能说与此段历史无关。不过，民族识别本身也有其历史背景。只有被放置在更长时段的历史脉络中加以审视时，它的前因后果才能得到比较清晰的呈现、公正的评价，才能为当下朝前摸索找到更准确的路标。

在世界史进入"现代"之前，"民"以"族"分的现象并非不存在，但至少不比宗教、文野、贵贱等界限更重要。"民族"作为一个现代概念与现代主权国家联系在一起，观念上源于中世纪晚期，实践上的标志性事件则是《威斯特伐利亚和约》的缔结。此前欧洲大大小小的封建主拥有世俗政权，宗教的区别显得非常重要，即便是战争，首要因素也不是民族，而是宗教。[①] 但是，随着欧洲争霸和殖民地争夺战日益激烈，民族和世俗国家观念的重要性开始上升。[②] 1618~1648年欧洲异常惨烈的"三十年战争"，将这种趋势推向高潮。"三十年战争"由信奉新教的波希米亚人反抗控制天主教的奥地利哈布斯堡王朝开始，德意志地区的各个公国，以及法国、丹麦、瑞典、荷兰、英国、俄罗斯、西班牙、波兰等国纷纷卷入。连年战争使愈来愈多的人认识到，基于民族的国家利益比宗教派别更为重要

① 参见〔美〕里亚·格林菲尔德《民族主义：走向现代的五条道路》，王春华等译，上海三联书店，2010，第104页；〔美〕尤金·赖斯、安东尼·格拉夫顿《现代欧洲史》第1卷，安妮等译，中信出版社，2006，第299页。

② 详细过程可参考迈克尔·曼、蒂利等人的论述（〔美〕迈克尔·曼：《社会权力的来源》第1卷，刘北成等译，上海人民出版社，2002，第622页；〔美〕查尔斯·蒂利：《强制、资本和欧洲国家（公元990—1992年）》，魏洪钟译，上海人民出版社，2007，第25页）。

（如信奉天主教的法国就支持波希米亚）。战争结果之一体现在《威斯特伐利亚和约》中，就是"人民""主权"等观念得到了各国承认。[1] 此后，欧洲各国之间依然战争不断，但战争阵营主要不再是宗教派别，而是基于民族的主权国家，从而坐实了这种国家观念。与传统帝国认为领土、臣民均属于君主不同，在主权国家观念下，国家属于人民，国与国有清晰"边界"而非传统意义上的"边陲"。[2] 后世西方学者常称这种现代国家为"民族—国家"（nation-state），[3] 但笔者认为，此概念容易引发"一族一国"的误解（而事实上，即使在西欧也并非"一族一国"），倒不如"主权国家"概念清晰且有国际法依据。不过，不管用哪个概念，有两个事实是清楚的。其一，民族跟国家紧密联系起来，变成人群分别日益重要的标识，是伴随欧洲资本主义兴起而出现的现代事件；其二，欧洲因相互残杀而形成现代国家之间的游戏规则，以民族主义为基础，并不断强化了民族主义。

欧洲的也是现代世界的灾难之一，是《威斯特伐利亚和约》确立了与民族主义紧密缠绕的主权原则，却并没有任何一个强国试图去尊重这一和约，尤其是他国主权。强国如英、法、德、意、奥等，从未停止过在全世界范围内确立和维持霸权，瓜分其他国家的努力。它们建立起殖民秩序，给亚非拉国家带来深重灾难。亚非拉国家在尝试团结本国各族人民反抗西方侵略、争取主权独立的过程中，同时也主动或在某种程度上不得不接受了现代民族主义。

以中国为例，19 世纪末清王朝统治在内忧外患中摇摇欲坠。以孙中山为代表的革命者最开始采用的政治动员口号，仍较狭窄地反满。1894 年成立兴中会，宗旨为"驱除鞑虏，恢复中华"。1905 年成立同盟会，其宣言表述依然是"驱除鞑虏……满政府穷凶极恶，今已贯盈。义师所指，覆彼

---

[1] 有关"三十年战争"的详细过程，参见〔美〕理查德·邓恩《现代欧洲史》第 2 卷，康睿超译，中信出版社，2016，第 116~131 页。

[2] 〔英〕安东尼·吉登斯：《民族-国家与暴力》，胡宗泽等译，三联书店，1998，第 111~112 页。

[3] 〔英〕塞缪尔·E. 芬纳：《统治史》第 3 卷，王震等译，华东师范大学出版社，2014，第 455 页。

政府，还我主权"。① 在不断斗争中，革命者才逐步认识到，仅靠反满并不能破解中国面临的危局。1911 年武昌起义成功，孙中山在《中华民国临时大总统宣言书》中写道："国家之本，在于人民。合汉、满、蒙、回、藏诸地为一国，即合汉、满、蒙、回、藏为一人。是曰民族之统一。"② 1922年，中国共产党在《对于时局的主张》中更是一针见血指出中国革命的任务应为"反帝""反封建"。③ 此后，孙中山也主张"中国境内各民族一律平等"。④

孙中山为代表的革命者是中国现代意义上民族主义的先行者。中国共产党是这一思想最忠实的践行者，它领导各族人民经过数十年艰苦卓绝奋斗，终于实现了中华民族独立自强的目标。从这个角度看，中国共产党提出并长期践行中华各民族平等、团结一致对外的目标，最深刻的根据便是中华各民族反抗外来侵略的现实，而不仅仅是因它所奉的马克思主义在理论上强调民族平等。尽管后一个原因并非不重要，但若仅有此原因，就不能说明孙中山为何也强调这种民族主义。

中国共产党领导各族人民"反帝""反封建"最重要的成果，首先当数成立中华人民共和国。而新中国成立的重要纲领性文件，则是1949 年各族、各党派形成的《中国人民政治协商会议共同纲领》。在这个具有实质的新中国成立宪法意义的文件中，明确写下了"各民族一律平等"和"民族的区域自治"等一系列规定。这些原则性的条款当然不是直接用于操作的具体民族政策，却比具体民族政策具有更根本、更实质性的意义。用于操作的具体民族政策依赖于诸多具体的行政条件，不仅可以而且必须因地、因时制宜，但根本原则却不宜随意改变。

由此，新中国成立后就有制定各种用于操作的具体民族政策，来保证落实民族平等、团结的根本原则，以及民族区域自治等基本民族政策的必要。而若平等、团结不只是停留在形式层面，在实质上当然就有必要对因

① 广东省社会科学院历史研究室等编《孙中山全集》第 1 卷，中华书局，1981，第296 页。
② 中国社会科学院近代史研究所中华民国史研究室等编《孙中山全集》第 2 卷，中华书局，1982，第 2 页。
③ 中央档案馆编《中共中央文件选集》第 1 册，中共中央党校出版社，1989，第 37 页。
④ 广东省社会科学院历史研究所等编《孙中山全集》第 9 卷，中华书局，1986，第118 页。

自然、历史等原因发展相对落后的少数民族，给予倾斜性的优惠。进而，既然给予少数民族优惠政策，首先当然必须识别谁是少数民族。可如何判定一个人的族属呢？一方面是群众自我认同、自报为何民族的主观标准，另一方面则有识别专家依据的历史、语言等客观标准。[①] 在研究视野上，这造成的结果之一，是直至 20 世纪 80 年代，民族研究队伍中以历史、语言研究者居多。从研究方法上讲，主观、客观标准叠加起来（再加上不少具体从事民族调查、识别的专家还未必能准确把握历史、语言标准），能否真正准确识别一个人的族属，当然是一个可以再争论的问题。但必须注意，这只是一个技术性的问题，即使有粗糙乃至识别不准的现象，也不能证明没必要民族识别。

民族识别是为了落实针对少数民族实施优惠政策，以确保各民族在政治平等的基础上，逐步实现经济、社会、文化上的事实平等。但在实践中，却并非所有少数民族成员的利益都与此目标一致。对于那些长期以来在少数民族社会当中居于上层、拥有特权、靠剥削群众为生的人来说，利益将受到损害。在这种格局下，不管是要推行民族优惠政策，还是维持少数民族地区起码的社会秩序，对国家而言就绕不开依靠谁的问题。由此，围绕这一目标而展开民族研究，阶级分析的方法就不仅仅是马克思主义的理论需要，而更是活生生的现实需要。

在微观层面上，阶级分析未必对每个人的阶级地位判断都精确无误。但从宏观上看，它的确有效帮助刚刚诞生的新中国，在每个民族中都找到了坚实的依靠力量，团结了绝大多数的群众。从国家历史形态比较看，将国家权力渗透到每个民族的基层社会，正是现代主权国家的重要特征之一。[②] 对于新中国而言，尤其是在少数民族地区，正是阶级分析为此奠定了扎实的基础。在这个意义上，可以说，若无阶级分析法，不仅新中国成立纲领中关于民族平等的设置会变成空中楼阁，甚至根本就不会有一个现

---

① 《费孝通文集》第 14 卷，群言出版社，1999，第 92~93 页。

② 〔美〕贾恩弗朗哥·波齐：《国家：本质、发展与前景》，陈尧译，上海人民出版社，2007，第 89 页。另可参看舒绣文专门关于现代中国国家权力触角向基层社会延伸过程的分析（Shue Vivienne, *The Reach of the State: Sketches of Chinese Body Politic*, California: Stanford University Press, 1988, pp. 70-71）。

代中国，而只能得到一个由各个民族特权集团控制其属民的封建政治体拼凑而成、形式上统一的国家。

这样说，当然并非指阶级分析法在民族研究中是万能的。事实上，阶级分析教条化、泛滥化，会给民族研究带来严重失误。当民族研究将阶级分析任意扩展成政治斗争工具，或粗俗化为简单进化论时，不仅无助于解决现实中的民族问题，甚至还会人为制造出新的民族问题。例如，当农耕被简单地认为比游牧在生产方式更"先进"时，不顾生态、生产技术条件毁草开荒也就有了充足的"专业理由"；[①] 而那些在日常生产和社会管理中爱提意见或站出来为群众利益说实话的群众、干部、专家，则很容易被粗暴地定性为"阶级敌人"；[②] 甚至于，身有残疾、曾克服惊人困难深入武陵山区调查的潘光旦，竟因参与识别了土家族而被污为分裂民族的"右派"。[③] 凡此种种都表明，教条化滥用阶级分析与社会实践严重脱节，已成为制约民族研究的主要问题。由此，其后调整研究视野，让研究重新贴近社会实践，也就成了历史的必然要求。

不过，这里有必要强调的是：虽然此类民族研究在后期出现了严重教条化倾向，必须被调整，但从更广阔的历史脉络中来看，不可否定它曾取得巨大成就，更不可以历史虚无主义的态度看待民族区域自治、民族识别。其实，即使从其同时代国际横向比较看，在研究视野上，它虽受到了苏联民族学体系影响，但与之并不真正相同，它们形成的民族政策和后果亦不同。与其他接受了起源于西方的民族主义思想的发展中国家相比较，它更是在根本制度上找准了中国历史与现实的"脉搏"，为中国成为唯一成功从传统国家转型为现代主权国家却未解体，从未侵略其他国家却迅速崛起的大国，奠定了重要基础。

---

① 麻国庆：《开发、国家政策与狩猎采集民社会的生态与生计》，《学海》2007 年第 1 期。

② Mueggler Erik, *The Age of Wild Ghosts: Memory, Violence, and Place in Southwest China*. Berkeley, Los Angeles and London: University of California Press, 2001, p. 259.

③ 黄柏权：《潘光旦先生与土家族研究》，《中南民族大学学报》（人文社会科学版）2000 年第 1 期。

二　社会转型、民族问题与文化解释

当代中国正在经历一场深刻的转型。进入 21 世纪以来，市场作为配置国民经济要素的基础性地位已经确立，社会变得更加开放，其他改革也在逐步深化。这一重大社会转型过程既有"不充分"，也有"不平衡"的问题。① 不充分、不平衡的重大社会转型过程，也对与民族相关的经济、社会、文化和政治现象带来了深刻的影响。进而，一部分由社会转型带来的经济、社会、文化和政治问题也常混杂民族因素。

第一，它让经济平等变得更复杂。

市场对于每个民族来说都不陌生，历史上中国各民族都有不同层次的市场交换。但就以市场作为配置经济资源的基础性手段的"市场经济"而言，却又是另一回事。从 20 世纪 80 年代以来，我国人民对市场经济的认识经历了一个从无到有，从知之不多到逐步深入的过程。一开始，人们假设市场经济在中国会"起点"平等，"终点"相对平等。但从不同区域、民族、社会层级与领域看，各自进入市场经济的"起点"，如自然禀赋、产业结构、教育水平、营生能力等，客观上却并不平等。

由于历史和自然原因的影响，大部分少数民族人口居住在自然禀赋相对较差的西部农村地区，其产业结构以农牧为主、附加值较低，教育水平也相对较低。此外，除了回族本来就有较大比例人口从事工商业、从而对市场交换较为熟悉之外，绝大多数少数民族人口在市场交换方面经验不足。这些因素使相当一部分少数民族群众，在市场经济当中营生能力相对较弱。在计划经济时代，中央政府统一调配经济要素流动和经济效益分配，能较大限度地控制不同区域间经济发展和居民收入差距。通俗言之，那时不同区域、民族"大家都穷"。而在市场经济条件下，由于政府手中直接控制资源的比例下降，抑制不平衡的难度随即增加。

邓小平在论述允许一部分人先富起来，先富带动后富，最后实现共同

---

① 习近平：《决胜全面建成小康社会　夺取新时代中国特色社会主义伟大胜利》，《人民日报》，2017 年 10 月 28 日，第 1 版。

富裕时，也着重强调了要避免贫富过于悬殊，否则贫富矛盾会使"民族矛盾、区域间矛盾、阶级矛盾都会发展，相应地中央和地方的矛盾也会发展"。[①] 由此，国家对西部地区（尤其是少数民族地区）从税收、财政、教育和医疗卫生等方面，持续给予了倾斜性的扶持政策。2000 年，国家更是专门制定了西部大开发战略。此后，西部地区的经济状况快速改善，群众生活水平也显著提高，进入前所未有的大发展时期。无奈历史积贫太重，自然条件和人力资源等方面客观限制仍难瞬时改变，与东中部地区发展差距仍不小。[②]

第二，它加剧了社会整合的复杂性。

从社会层面看，当代中国社会转型总体上出现了两个大趋势。其一，由人口高度不流动的社会，变成有巨大规模（并在继续扩展）流动人口的社会。其二，由相对比较平均的社会，变成快速和显著社会分化的社会。它们给社会整合提出了新的挑战。其中，有些方面也涉及民族因素。

传统上，我国少数民族人口和熟悉民族工作的干部大多数集中在少数民族地区。而在当代，随着市场经济快速发展，少数民族人口流动也日益频繁（且主要是基于市场机制流动经商、务工而来的"体制外"人员）。以改革开放先行地区珠三角为例，1982 年少数民族人口不足 5 万人，很少有"体制外"人员，而今仅"体制外"少数民族人口就超过 250 万人，约与宁夏全区的少数民族人口相当。[③] 这一群体并未迅即变为都市人、当地人，而是在语言、生活习惯、社会组织方式乃至宗教等方面，与珠三角原有主体民族相比，都有不同程度的差异。在人群互动中，这些因素难免会造成一些隔阂、误会甚至冲突。其中某些误会与冲突，则可能被不恰当地认为是民族冲突。另外，由于珠三角的社会事业单位和管理部门，尤其是基层社会管理人员，并未积累起足够的民族宗教工作经验，结果在社会治理中往往捉襟见肘。

与人口流动相比，社会分化带来的问题更艰巨。自 20 世纪 80 年代以

---

① 《邓小平文选》第 3 卷，人民出版社，1993，第 364 页。
② 胡联合、胡鞍钢：《民族问题影响社会稳定的机理分析》，《人文杂志》2008 年第 2 期。
③ 温世贤：《流动促城市民族互嵌社会结构生成》，《中国社会科学报》2017 年 5 月 23 日，第 3 版。

来，随着生计方式多样化，以及不同人群所属区域资源禀赋差异甚大，再加上市场经济本就具有让强者获得更多机会的"马太效应"，我国居民收入水平迅速拉开了差距。从宏观上看，马戎依据居民行业结构、职业结构，[①] 马忠才根据收入水平、职业地位等指标分析，[②] 认为不同民族间出现了社会层级意义上的结构性差异。当然，民族内部的社会分层同样也十分显著，而且其阶层间的差距远甚于民族间的差距。如李静与王丽娟等人调查发现，各民族成员在分层中呈散点而非集层分布，属于"民族内部分层"而非"民族分层"；[③] 吴晓刚与宋曦的研究则表明，民族分层主要发生在"体制外"，"体制内"不同民族工作人员收入则并无区别。[④] 不管如何，社会分层至少已经成为影响民族问题的一个重要因素。

第三，它增加了政治治理的复杂性。

历史经验表明，在经济与社会复杂程度较低的情况下，政治上较易施行"简约治理"。[⑤] 而不充分、不平衡的社会转型，在急剧增加经济社会多样化、复杂化程度的同时，也会给政治治理带来挑战。受种种因素影响，无论是改革还是开放，在各民族、各领域都并非同时、同质展开，其社会效应也复杂多样。从政治治理角度看，部分与民族因素相关的问题也就变得更为复杂。

在国际政治层面，与以往简单军事压制、经济封锁和意识形态指责不同，西方某些国家针对日益开放的中国，总体上采取了面上有合作、底下更防范的战略。种种事实表明，它们从未放弃过过利用民族因素，或炮制所谓"民族问题"，削弱乃至分裂中国的企图，但手法变得比数十年前复杂了很多。与此相对，我国对外策略和对内治理方针亦需从多个方面入手，加以改进，实现治理转型。而且，我国经济腾飞后，经贸合作网络和国民足迹也日益融入世界体系更深远之处。此外，中国主动寻求国际合

---

① 马戎：《中国各族群之间的结构性差异》，《社会科学战线》2003 年第 4 期。

② 马忠才：《民族问题的社会根源》，《北方民族大学学报》（哲学社会科学版）2015 年第 2 期。

③ 李静、王丽娟：《新疆各民族间的结构性差异现状分析》，《新疆社会科学》2007 年第 6 期。

④ 吴晓刚、宋曦：《劳动力市场中的民族分层》，《开放时代》2014 年第 4 期。

⑤ 黄宗智：《集权的简约治理》，《开放时代》2008 年第 2 期。

作，同时也推动中国经济、文化"走"出去的"一带一路"倡议，更为我们在国际层面处理好与民族因素有关的政治问题，提出了全新的要求。

在国内政治层面，不充分、不平衡的转型一方面增强了不同党政部门、层级的利益特征，另一方面还加大了基层政治参与的压力。尤其是在分税制实施之后，基层财政一直面临比省、市级财政大得多的压力。① 相当一部分民族地区在财政上可以得到优惠政策的照顾，财税征缴压力相对较小，但其财政依然紧张。基于"分灶吃饭"的逻辑，相比于计划经济时代，转型时期各级地方政府和不同部门在某些情况下更看重其自身的局部利益。在"压力型体制"下，② 地方（尤其是基层）受到的压力更大。具体到民族地区的基层政治也一样，中央的优惠政策和涉及民族因素的其他政策在各地基层未必都能同样不折不扣地得到执行。相反，它们常是不平衡的。此外，民众政治参与意识高于参与渠道顺畅程度，常会给政治本身带来压力。③ 在国家引导、培育和社会自身转型影响下，我国民族地区群众的政治参与意识正快速提高，但在离其最近的基层，村民和社区居民民主选举、决策、管理和监督的水平却仍亟须提高。④

面对深刻且不充分、不平衡的经济、社会与政治转型，民族研究的知识界显得有些后知后觉。据笔者不太精确地统计，以民族研究领域相当重要的《民族研究》杂志为例，1980~1992 年 3/4 以上的论文或田野调查报告，所用理论框架仍是阶级分析或简单进化论。1988 年，童恩正曾极为简略地在介绍英文学界已有学者用人类学资料纠正摩尔根的部分观点的基础上，援引恩格斯的原话做依据，极为谨慎、委婉地表示不应"将唯物史观绝对化、公式化、简单化、标签化"。⑤ 据笔者访谈几位经历过此时期的学者所述，此文在民族研究领域竟曾引起轩然大波。

---

① 此方面的详细分析，可参看田毅、谭同学等人的论述（田毅、赵旭：《他乡之税》，中信出版社，2008，第 17 页；谭同学：《双面人：转型乡村中的人生、欲望与社会心态》，社会科学文献出版社，2016，第 202 页）。

② 荣敬本等：《从压力型体制向民主合作体制的转变》，中央编译出版社，1998，第 27 页。

③ 〔美〕塞缪尔·P. 亨廷顿：《变化社会中的政治秩序》，王冠华等译，三联书店，1989，第 82 页。

④ 孙秋云：《社区历史与乡政村治》，民族出版社，2001，第 176 页。

⑤ 童恩正：《摩尔根模式与中国的原始社会史研究》，《中国社会科学》1988 年第 3 期。

可以说，从总体上看，此时期民族研究仍在延续教条化的阶级分析和简单进化论，与社会实践脱节。以至于后人带着新的学术眼光去挑选"优秀论文"时，竟然发现这一时期没有多少论文值得辑录。在潘蛟主编的《中国社会文化人类学/民族学百年文选》中，收录此阶段的论文极少。[1]在良警宇等人所编《中国人类学民族学百年文献索引》中，除去谈人类学学科重建的文章之外，此时期的索引也明显单薄。[2]

当然，当代民族研究视野调整，虽然比社会实践变化慢了半拍，但终究还是发生了。至少从 20 世纪 90 年代中期开始，教条化阶级分析已开始弱化。甚至于，"民族"这一概念本身也被认为过于"苏联化"，应由更具弹性的"族群"概念替代。[3]除了集中研究马克思主义"民族理论"的方向之外，从总体上看，民族研究的基础理论资源转向了人类学，尤其是美国学界所偏重的文化人类学。仍以《民族研究》杂志为例，1995～2018年，有近半数实证研究论文或田野调查报告聚焦于文化议题。"文化解释"[4]的方法，被广泛用来解释我国民族问题。

作为摆脱教条化阶级分析制约的方法，"文化解释"式的民族研究在专业化程度和理论水平上，实现了质的飞跃。可是，"文化解释法"并非"万能药"。一方面由于不充分、不平衡的社会转型快于、复杂于研究视野转向，另一方面由于文化只是民族的一个维度而远非它的全部，"文化解释法"的确还"不够好"。由此，"文化解释"式的民族研究就摆脱教条化阶级分析制约而言，是一次面向社会实践的转向，却远不够彻底，不够贴近实践的多维、多层问题域。它摆脱了一种对民族研究的制约，却也正由此生成了一种新的制约。

三　视野转向、民族研究与实践透视

既然制约当前民族研究的，在某种程度上本就是因为过于偏重"文化

---

① 潘蛟主编《中国社会文化人类学/民族学百年文选》，知识产权出版社，2009。
② 良警宇等编《中国人类学民族学百年文献索引》，知识产权出版社，2009。
③ 纳日碧力戈：《族群形式与族群内容返观》，《广西民族学院学报》（哲学社会科学版）2000 年第 2 期。
④ 〔美〕克利福德·格尔茨：《文化的解释》，韩莉译，译林出版社，1999，第 27 页。

解释"，而漠视不充分、不平衡的经济、社会和政治转型对民族问题影响的倾向，那么，摆脱制约的方向显然不应是再进一步"文化化"。相反，强调实践社会科学视角，似乎才是对症之药。

当然，言及此处，有两点亟须重点强调：其一，强调经济、社会和政治变量在民族问题中的重要性，不是也不能回到用"阶级"解释一切民族现象的老路；其二，强调实践社会科学视角，不是代替、取消"文化解释"，而是必须在承认和直面实践的多维、多层特征，在拓展、综合多种视角上下功夫（只是在目前"文化解释"视角"一家独大"的情况下，实践社会科学视角更紧迫）。

以下不妨从实践社会科学视角，对当前民族研究视野转向，略作细分指向的探讨。

第一，民族历史领域。

总体上看，当代民族史的研究早已摆脱了教条化阶级分析法的痕迹。不过，在民族识别工作基础上形成的单一民族历史书写惯性，却仍有一定程度的影响。费孝通曾有感于民族"历史研究不宜从一个个民族为单位入手"，[①] 而倡议从"多元一体"视角重梳民族史。谷苞、王钟翰等人还率先以西北和宏观民族史书写为例，形成了典范性的作品。[②] 但具体到一些民族（支系）、区域历史书写时，践行此种视角的研究还是偏少。相反，民族或区域中心主义影响历史书写的情况，倒非鲜见。不少研究者在缺乏可靠证据情况下，宣称某民族（支系）、区域历史如何古老。依笔者愚见，若要将某民族（支系）、区域历史上溯，至少得要有扎实史料作证据。要不然，倒不如抽出一部分研究力量将历史往下延伸，研究近代（尤其是中华人民共和国成立）以后的、还在"活生生"影响着民族社会实践的历史。

此外，当代民族史研究仍较多聚焦在政治史（且以中央王朝更迭作为少数民族史的时间框架）、杰出人物史、编年体。而从史学方法论上说，这三点在 20 世纪 30 年代兴起的"新史学"运动中，就被批评为传统"兰

---

① 《费孝通文集》第 14 卷，群言出版社，1999，第 100 页。
② 其基本编纂理念参见谷苞《序》，刘光华主编《西北通史》第 1 卷，兰州大学出版社，2005，第 1~9 页；王钟翰主编《中国民族史》，武汉大学出版社，2012。

克史学"的"三大偶像"。① 为丰富民族历史书写视角，当代民族史研究似乎有必要也有可能发展一些新的取向（不乏学者尝试并已有非常好的成果面世，但总体上看仍太少），如加强政治史、杰出人物史之外的历史书写，以区域史为突破口，将经济史、社会史、生态史、科技史、文化史乃至心态史等内容纳入研究视野。同时，在研究方法上，"新史学"综合运用交叉学科方法的倡导，② 也尤其值得借鉴。

第二，民族社会领域。

不管哪个民族社会，在不同历史时期（尤其是当代快速转型过程中），不同阶层对社会治理的影响必定不同，不宜"整体"对待。同时，当前不少研究仍执着于从经济基础、上层建筑等方面静态描述民族社区（尽管有不少泛泛的"社会变迁"描述），但对于民族人口流动，尤其是城镇化过程中少数民族融入城市之类的新问题，缺乏足够的敏感度。

由此，关于民族社会领域的研究，似乎需从三个方向加大研究力度。其一，关注民族亲属结构、社区结构（尤其是社区权威）的当代变化，及其对社会治理的影响。例如，由于传统道德舆论束缚弱化，不少地区社会精英、地方干部，在社会治理中扮演消极角色，就是值得注意的社会实践（泛泛的"社会变迁"描述完成不了此任务）。其二，注重研究民族人口结构变化、人口流动情况，及其对社会治理的影响。试想，若在特定区域，产业结构不升级，（因生育或流入）人口却增长五成，人口、资源及人群之间焉能避免矛盾？其三，加强对民族社会分层与社会流动的研究，尤其是精英阶层的形成机制、社会角色与政治倾向，以及贫富矛盾与干群矛盾、民族矛盾相互转化的过程。若精英阶层（地方干部也如此）的地位主要靠不正当乃至非法方式获得，势必会伤害包括不同民族在内的社会和谐，干群、贫富矛盾就有转化成民族矛盾的危险。

第三，民族经济领域。

因教条化政治经济学和当代西方经济学冲击影响，当前我国民族经济

---

① 〔英〕彼得·伯克：《法国史学革命：年鉴学派，1929—1989》，刘永华译，北京大学出版社，2006，第2~5页。

② 〔法〕J. 勒高夫等编《新史学》，姚蒙译，上海译文出版社，1989，第30~31页。

领域的研究，套用移植的现象仍比较严重。前者如，其一，对产业结构持机械进化论观点，工业优于农业，农业优于牧业，牧业优于渔猎，盲目追求渔、牧转为农、工，以及定居化比例；其二，对生计方式转型、产业形态变化、经济增长机制所具有的社会、政治意义不太关注，盲目认为收入提高与民族社会和谐成正比例。后者如，其一，极度关注经济增长，而不相应地关注"改革红利"分配，且忽视少数民族地区生态环境的特殊性；其二，在维持社会公正和扶贫开发问题上，要么只强调政府的责任和能力，要么反过来只强调 NGO 的责任和能力，缺乏对社区、官民合作的重视；其三，要么偏重宏观统计，要么偏重农户收入问题，对微观农户生计方式转变与其社会关系网络、政治认同之间关系的研究非常少。

由此，若从实践社会科学视角看，民族经济领域的研究有几个取向值得提倡和重视。其一，关注经济增长与关注"改革红利"分配并重；其二，关注经济增长、生计方式转型与生态环境、社会结构、农户选择变化的关系；其三，重视研究社区在扶贫开发中的作用，以及官民合作机制，避免扶贫开发变成"垒大户"或"无政府主义"。

第四，民族政治领域。

在当代现实民族问题刺激下，以及为回击国外势力干扰，在所有民族问题研究中，当前民族政治领域研究是最大限度直面实践的。在现实对策研究和理论思考上，这一领域都有不少学者做出重要探索。总体上看，此领域的研究成果开始高度重视围绕国家和国家边界的民族政治研究。毋庸置疑，这是符合当代世界形势和我国民族政治发展现实需要的。

不过，在民族政治研究中，似乎还有一个受关注相对较少、亟待补充的重要领域，那就是城乡基层政治研究。从社会治理的角度来看，只有基层政治建设中的"民主选举、民主决策、民主管理、民主监督"落实到位，才能真正缓解干群矛盾（因此也有利于防止干群矛盾转化为民族矛盾）。若一个地方的基层干部脱离群众，国家与群众的关系也就会疏远，不利于善治。更何况，不少政治上的"两面人"对群众利益危害也十分严重。对此类民族问题，显非仅靠宏观政治、国际政治研究即可涵盖。

第五，民族宗教领域。

当前民族宗教研究的学科路径主要包括民族学、文化人类学和宗教学三种视角。三者有不少交叉之处，但前者聚焦宗教与民族的关系较多，次者主要把宗教当作文化现象研究，后者聚焦宗教史和教义较多。因有三种学科路径交叉聚焦，该领域的研究从量上看较为丰厚。再加上，20世纪90年代以来民族研究视野转向，其基础理论资源相当程度上依赖文化人类学，关于某民族（支系）、区域宗教（信仰）仪式的文化象征或结构性分析，在相关高校硕士、博士学位论文以及学术期刊中，占据了相当高的比例（以至于有学者调侃人类学就是"找庙"①）。

该领域研究也有不尽如人意之处。如仍有相当一部分研究简单将民族宗教当作社会和文化"落后"的标志，或将基督教、伊斯兰教、佛教、道教视作宗教，而将其他民间信仰视作迷信。同时，受关注较多的是作为文化现象的宗教或宗教组织。作为社会乃至政治组织的宗教，严重缺乏研究，对宗教经济运营实况的研究也极其缺乏。可是，如果以民族社会和谐为计，无论从哪个角度看，围绕宗教而形成的社会网络、政治动向，以及与之相对应的经济收入和开支方向，无疑都是极其重要的事情。

有鉴于此，民族宗教领域的研究似乎有两个方向性的工作值得重视（尽管已有部分研究者做了杰出工作，但总体上看与社会实践的数量、紧迫性需求相比，仍严重不够）。其一，从简单意识形态分析宗教，转向作为民族社会现象的宗教研究，科学、客观地看待宗教信仰在民族社会中的正、反功能。其二，从以宗教教义和宗教文化为核心，适度增加关注宗教社会组织、政治组织，及其经济运营实况的民族宗教研究。以上两方面，在研究中存在深度交叉。只有切实分析后者，方能更科学、客观地透视前者。端正前者，也有利于更深入地了解后者。

第六，方法与理论问题。

将民族研究划分为以上几个领域，仅仅是为了表述方便。而实际上，民族问题往往是民族史观、民族认同、民族社会结构、民族政治建设、民族经济发展、民族宗教治理等因素，综合作用的结果。

与社会实践中民族问题综合性、复杂性特征相比，目前的民族研究不

---

① 杨念群：《"地方性知识"、"地方感"与"跨区域研究"的前景》，《天津社会科学》2004年第6期。

乏"画地为牢"的现象。无论是从研究者之间互动，还是从研究方法、理论资源相互借鉴的状况看，在民族历史与现实、社会与文化、少数民族与汉族研究之间，都存在严重区隔。这样的做法，显然十分不利于相互整合促进。以少数民族与汉族研究关系为例，少数民族地区在"三农"问题上与汉族地区本质上即有诸多共通之处，只是由于少数民族所处地理区位、文化和社会结构差别，而又有不同的表现形式。若在研究少数民族时将之当成纯粹的"民族"问题，在研究方法、视角和理论上均不参考汉族地区"三农"研究成果，势必在学术研究上不利于理论积累、推进，在现实上则易造成偏见。

然而，此类严重区隔的现象不仅较普遍地存在，甚至还被冠以"专业化"，显得理所当然。笔者通过中国期刊网博士论文库，粗略梳理过某著名综合性大学 100 余篇以少数民族为研究对象的博士学位论文，发现近七成论文的参考文献主要是与其研究同一个民族的作品，外加少部分诸如马凌诺夫斯基、格尔茨等著名人类学家的名著作点缀，而极少甚至完全不参考汉族研究文献。甚至于，在"现代性"与"社会结构变迁"等如此具有普遍性的社会现象讨论中，也有约两成的论文，连聚焦同一主题、同一区域内其他少数民族研究的文献也未见参考。笔者还曾粗略梳理过某民族院校的部分博士学位论文，发现此风更盛。

至于在具体民族问题研究与民族理论研究之间，在某种程度上同样有此类区隔的痕迹。无论是从学术会议、著述还是人员看，这两大研究群体间的互动明显少于各自内部。而从社会实践的角度看，不管理论资源发源、传播渠道如何，亦不论话语形式能否与国际完全接轨，理论提升都必须立足和服务于中国实际，都必须在中国的实践中被检验。若撇开国家主权，无论是抽象地套用社会阶段论还是文化相对论，来谈民族认同、民族权利，在客观上都无疑与民族分离主义相差无几。从这个角度看，具体民族问题研究与民族理论研究不仅有必要，而且必须密切互动。

总之，方法也罢，理论也罢，总归是用来透视社会实践的。唯有将透视实践作为根本目标，打通上述种种壁垒，将民族研究作为一个整体的问题域，方有利于构建和支撑起一个具有中国特色的民族理论体系。

四　结语

如果撇开学术体制等外在因素，主要从研究本身的内在理路看，当代民族研究明显受到了若干重要问题的制约。长期教条化阶级分析的制约，促使民族研究自 20 世纪 80 年代开始探索视野转向，并自 90 年代中期开始逐步将理论重心放在了"文化解释"上。就纠正此前的教条而言，这次视野转向无疑有其合理性且十分有效，其话语形式也更易与国际（文化）人类学对接。但是，它并不能涵盖民族问题的全部，尤其难以涵盖 80 年代以来我国不充分、不平衡的经济、社会与政治转型实践。面对多维、多层、快速而不平衡的社会转型，它在相当程度上已成为对民族研究新的制约。当代民族研究要摆脱这种制约，必须直面不充分、不平衡的经济、社会与政治转型实践。

中国是一个有悠久历史和多样民族经验形态的国家。自近代起，中国跟许多亚非拉国家一样，援引发端于西方的民族主义，动员国民反抗外来侵略，建立现代主权国家。但与它们不同的地方在于，中国在摆脱半殖民地的境地后走向了社会主义。而且，与苏联、东欧不同，中国还在社会主义制度下成功转向了市场经济。这一切使中国的民族问题既有世界普遍性的一面，又有十分特殊的一面。由此，在民族研究和政策设置上，我们也就必须对现代世界趋势和中国国情加以综合考虑。在革命年代，反对"本本主义"，① 成为这种思路应用于中国实践的成功典范。时代更迭，其理相通，无论是将高度形式化的阶级分析教条，还是当代西方流行理论教条，当成包治百病的"本本"，必定都会脱离实践。

在不充分、不平衡的经济、社会与政治转型背景下，民族研究如何走出教条化阶级分析，同时又避免过度泛化"文化解释"？如上所述，实践社会科学视角或许是一个值得探索的方向。当然，实践社会科学视角作为一种解决当前民族研究受制约问题的方法论，并不能单从方法论本身形成闭合、完满的解决方案。相反，它是一系列开放式的、方向性的方法论思考，必须结合具体议题、在具体研究中去进一步实践和探索。

---

① 《毛泽东选集》第 1 卷，人民出版社，1991，第 111~112 页。

正视中国人类学中的"土味"
（代后记）

拙作由文成册的思路，在"前言"中已有交待，因之本没有再写一篇"后记"的打算。[①] 但在几天前，看了一个同事给我传来在伦敦政治经济学院（LSE）人类学系工作的老朋友 Hans Steimüller 刚发表的文章（因其中文名为"石汉"，以下简称该文"石文"），决定在这里再做些延伸解释。石文直接涉及我的地方不多，但其话题与本书关于人类学方法论的中国视角讨论有密切的关系。

石文题为"The Aura of the Local in Chinese Anthropology：Grammars，Media and Institutions of Attention Management"，发表于期刊 Historical Sociology（Vol. 35，Iss. 1，2022），纸质版正式刊发于 2022 年 3 月底，电子版开源网络发布于 2 月底。该期杂志文章总体构成一个特别专辑，专辑主题为"Intellectual Decolonization and Its Postcolonial Critiques：Revisiting Academic Dependency in Its Twenty-Year Journey"，专辑组织者为任教于新加坡国立大学社会学系的丹增金巴和香港理工大学应用社会科学系的李镇邦。整个专辑的主题本是致敬弗雷德里克·加罗（Frederick Garreau）、赛义德·阿拉塔斯（Syed Alatas）等人的"学术依附"（academic dependency）批判理论，对亚非拉地区学术在不同程度上依附于西方主导的知识生产和全球学术分工条件进行反思，倡导从知识生产上去殖民化。

对于这样一个主题的特别专辑而言，石文颇有些捣蛋、唱反调的味道（在我印象中，Hans 本就是这种待人大方，但学术上严格、不肯轻易附和

[①] "后记"通常用来交待写作之余的感受或感谢。本书由文成册历时太长，在这期间曾给予我各种帮助的师友实在太多而难以一一在此罗列。幸得诸拙文刊发时，皆已多少有所致敬，故不再重复。

于人的性格，因此倒也不意外）。其基本论点是：民国时期和改革开放以来相当多中国人类学学人研究的都是"本土"社会，尤其是农村社会（费孝通还从其师吴文藻那里继承了社会学"本土化"的旗帜，极端重视"乡土"研究），使得相当一部分所谓有中国特性的概念、理论，深陷于"地方主义"（localism）的"迷雾"，只能局限于"本土"文化内部的研究者、调查对象和读者之间传播，难以传播到外国人类学家和读者那里，并为他们所理解和变成普遍性的知识产品。从根本上来说，这乃是因为中国人类学学人所持的方法论立场，过于看重"本土化"和"本地（文化）人"的所谓优势，并将之神圣化，从而违背了人类学方法论的基本规则——研究者应该与研究对象保持距离。从这个角度看来，局限于"本土"和"乡土"，给中国人类学带来了浓郁的本（地）"土"（local）"味"（aura），与世界通行的人类学方法论潮流和金规则相悖，并且很遗憾也因此难以形成具有普遍性价值的知识。由此，我认为，或许可以将该文的标题翻译为《中国人类学中的"土味"：吸引"眼球"的语法、媒介和机构》。①

石文在分析中国人类学"本土"研究的脉络时，借鉴了布迪厄的"场域"理论和柯林斯的"互动仪式链"理论，注重考察学术"语法"（如经验主义和社会理论）、"媒介"（如学术刊物和书）、"机构"（如大学或政府部门），在"思想市场"中努力吸引读者注意力方面，所发挥的作用。但是，由于从事"本土"研究的人类学学人过多地将学术与"本土"文化（尤其是农村发展）、民族主义，（自我）语言、历史、民俗的独特性以及"民族自豪感"（nation proud）联系在一起，以致在研究中混杂太多的"情

---

① 我本欲将全文译成中文，便于交流。Hans 告诉我，丹增金巴教授有将整个专辑译成中文出版的计划，考虑到版权问题，不如再等些时间"坐享其成"吧。好在该专辑英文版是开源可供免费阅读的，有兴趣者很容易通过互联网找到（开源链接 https://doi.org/10.1111/johs.12359）。有网友在专辑组织者给其所撰总括文章的中译简介里（https://mp.weixin.qq.com/s/7EphIsiqDSa6RrhaP7zj2Q），将石文标题中的 aura of the local 译作了"地方光环"［aura 有"气氛、氛围""（唯灵论认为由生物体散发出的）光影、光环""发散物（尤指气味）"等 3 种含义］。这样译法可能是不错的。不过，在这里我更愿意用"土味"一词，来表达原文对中国人类学研究"本土"文化并在"语法"上强调"本土化"的批评意味。对知识生产而言，副标题中的 attention management 意指让研究成果赢得读者注意的做法，按照当代流行俗语来说，也就是在一定范围内（如限于中国或在全世界）如何吸引"眼球"。既然标题已用"土"译，副标题之译亦不妨从俗。

感能量"（emotional energy）。甚至于在当代中国，虽然现代媒介技术应用已经非常普遍，人类学学人的研究也扩展到了都市、流动人口及其他从乡土中"拔出"而呈"无根"状态存在（being uprooted）的现象，却仍非常固执地强调其"在本地"独一无二、不可通约的文化特性。这样做，加上媒介传播，人类学学人无疑与"本土"文化中的被调查者容易交流，知识产品的"语法"也容易为"本土"文化中的读者理解，却背离了世界一般人类学、社会学关注普遍性知识的"语法"。为此，石文调侃道："你或可将人类学家带离本土，却没法将本土从人类学家那里带走。"（you might take the anthropologist away from the local soil, but you can't take the local soil away from the anthropologist）

石文对中国人类学"本土"研究的梳理，从蔡元培之《说民族》和吴文藻之《民族与国家》开始，兼及梁启超、顾颉刚对中国历史和民俗的研究，再续及费孝通、梁漱溟、许烺光、田汝康等人的研究。石文认为，此类研究有鲜明的经验主义取向，并有将一盘散沙的中国与西方社会团结相对照，依靠经验研究引入科学与民主，把中国改造成一个团结、统一、强大的现代国家的志向。同时代的李大钊、陈独秀和毛泽东等革命家，则基于"群众"和"革命阶级"等概念分析，力图把社会主义（马克思主义）中国化。这个大背景，石文认为，与列文森所描述的"儒教"中国及其现代转型，以及汪晖所分析帝制中国转向"民族—国家"过程中"天理"向"公理"的转变，均是暗合的。在此背景下，包括人类学在内的中国学术"语法"大量从英语、日语、德语、法语和俄语中借用概念、理论。但是，其关注的焦点始终是中国"本土"的问题。在这个意义上，石文认为，中国人类学中的"土味"与"后殖民之味"（aura of the postcolonial），或者说追求"去殖民化"的努力，有着相近的意涵。我认为，石文能做出此番梳理并提出这种洞见，是非常难能可贵的。至少就我有限的阅读而言，在西方人类学家中，能做到这种水平的中文文献梳理者，似乎并不多见（尽管借用石文分析视角来说，这可能部分源于其可用于检索文献的"媒介"先进程度远高于前辈学者）。

关于改革开放以来的中国人类学"本土"研究，石文除了继续讨论费孝通的"乡土中国"和"文化自觉"理论之外，重点梳理了王铭铭关于历史人类学、阎云翔关于当代中国"不道德"现象（immorality）、项飙关于当代中国人口流动与"悬浮""内卷"式生存状态的研究，此外也兼及刘新关于当代中国人"自我"观念、赵汀阳关于"天下"、周越（Adam Yuet Chau）与高丙中关于民间信仰与"非遗"、吴飞关于"赌气""过日子"与自杀、应星关于"气"与上访、苏力关于"送法下乡"、梁永佳以《老子》解读"库拉"的讨论，① 以及拙作《双面人》等。一方面，石文认为从中国历史、哲学和日常生活中提取概念用作学术分析，对理解中国有帮助，另一方面又对过于神圣化此类"本土"概念，难以普适化与（西方）人交流而实际上陷入"世俗化土著主义"（secular nativism），表示出某种担忧。首先，石文举例道：近十余年来王铭铭重点聚焦中国历史上文明转型及亲属制度、仪式和社会交换变迁的"方向学"，以及将"西方作为他者"的"天下"视角切换，② 此类研究与费孝通式的"早期本土人类学"已有很大不同，在论及西南时注意到了中华文明与曼陀罗政治体系的交叠，但总的来说，有点过于沉迷于"本土"古典理论的"味道"，难以与世界人类学相通（石文认为，世界通用人类学乃以强调被调查地方言、现代社会理论以及读者之间的交流为学科特征）。其次，石文分析了阎云翔对当代中国道德危机的研究（如描述年轻人不孝、只追求权钱色，公职人员本应"为人民服务"却不乏"潜规则"，"无功德的个人"［uncivil individual］之兴起），而其提出的理论概念几乎没法与此类经验所在的"本土"特殊情境相分离。质言之，此类知识产品尽管是在西方学术"机构"中用英文写出来，也难以与人类学通行的普适性知识对话。最后，石文同样认为，现代媒介为项飙这样穿梭于中西之间的学者与其"本土"被调查者、读者（听/观众）共享"悬浮""内卷"之类的，只有在"本土"语言中才能明晰确切含义的经验，提供了便利条件；但也正由此，如同民国时期"本土化"的倡议一样，这些基于"本土"经验具身化（embody

---

① 因所涉议题颇多，均出自各领域有建树学人（于我而言更是多属长辈）擅长之议，具体观点无疑理应由各学人自己决定如何回应或者回应与否。我不敢亦无能力代劳。这里打算要做的，仅限于尝试从本书所涉人类学方法论话题，予以些许回应。
② 石文梳理，部分参考了汲喆与梁永佳合撰的中国历史人类学述评。

local experience）的分析，没法获得通用概念的有效性①。由此，石文认为，无论是项飚所说"把自己作为方法"还是王铭铭所主张把"家园"作为方法，都与中国"本土"文化"本真性"不可通约的"成见"（preconception）相连，使得"本土/土著科学"（native science）生长于"本地土壤"（local soil），陷入了将"中国土壤神圣化的光环"（aura of Chinese soil），没法做到与人类学异文化研究同样的独立、客观。

我与 Hans 自 2005 年冬认识以来，来往颇多，彼此比较熟悉（于我而言，迄今为止，他一直是互动最密切的外国同行）。我们会时不时地交换论文看，但这一篇，他并没有发给我看过。想必他料得到，我不太可能完全赞同此文的观点，我的态度肯定是一半感谢这种警醒、一半要与之辩论。他知道，从 2010 年前后开始，我就常在一些朋友面前说一种观点：中国告别半殖民地、取得主权独立已经超过半个世纪，但不少学术领域却依然有鲜明的半殖民地特征，其标志就是，问题是人家的（通常当然是西方的），答案也是人家早已给出的，甚至于连论证方式人家都规定好了，自己无外乎在其中加了点中国经验材料。2014 年我在 LSE 访学中某次再聊及此观点时，他还曾问我"那为什么不写成文章公开说？"而我坚持认为，这种说法应由饱受西学训练的学者提出来，方更有说服力，否则人家完全有可能会说"你喝洋墨水太少，当然排外"。人在公开场合和盘托出自认为可能招致压力的观点，有时是需要某种情境性契机的。2021 年 11 月 21 日下午，为期 2 天主题为"从'学科性学术'到'问题性学术'"的第十九届开放时代论坛即将结束。承《开放时代》杂志社之美意，我勉为其难地被安排在闭幕环节，谈点自己参与讨论的体会。对论坛主题我是深表赞同的，但认为在具体研究中也还有必要进一步追问"是谁的问题？是什么问题？该配以何种方法论？"在此情境下，我很自然地也就提及了，对以上特别限定意义上的学术"半殖民地"现象反思。由此，假设能有机会参与亚非拉减少"学术依附"之类的讨论，我无疑会在原则上持肯定

① 在同一专辑主题讨论中，华中师范大学李俊鹏教授等人给出了一项价值判断相对中性化、但谱系更立体的中国社会学"本土化"分析，从中间不难发现"本土化"本身的多样性，及其赖以存在的"学术场域"基础之复杂性（Li Junpeng, etc. *The Indigenization Debate in China: A Field Perspective.* Historical Sociology, Vol. 35, Iss. 1, 2022）。

态度。

当然，我明白，在西方或者说英语语境下讨论这个主题，本身就意味着某种学术"政治正确"。而一旦学术讨论过分囿于"政治正确"，则恰恰容易削弱其学术冲击力，使之变成小心谨慎的"修辞"抑或情绪宣泄性"骂街"。不少人在当代西方学术活动中遇到过这样的情况：有发言者几乎言之空无一物，却张口即先强调自己是来自第三世界国家并关心弱者权利的女性，颇有给稍后若要批评其发言内容的人，预留一顶不尊重弱者的帽子之意味。既然石文在此话题上可以坦诚地提出自己的看法，我认为，同样坦诚的做法无疑应该是，限定在学术方法论的意义上来展开讨论。这样的做法才是人类学应有的。

从方法论上说，关于中国人类学之"本土"研究，与石文所提及类似的分歧，并不是第一回。1982 年，毕业于 LSE、任职于剑桥大学的利奇爵士在其 *Social Anthropology* 一书中，批评了几本由中国学者研究"本土"社会、以英文出版的人类学著作（包括费孝通在博士学位论文基础上修改而成的《江村经济》）。利奇爵士认为，研究"本土"文化在视野上会有缺陷、有偏见，而通过个别社区的微型研究也没法认识中国这样广大的国家①。对于利奇之问，据我有限阅读所知，在中文学术讨论中曾有几种比较有针对性的回应。费先生本人在《人的研究在中国》《再谈人的研究在中国》《重读〈江村经济〉序言》等 3 处曾谈及该问题，表示"他（利奇）的意见我只能接受一半"。费先生认为，首先，通过"类型比较法"可能从个别"逐步接近"整体；其次，人类学研究包括"进去"和"出来"两个方面的问题，异文化研究者因文化差异而具有好奇心、容易发现问题且相对比较超脱，但在"进入"环节会遇到语言、文化差别的困难，研究做得好坏"依赖于他能不能参与别的社会的生活实际"；"本土"学者进入经验较容易，却"依赖于他能不能超脱他所生活在其中的社

---

① Hans 应是知道利奇之问的。2009 年我在撰写《类型比较视野下的深度个案与中国经验表述》一文时，苦于找不到利奇之原著，曾通过邮件请其帮忙查阅该书相关内容及其页码。这次石文讨论中国人类学"土味"，不知为何未涉及利奇所提问题以及费先生的回应。

会，是个'出得来'的问题"① （可能对经验"熟视"而"无睹"）。最后，他表示羡慕利奇深湛的哲学修养和优异的学术环境，但更珍视"天下兴亡，匹夫有责"的传统，而愿投身于"为了解中国和推动中国进步为目的的中国式应用人类学"学派。在其后，朱晓阳、卢晖临等人关于个案方法论的讨论也间接地触及这个问题。其中，朱晓阳基于 Michael Burawoy 提出的扩展个案研究法（extended case method），将之向时间维度延伸，强调历史信息对当下个案材料的解释力，故称"延伸个案法"；卢晖临、李雪主张结合超越个案的概括、个案中的概括、分析性概括来扩展个案研究，基于实践在理论上发现一般性法则。渠敬东关于通过社会"事件化"将个案分析性线索导向"社会全体"的讨论②，与卢思路等亦不无相通之处。此外，我也曾尝试给出过"类型比较视野下的深度个案"方法论回应。遗憾的是利奇爵士早逝，费先生也已归道山，二人引起的隔世对话而今只留下一段"江湖"传奇。后学者虽心有戚戚焉，却奈何难望其项背也。

我自 2010 年于中山大学人类学系从教起，除 2014 年前往 LSE 人类学系访学和 2019 年因调动到云南大学工作外，至今唯一大体未间断开设的研究生课程便是"费孝通著作选读"。每每与年轻学子一道读及这些文字，都深感"人的研究在中国"还有太多事，需要后学者一代又一代地接下去做。而所谓"后学者"，当然不限于中国学人。曾几何时，我本以为，随着中外学术机构互动频繁、媒介改进、语言（用石文的话来说或许应该是"语法"）交流日益便捷，比之于与国际学界数度隔绝的费孝通和仅因战败撤退来过云南而不会中文的利奇，当代人类学学人关于"人的研究在中国"之方法论争论，面临的迷惑会少一些，会有机会在新的起点上做一些新的对话和改进的努力。从石文所提问题看，我似乎只猜对了一半、没有猜对另一半。今天我们可以有更从容的交流条件，但依然远未超越利奇爵士和费先生的对话。

---

① 费孝通：《再谈人的研究在中国》，载北京大学社会学人类学所编《东亚社会研究》，北京大学出版社，1993，第 161~165 页（不知何故，《费孝通文集》《费孝通全集》均漏收了该文，以至于不常被关注，故在此特别注明一下。除渠敬东文外，其他论述之详细梳理均可参见本书第七章，这里不再一一注明）。

② 渠敬东：《迈向社会全体的个案研究》，《社会》2019 年第 1 期。

诚然，石文所指问题与利奇的问题并不完全一样，而主要集中在"本土"文化中的人类学研究"自己人"，是否注定无法克服，或者说如何克服"身在此山中"而"不识庐山真面目"的问题，以及如何避免闭门造车。毫无疑问，这种提醒和警示是非常有价值的，我们应当正视它。尤其就我个人体会来说，因为生在、身在中国，研究的也主要是中国，加之洋墨水喝得少，本也常感需要注意自省，并迫使自己多了解国际同仁的"语法"（客观地看，实践却吊诡地表明，主要就是欧美学术思想和理论）。而且，正如俗话常说"良药苦口利于病，忠言逆耳利于行"，有愿意坦率提意见的诤友，较之于只会附和与恭维、实则为"损友"者，实乃幸事。不过，也正出于同样的理由，我认为，对石文给予的批评，也就可以在一半接受的基础上，对另一半可持待商榷的态度。

石文在结论部分，曾援引拙作《双面人》分析道，虽然近年许多用中文写就的、有关中国乡村的民族志注意到要反思农民的多重面相（这种对拙作的回护性谬赞，我自当领情才是），人类学却很少反思自己所在的"位置"（position）及其对研究视角的限制。石文就此举例说，这种研究方式正如"窥视法"，从"面子"上的"迷信"去"窥视""里子"中的民间信仰，但这种"窥视"若被挑破，只会剩下尴尬。拙作对自己运用人类学参与式观察的"位置"和视角反思不够，当然是一件可由同行和读者去估量的事情，我可以且应当虚心接受。但在整体意义上，若说它就对人类学学人的"位置"和视角没有做出过反思的尝试，则恐怕也难以让我服气。因为，拙作的基调是反思我们不少人类学学人（当然也包括部分其他学科的研究者），在以往论及当代中国农民生活时，常指责其物欲横流、政治保守、自我中心、信仰坍塌、只在乎当下，虽然有深刻之处，但是只讲这一面却是偏见。质言之，我尝试反思的不仅是农民的多重面相，也包括人类学学人的"位置"和视角。① 由此可见，石文的提醒对于我们不断

---

① 此外，在对阎云翔《私人生活的变革》一书方法论的讨论中，我还尝试指出：该著在没有提供具体证据和详细论证的基础上，寥寥数语就认定导致"无功德的个人"兴起的原因（对这个概念本身的准确性，我也有不同意见），乃是社会主义国家对私人生活的改造，可能有失偏颇；如此简单的"原因分析"，不仅在作者看来行得通，而且能被英语学界广为认可，不能不说与其学术"位置"在西方、视角与写作乃是面向英语读者（语法）有关（详细论证可见本书第四章）。

反思人类学学人的"位置"和视角，显然有其宝贵的一面，但也可能不无过于激进的一面。

即使从人类学方法技术层面上说"语法"，石文也有判断不甚精准的地方。例如，其所指研究"本土"文化的人类学学人未必都在"语法"上主张"本土化"。项飚或可算旗帜鲜明者，虽然他曾研究印度 IT 工人。吴飞的人类学"本土"研究虽在理论上不乏"本土化"印记，但他同时也是中西古典学比较研究的实践者。阎云翔、刘新虽然基本上主要是研究中国，在理论和知识产品表述上却并不那么"本土化"。他们虽不乏中文论文，但更多的是面向英文读者写作。阎云翔所用 uncivil individual 之类的关键概念在译作中文"无公德的个人"时，内涵并不完全对等。刘新所用 today-ness of today 译成中文"今日之今日性"①，译得虽然非常准确、信达（几乎让人想不到是否还有其他什么更好的译法），却不能不说是一种拗口的、难以为未经学术训练的中文读者所能理解的"语法"。

至于说通过"迷信"去"窥视"民间信仰的学术意涵，在方法论上或许同样也可作另一种解读。这些学人之所以这样做，其实正说明他们对自己"位置"和视角有多重反思。他们作为现实生活中的一员，客观上首先需要避免与行政（也即石文所说的"机构"）关于"迷信"的界定发生正面冲突。但是，他们作为学者不可能只视其为"迷信"，而是还需要研究其作为民间信仰在学术"语法"中的意涵。如果这种人类学分析对行政和学术两套不同的"机构"、"媒介"和"语法"，以及研究者在其中的"位置"和视角，真没有任何反思的话，就实在没必要考虑在"迷信"和"民间信仰"两种"语法"中切换了。这种"窥视法"被挑破后，会引起尴尬吗？或许会有点，但应该不会是什么剧烈、不可调和的矛盾。由于人类学学人和研究对象（甚至还包括相关"机构"的管理者）对这两套"机构""媒介"及其"语法"都有一定程度的了解，各方有心照不宣的"文化亲密"②，即使有些小尴尬也能为各方所理解、包容。由此，从方法论的角度说，人类学学人做田野调查研究，本就不宜指望有如同实验室玻

① 流心:《自我的他性》，常姝译，上海人民出版社，2005，第 144 页。
② Herzfeld Michael. *Cultural Intimacy*, New York: Routledge, 2005, p. 3.

璃瓶里一般"干净"、可供客观观察的田野环境。有些不同"语法"交织的"杂质"，有些研究者主观性掺杂在其中，是很正常的。

进而，或许可以说，人类学无论是研究异文化还是"本土"文化，实际上都涉及如何处理研究者的"位置"和视角主观性问题。自马凌诺夫斯基日记事件曝出后，人类学研究异文化如同自然科学一样客观的神话无疑即已破灭。作为一种方法论危机"补救"方案，格尔茨提出了人类学的"文化解释"，在某种程度上揭示人类学的知识生产，实际上是一个研究者带着自己文化的主观性阐释他者文化的过程。既然异文化研究也不可避免主观性，那是不是"我"主观感觉他者文化是啥就是啥呢？人类学中的后现代主义者，多少就有这么点意思。但是，后现代主义这种激进的歧路，实际上忽略了谁阐释谁、怎么阐释的问题。

不过，即使在"本土"研究中，要在方法论上适度把握这种"客观性"，可能也需要自觉地反思"自我"与"他者"不同层次意义上的关系。如在石文批评苏力关于法治本土资源的研究中，就有一个生动的案例：乙找甲"搭伙"养一头牛，在当地"语法"中含义是清晰的，即两人共享这头牛的所有权、使用权，但孳息权（所生小牛）归甲；可法律中只有"合伙"概念，依"合伙"原则，则乙亦应有小牛一半的所有权（详见本书第二章）。那么，并非当地人、从美国获得博士学位后在北京大学从教的苏力，是"搭伙"这种具体"语法"真正意义上的"本土"学者吗？答案可能是否定的。尽管苏力是中国学者，与当地人表面上也没有语言障碍，但如不深入调查、不尝试从"他者"视角去理解，然后通过法学"媒介"通用的"语法"转换，实际上就没法向"当地"以外的读者解释清楚什么是"搭伙"。质言之，所谓"自己人"研究"本土"社会文化，究竟是何种意义上的"本土"，可能还得细分层次。① 相对于外国人类学家，苏力当然是"搭伙"研究的"本土"学者，但相对于"搭伙"具体"语法"的"当地"来说，其实也是个不折不扣的"外人"。

---

① 在我们熟悉的当代人类学家中，哈佛大学人类学教授 Michael Herzfeld 研究希腊，固然可以算西方意义上的"东方"异文化，但若从非西方的角度看，则说其研究是西方"本文化"研究似乎也不为过。至于和 Hans 一样任教于 LSE 人类学系的 Fenella Cannell、Matthew Engelke 研究（英国的）基督教，则更是确切无疑的"本文化"研究。

在不同层次意义上，"本地人"和"外人"关系是相对的。对这种相对化的研究角色"位置"，我是颇有些感触的。2005 年 11 月，我和 Hans 在华中科技大学第一次见面时，刚从湘东南一个村庄调查 2 个月回学校。回学校与老师们讨论后，算是刚刚确定博士学位论文研究议题，并决定以这个村庄作为田野调查点。而在此前的暑假，我花了一个多月在河南安阳的一个村庄做调查。当时预期就在那做博士学位论文的研究，议题准备聚焦于乡村基督教的快速发展。为了对比分析基督教发展，我想先搞清楚当地原有的民间信仰。结果发现，当地方言于我日常交流问题不大，但言及许多信仰方面的"专业"词语却需努力解释半天，有些被调查者显得颇不耐烦。我很担心这样需要花去很多调查时间，而我的经济支撑状况却又非常糟糕、几乎难以为继。为了保证 2 年后能顺利毕业，我不禁打起了回湘东南家乡做调查的主意，同时还得考虑适度避免因为"身在此山中"而"熟视无睹"，于是选择了与我老家同属永兴县、但方言不同的村庄。① 现在回忆起来，那个暑假的调查无疑是失败的，充满了挫败感，七上八下的心直到 11 月才算是勉强安定下来。此外，后来 2008 年在拙作《双面人》的田野调查初期，我曾让一个师弟做翻译，一个月后他因故不得不离开。此时我的粤语还几乎为零，加之当地粤语与珠三角还有较明显差别，我只得尽量依靠一个在当地曾担任过中小学语文老师的老人家用普通话做调查。没过几天，老人跟我说："阿谭啦，我这一辈子都没说过这么多普通话……"（才知道原来他教语文课也是用粤语；才知道我不得不要学点粤语了）。而他所谓的"普通话"，其实我也大部分听得半懂不懂，得靠写字加以辅助沟通。这种无助感，我想与异文化研究至少在瞬时间有某种相通之处吧。记得 2018 年 4 月下旬在芝加哥大学北京中心、北京大学社会学与人类学研究所合办的 "Beyond Self and Other: Contemporary Ethnography in and Beyond China" 学术会议上，我忆及此情境时说，当时在内心里真有好

---

① 该研究即后来出版的拙作《桥村有道》（三联书店，2010）。湘南方言极其复杂，仅永兴县就有 5 种明显区别的方言，其中 3 种若不加学习、相互难以听懂。我老家在县里最为偏僻，其方言就属后 3 种中的一种（"桥村"方言、县城方言属另外 2 种，但它们较"强势"），在县城不流通。而我在县城读高中那会，除了课堂上之外，说普通话常会被同学嘲笑为"假洋鬼子"。我这人是耐不住人嘲笑的，不得以学会了县里另外 4 种方言（没料到多年后，"桥村"方言成了我按时完成学业的"救命稻草"）。

多次想问："Can I speak English?"这引得参会的魏乐博（Robert Weller）教授不禁大笑，"你真幽默"。

由此，人类学田野调查客观上确实牵涉到石文所说的"机构"因素（可惜，石文对"媒介"和"语法"分析较多，对"机构/制度"[①]其实并无太多实质性论述）。这里且从石文在界定"机构"时提及的，与我们确实也戚戚相关的大学说起吧。

2005 年冬我们相识时，Hans 依靠 LSE 的奖学金已游历北京、安徽不少地方。之后，他在武汉经过我一些师友介绍前往湖北荆门做几个月调查，尔后又转到湖北恩施。刚来中国时，其中文口语和听力可能跟我 2014年去 LSE 时的英语水平差不多，再又几经折腾，待完成田野调查时，不仅中文流利而且还带着恩施腔（至今说中文仍有恩施口音）。其用功程度和语言学习能力无疑是让很多朋友敬佩的，但其经济上从容，清华大学张小军、北京大学王铭铭教授等人给予社会关系网络上支持，也不容忽略。在LSE 工作 5 年后，Hans 得到 1 年带薪学术假，经由云南去到了缅甸佤邦做田野调查。期满后自认佤语尚不流利，便向 LSE 再申请了 1 年不带薪的学术假。2 年下来，佤语也就基本过关了。

正如费先生说羡慕利奇一样，这种条件对很多中国人类学学人来说，实属可望而不可即（这么说，并没有抹杀对 Hans 吃苦精神和语言能力敬佩的意思）。我们大学的带薪年假，几乎就没听说哪个师友休过，撇开极不易得到批准不说，不仅得在假期结束后补齐所有工作量，而且在假期只发放基本财政工资（可能是平常工资的 1/10 左右或者更少）。这正是我非常赞成中国人类学发展"海外民族志"，但主张应从硕士生、博士生抓起，而不太鼓励让原本在"本土"做研究的教师轻易改去做海外研究的缘故。中国大学对人类学研究的其他方面支持力度，显然也还暂时没法跟欧美发达国家相比。人类学过去在西方曾长期与殖民有着或直接或间接的联系，后来才转向主要着眼于跨文化解释、交流。中国过去没有、将来也不应会有殖民行动，但随着对外日益开放、经贸关系延伸，当然也有加强了解其

---

① 石文原文用的是"institution"一词，既有"机构"也有"制度"之意。虽然石文举的例子是大学、政府部门，但其实这正说明其分析有些问题（对机构所贯通的制度分析不够）。

他国家文化和交流的需要。因此，从长远看，或许将来中国政府部门和大学之类的"机构"，在"制度"上也会逐步重视人类学异文化研究起来。但就目前看，其"制度"重心显然仍是着眼于支持研究国内问题为主。

学术支撑"机构"在世界体系中的"位置"，在某种程度上也会影响人类学学人的跨文化观察体验。这里所谓的"机构"，我愿意较之于石文做些扩展，将之延展到国家。并且，在我看来，国家甚至是比石文中说的"大学""政府部门"更重要的"机构"。大多数欧美人类学家（尤其是男性）在第三世界国家做调查，大体上要解决的问题其实是如何克服居高临下的"位置"，改用尊重当地人的心态去与人打交道。但对相当长时期里相当多的中国人类学学人来说，情况可能就有点微妙。不少做"海外民族志"的朋友都提到过一些微妙的故事，这里我且不以"道听途说"的方式转述。单就我自己经历的异文化"震惊"而言，也是既有好的又有糟糕的。

例如，2010 年 3 月底我参加完马克斯·普朗克社会人类学研究所的一次工作坊后，承蒙 Hans 陪同曾到东德农村做简短的调查，当地的农业职业技术教育让我特别惊讶。该年 4 月初复活节和 2014 年复活节，承蒙 Hans 邀请，我再得以两次造访其位于巴伐利亚阿尔卑斯山中的老家。其中，第二次住了好几天，与其家人一起玩、一起劳动（修理牧场围栏）。当地年轻人都可通过英语交流，我后来还借此写过一篇简单的调研文章。① Hans 最小的弟弟 Seppi 中专毕业后在家经营农场，同时在镇政府兼职做土地评估管理员，还是镇上乐队成员、擅长手风琴与吉他，且阅读了不少理论书籍。6 月份 Seppi 到访伦敦时，我请他和几个朋友吃饭，席间他问我对 David Graeber 理论的看法。② 我尴尬地表示，其专著《债》刚出中文版，我在出国前只看完一半，而到访 LSE 虽已有 4 个来月，对他的理论还是谈不上了解。这给了我不小的压力，对访学单位里同行研究成果的了解尚不及 Seppi 在阿尔卑斯山中经营农场之余了解得多，后来赶紧搜了些书看，

① 谭同学：《多元螺旋式世俗化、价值重建与文化自觉：德国巴伐利亚阿柏村天主教徒的实践》，《民俗研究》2018 年第 3 期。

② 中译名大卫·格雷伯，时任 LSE 人类学教授，当代无政府主义人类理论的代表，2020 年 9 月离世。《债》中译本于 2012 年由中信出版社出版。

并专门约 David 喝咖啡、请教。或许也是有感于类似的对比，有时候当 Hans 用"我们都是农村孩子"跟人解释为何同我玩得来时，我会开玩笑表示，其实也有区别，他是 farmer（农场主），我只能算 peasant（小农）。

与这种正面的刺激相比，还有些糟糕的体验。记得去 LSE 访学前，我曾请 Hans 帮忙物色租房信息。他表示，伦敦租房周转很快，不宜过早去定，临行前如没租到房的话，也可住他那两室一厅中的 1 间。对我来说，这当然是一件再方便不过的事情。我只提了一个要求：除非实在无法沟通、不得已用中文，一般情况下我们要尽可能说英语。Hans 即跟在住的租客（一位法国小伙）说好，他 2 月上旬退房，我中旬入住。哪知我到伦敦后，那法国小伙却既不愿退房也不愿再交租金，理由就两个字"没钱"（这当然远非我原来想象中的西式契约精神）。我只好在客厅打了 2 个月地铺（其实也挺不错），Hans 觉得过意不去，帮助我另租了一个住处。房东是个 70 多岁的老太太，对卫生要求极其严苛，租房合同上特别写明：二楼卫生间为她自己专用，我的房间在三楼但只能与二楼两位租客（伦敦大学亚非学院 2 位女博士生）共用一楼的卫生间，她每星期会不定期检查 2 次一楼卫生间。住进后没多久的一天，老太太以邮件方式正式告知我们 3 人：一楼卫生间角落里有几根长发未清理干净。这其实不难判断，应是某位女生洗澡后做卫生不够细致。但当天晚上我从学校回到住处后，老太太进而当面跟我说，为了预防（而不是因为有了事实加以提醒）小便时不小心弄脏马桶外边，建议我跟女生一样蹲坐马桶小便。这让我感到极度尴尬而引以为屈辱，次日便和 Hans 及另外两个朋友倒苦水，并商量准备另找一个住处。只是稍后几天因另两件事与老太太"吵架"后，她反倒注意特别尊重我起来，我也就没再作另租房的打算[①]。当然，或许上了年纪后人是不容易改变的。日常聊天中我们仍常有争论，并常能感觉到她颇有些瞧不起西班牙和印度，说到前者总离不开"专制"、后者则代表着"落后"。她对平等和人权之类的话题十分感兴趣，自身有着西班牙、印度裔血统（其父为英籍西班牙人、母为印度雅利安裔，因此长相以印度雅利安人特征为

---

① 据说后来四川大学陈波教授访学期间，也曾租住过那间房，但不久后退房、换了个住处。我猜，双方互动的状况会否也是其中缘由之一。

主，小时候还在印度生活过一些年头），在与英、西、印有关的议题上，却完全以"大英帝国"高人一等的"文明人"形象自居。在我看来，这多少像是有点在文明主体性上迷失了"自我"的味道。

说完人类学认识论所涉"语法"后，又说了这么多与"机构"有关的人类学从业者个体跨文化体验小细节。尽管只是鸡毛蒜皮、无足轻重的小事，但多少应该能折射出，在中国这样一个经过长期艰苦奋斗、经济发展水平才刚刚达到小康状态的国家，人类学学人无论是从数量、素养还是工作条件方面来说，的确还很难令人乐观。从这个角度看，同样可以发现石文的警醒和忠告，并非完全没有理由和价值，但另外也说明，中国人类学中的"土味"多少与"机构"支撑力度不够，与中国在世界体系中的"位置"（而不仅是人类学学人对自身"位置"反思不够），有一定的关系。如果完全不考虑"西强东弱"这种世界格局对不同国家人类学"语法"和"媒介"的影响，而仅聚焦于人类学学人对自身"位置"的反思，或许很难说没有过分苛责之嫌。

当然，作为自身也是基本上只限于做"本土"人类学研究的一员，无论从理性上还是从感情上，我显然都没有理由将"机构"条件当作如此做研究的全部原因。"机构"没法完全解释中国人类学中已然兴起的"海外民族志"，也同样没法解释为何有一部分中国学者即使从"机构"上已经完全融入了西方学术体系，却不仅依然偏爱研究中国"本土"而且在"媒介""语法"上强调"本土化"。在我看来，至少就人类学方法论而言，这还涉及更深层次的本体论问题。

异文化研究也罢，"本土"文化研究也罢，人类学基于田野工作的"阐释"，必定有两个或两个以上的主体。同时，人类学学人不可能从本体意义上变成她（他）自己之外的另外一个人，不用问、不用看，直接就知道他人内心中一切的想法。那么，影响"阐释"的可能就不仅仅是石文说的"语法"、"媒介"和"机构"3种因素而已，在它们背后还涉及宇宙观和本体论。人类学学人与他人在田野调查中，构成了具有交互关系的主体。与他人共同"存在"、一个主体与另一个主体都具有主体间性，对人类学学人而言本来几乎应该是一个不言自喻的事实。但由于马凌诺夫斯基日记所呈现的"欧洲中心"式心态，让这种事实在很晚才在理论谱系中呈现在日光之下。

在西方哲理探讨中，则至少从海德格尔开始，就主张要从"他者"那里找到"时间""存在"的依据。在晚年，海德格尔更是对翻译、研究非西方哲学思想，如老子的《道德经》，表现出了非常浓厚的兴趣。加达默尔在其师海德格尔的基础上还进一步指出，人们研究异文化，最终仍会"像旅行者一样带着新的经验重又回到自己的家乡。即使是作为一个永不回家的漫游者，我们也不可能完全忘却自己的世界。"格尔茨创新性地提出解释人类学的方法论，其中就大量借鉴了伽达默尔的思想。不过，真正呈现异文化研究者与其要"解释"的研究对象——同样作为主体"存在"的人的主体间性，以及他们之间的权力关系，就人类学而言，较早也较清晰的是萨林斯。他关于多种宇宙论"并接结构"的讨论，较之于后来人类学"本体论转向"的学术运动，更鲜明地呈现了人对自身文明本体论的执着，以及不同宇宙论并接可能导致的权力失衡。

在当代西方哲学家中，更主动地尝试从非西方哲学中寻找智慧以"拯救"西方哲学者，也不在少数。如德勒兹就认为，西方"同一"哲学过于相信自我理性，而其实自我是被欲望编码的；拉康更尖锐批判道，正是"同一"哲学使得自我成为虚幻的"镜像"。作为某种"拯救"方案，利奥塔认为，"差异"乃至"混沌"都比"同一"更重要，应是（知识）秩序的基本规则；德里达主张以重视"差异""书写"的"新人文主义"，代替"同一"哲学的"语音（逻各斯）中心主义"。在人类学方法论上，20 世纪 90 年代开始兴起的"本体论转向"运动，与此类哲理探索可谓异曲同工。该运动中的一些有重要影响的人物，Philippe Descola、Eduardo Viveiros de Castro、Martin Holbraad、Michael Scott 等，无不强调从非西方宇宙论中，吸取"他者"哲学优点以矫正西方的欧洲中心世界观。如 Philippe Descola 在其名著《超越自然与文化》中，就详细比较了中国、墨西哥、非洲、古希腊等诸多不同文化的宇宙论，并试图以它们为参照、将西方世界观相对化。而 Michael Scott 更提出警告，不要进行"异文合并"并剔除"杂质"以求"纯化"（详细论证参见本书第二章）。

那么，主张重新思考本体论的人类学尝试从非西方宇宙论中寻找的思想资源，具体指的究竟是什么思想或者说哲学理念呢？作为一个非西方人类学中的从业者，我对这个问题一直很好奇。我尝试着在他们的著作和文章中去寻找答案，但很遗憾发现好像其实大家说得都比较模糊、抽象。为此，在 LSE 访学期间我曾尝试请教 David Graeber（此前偶然得知他正与 David Wengrow 在写一本书，据说与此很相关［也就是 2021 年出版的 *The Dawn of Everything*］），并且明确表示，这中间其实有我作为一个中国人类学从业者，想看看能否找到"人家"眼中中国宇宙论"优势"的私心。他回避了这个问题，跟我说："这个问题你去问 Michael（Scott）会更好。"后来跟 Scott 请教，他表示这里面重要的是方法论和研究视角原则，具体内容的理解可以因人而异，并鼓励说"其实我们对非西方世界观的了解依然有限，例如我就不懂中文，关于中国的宇宙论具体内容，像你这样的中国人类学家肯定能说得更具体"。

我得感谢 Scott 的善意鼓励。对这种西方与非西方的学术关系，我也认为没有必要像巴西人类学家 Eduardo Viveiros de Castro 那样，对其二十多年的好朋友、法国人类学家 Philippe Descola 吹毛求疵。据报道，2009 年 1 月 30 日，Viveiros 应邀到巴黎参加学术研讨会，对 Descola 所谓关心他者的多元本体论和"泛灵论"（animism）提出了尖锐的批评。他认为，这种将巴西亚马逊人当"古玩"（curio）、用以反对西方哲学的做法，实际上是冒险将一种思想转变为另一种思想。Descola 回应说，他感兴趣的不是西方思想，而是"别人"（Others）的思想，而 Viveiros 进一步批评道，问题就出在 Descola "感兴趣"的方式。Viveiros 最后总结认为，"今天的人类学在很大程度上是非殖民化的，但它的理论还不够非殖民化"①。Viveiros 批评的方式，在我看来，颇有些过激。事实上，至少从人类学知识产品来看，Descola 的著作和系列论文给人的印象，还是相当注重尊重研究对象主体性的。而反过来看，Viveiros 的作品中倒是不乏对欧陆哲学新潮概念炫技式地摆弄。不过，他所说的人类学理论如何才能更好地"非殖民化"，倒是

----

① 对这场争论更详细的介绍，可参见 Latour Bruno 所撰综述（*Perspectivism*：'*Type*' or '*Bomb*'？. Anthropology Today, Vol. 25, No. 2, 2009）。感谢陈晋协助我找到这篇综述，这场争论发生时，他作为 Descola 指导的博士生刚好在现场。据说现场争论似乎并没有 Latour 描述的那么激烈，但既然至今都能让人依靠记忆想起一些细节，想必争论还是让人印象深刻的。

一个值得进一步深思的问题。

对于这个问题，我认为，有必要探索人类学方法论如何改变他者单向"被阐释"的地位，赋予他者"文史哲"传统优先解释权，让他者"说话"并和"阐释者"平等"对话"，避免以所谓"普世理论"对他者指鹿为马（详细论证见本书第一章）。而这从经验"土壤"来说，当然不限于中国。正如杜蒙所反复强调，不能用"社会阶层"（social stratification）硬套在"种姓"经验上，而必须在其宗教文化和总体社会结构中理解其含义，宁可用更抽象点的概念 hierarchicus 也比 social stratification 更好（现普遍直用拼音 caste）。格雷伯（David Graeber）则反思道，即使在当代，人类学依然过于依赖欧陆哲学①。从这个角度说，让非西方社会中的"文史哲"概念和理论，融入世界通用人类学理论当中去，就不仅在文化主体权力上，而且在人类学方法论上，都非常有必要。

那么，接下来的问题是，这种非西方"文史哲"概念提取和理论发掘工作，同时也即指向当代世界多元文化主体间交流的人类学理论和方法论改造工作，只能由西方人类学家通过跨文化的"异文化研究"去做吗？在我看来，可能未必。异文化研究当然有其优势，但"本土"研究者也不可能只有劣势。这道理，跟费孝通所辨析社会调查既要"进得去"又要"出得来"，是一样的（这里不再重复赘述）。在人类学发展历史上，"塔布"（禁忌）、"库拉"、"玛纳"、"豪"之类的非西方文化概念，固然是西方人类学家通过异文化研究纳入世界通用人类学理论的。但是，这并不表明，熟悉这些概念的"土著"就不能这么做。以往他们之所以没有能够这么做，可能只是因为没有受过人类学训练，或者在人类学这门学问的"机构""媒介""语法"中没有获得西方人类学家那样的权力而已。在当代，随着"机构""媒介""语法"条件改善，非西方"本土"人类学学人参与全球人类学同行对话的可能性大大提高，并非没有可能将其"自身"文化概念带入国际人类学对话的可能。具体到中国人类学学人之"本土"研究而言，正如 guanxi（关系）、Chinese dama（中国大妈——这应该是 2008

---

① 〔美〕大卫·格雷伯：《无政府主义人类学碎片》，许煜译，广西师范大学出版社，2014，第112页。

年世界金融危机后因为"中国大妈"在黄金市场当中耀眼的表现，才在英文金融领域流行起来的词汇）能够融入英语学术分析，又怎能绝对化地认为"天下""方向学""悬浮"之类的概念及其背后的本体论，就一定不可能融入世界通用人类学理论呢①？说不定如鲁迅所说的："其实世上本没有路，走的人多了，也便成了路"，只要不断有人探索这样的路，或许就是有可能的？抑或如英语俗话所说"All Roads Lead to Rome"（条条道路通罗马），我们又何必因为自己走在一条"机构""媒介""语法"上占优势的大道上，就否认另一条哪怕是小路也有通向罗马的可能性呢？

言及此处，我认为，有意思而值得琢磨的问题倒可能是：缘何较之于其他非西方国家人类学家，中国人类学学人无论是做"本土"研究，还是在理论与方法论上强调"本土化"者，都相对比较多。尤其若从西方人类学的角度看，这种现象确实有些特别。在当代全球化过程客观存在的条件下（尽管同时有所谓"逆全球化"），如 Hans 这样成长于德国、长期在英国学习和从事人类学工作的学者，似乎确实不太容易会去想，要如何让人类学更贴近德国经验、具有德国特色。这或许是因为从全球人类学"语法""媒介""机构"的角度看，德、英毕竟都属于"中心"。在"中心"内部，无论怎么移动"位置"，对于要将"自身"文化主体性融入人类学知识生产（传统上这门学问毕竟主要是西方"中心"研究非西方社会的），并不那么有文化尊严上的敏感性和迫切感。甚至于，不少印度人类学家虽然非常重视人类学"去殖民化"，但所用"媒介""语法"却也与西方人类学同行相去不远。从这种对比视角看，不少中国人类学学人并没有经过精心"勾兑"，却不约而同地在知识生产上具有某种"本土"关怀（即使在西方知识生产"机构"中已获得终身教研"位置"），可能还是由于包括本体论内的中国文明，对之形成了某种程度上难以割舍的影响。

特定文明的本体论会影响文化研究者的认识论，进而影响到"文化解释"的视角。因而，在认识论上，理解某种文明本身的概念和"语法"（尤其是那些与本体论相连的），是人类学能否足够尊重、贴近这种研究对

---

① 这里当然也不是说它们就一定能够融入世界通用人类学理论，但对于最终情形会如何，更好的办法似乎应该是交给"学术市场"筛选，而不是依据成见（preconception）就直接给出否定性的判断。

象，并向其他文明的读者解释清楚其文化内涵的方法论前提。例如，James Watson 对华南民间信仰"标准化"① 的人类学讨论无疑有其洞见，能激起许多"本土"研究者都未曾有过的思考。但是，如果进一步深入分析当地人实践中国"文史哲"的逻辑，则不难发现，科大卫、刘志伟所持的民间信仰"正统化"② 分析框架，似乎更贴近这种文化的内在理路。我们不能说 Watson 的异文化研究是一种错误的"文化解释"，它只是不够贴切而已。但相比较而言，其解释确实不够"传神"，没有将这种文化最深层、最精髓的那一部分——"正统"意识，呈现出来（而"深描"不正是人类学解释他者文化时，最重要的过程吗?）。在中国历史上很多情况下，一种民间信仰符合王朝当时"现行"的"国家标准"，并不意味着一定就符合人们心目中的"正统"（如符合武则天"篡权"治下的"国家标准"，就未必会被认为是"正统"的）。"正统"与否事关儒家政治文化的本体论，比"标准"与否无疑更重要。从这个例子不难看出，人类学异文化研究和"本土"文化研究完全可以相互参照、对话和促进，有后者的存在对于前者而言未尝不是好事。

特定文明的本体论还会影响文化研究者，对"自我"存在方式的感知。而这恰恰是现代人类学可能为多元宇宙论"并接"条件下不同文明的人们，如何善意交流、和谐相处和共创美好未来世界，贡献知识和智慧的地方。遁世苦行，在一个天主教徒看来或许价值有限，在一个佛教徒看来却可能十分重要，一方不必同样珍视、却理应尊重另一方之所珍视。在众多历史悠长的文明体中，中国文明一方面海纳百川而在不停发生改变，另一方面则又表现出了特别令人印象深刻的延续性。除了在少数时期内消极隐世的思想显得特别强势外，多数情况下知识分子正如费孝通回应利奇时所指出的，具有积极的社会文化责任意识。在近代以来西方文明强势挤压

---

① James Watson. *Standardizing the Gods*：*The Promotion of T'ien-hou* ('*Empress of Heaven*') *along the South China Coast*, 960-1960, in Johnson David etc. eds. Popular Culture in Late Imperial China. Berkeley：University of California Press，1985，pp. 292-324. 该文分析了原本"偏居"于中国东南沿海的地方小神"天后"，经过中央王朝和地方士大夫推动，逐步变成有官方地位女神的过程，并称之为神明的"标准化"。

② 科大卫、刘志伟：《"标准化"还是"正统化"?》，《历史人类学学刊》2008 年第六卷第1、2 期合刊。

的背景下，从这种文明中成长起来的知识分子（尽管其后可能在职业上融入西方学术"机构"，甚至可能改变国籍），更是大多数易因"文化亲密"而不同程度地保持着对延续这种文明，以及它和人类其他多元文明善意对话的可能性，做出自己积极努力的社会文化责任意识。① 从这个角度看，部分中国人类学学人注重"本土"研究甚或人类学"语法""本土化"，毋宁说正是一种文明本体论的职业化实践，及其对"自我"存在的反思。同样由此，中国人类学之"本土"研究固然有追求"语法""本土化"的一面，但在同时，其实也就必然有追求将之"翻译"成其他文明读者"听"得懂的"语法"，使之融入世界通用人类学理论的一面。当然，这种追求究竟能取得什么样的效果，则不仅取决于研究者努力，也取决于石文所说的"机构""媒介"支撑，还取决于和其他文明的读者、人类学家的对话状况。

总而言之，石文关于中国人类学中"土味"的讨论无论对于警醒"本土"研究者，还是主张人类学"语法""本土化"的学者，都是重要的，必须加以正视。正如石文所反思的学人之一王铭铭早已"自我"反思，中国人类学固然要对西方的"东方学"予以某种反思（由此他才重视"天下"概念），但这绝不是要建立一种"颠倒的东方学"②（虽然关于如何才能真正准确地做到这一点的论述，可能尚远不能算是已经足够清晰）。而石文其实也注意到了其所批评的梁永佳曾撰文论述，如何避免"中国中心

---

① 从社会"位置"的角度说，这也关系到人类学知识生产的目的合理性和正当性问题：为了丰富人们对世界文化多样性认知的智识视野和乐趣（这固然也是有价值的，在各种不同文明人类交往日益频繁的时代尤其如此）？还是为了所研究的"人民"生活得更好点？对身处发展相对落后国度之中，对"自我"文明（同时也就是世界文化多元中的一"元"），有积极责任意识的知识分子而言，为后者而努力显然可能更迫切也更正当（详细论证可参考费孝通《迈向人民的人类学》，《费孝通文集》第7卷，群言出版社，1999，第417~429页；麻国庆：《社会与人民：中国人类学的学术风格》，《社会学研究》2020年第4期）。而对一直成长、生活于发达国家中的知识分子来说，尽管可能因异文化研究曾尝试同情式地理解落后国家的"人民"（包括其知识分子），但可能确实很难有同等程度深入骨髓、感同身受的痛感。若要将这种责任意识作为首要原则贯入其知识生产，可能实在有些勉为其难。

② 王铭铭：《作为世界图式的"天下"》，载赵汀阳主编《年度学术2004：社会格式》，中国人民大学出版社，2004，第3~66页。

主义"和"超越社会科学的'中西二分'"①。一个身处"本体论转向"之中、真诚地要从非西方思想中寻找智慧去"矫正"西方世界观的人类学学人，同时却又对与西方有着明显本体论区别的中国文明之人类学探索，表示出某种可能将"本土"不恰当地神圣化的倾向担忧。这种反思精神无疑值得中国人类学"本土"研究者学习，其忠告也值得用以加勉。不过，这并不代表"本土"研究必然就是低等甚至错误的，更不代表可以普世"语法"为由头，重复以欧陆哲学代替包括中国文明在内的其他文明本体论的人类学老套路。在面向"媒介"交流日益便捷但人类关系却日益复杂的新时代，人类学异文化研究固然容易形成具有反思能力、继往开来价值的知识成果。但是，在世界体系"西强东弱"的总体格局未发生根本改变的情况下，中国学人作为非西方文化中的一员，花一部分力气在"本土"研究和人类学"语法"的"本土化"上，对于"本体论转向"视角下的世界人类学理论和方法论完善，应该如同异文化研究同样可贵。这其中又尤其因为，它对相当一部分中国人类学学人来说，还在某种程度上具有文明的同时也是学者"自我"存在的本体价值。复又再加上，人类学对中国而言是一门"进口"的学问，要做到"洋味"十足，其实并不难，但要有些"土味"，却得做些努力才有可能②。从这个角度看，对中国人类学中"土味"的反思，当然有一半应接受和珍重，但有一半则也似可再反思。于我自己而言（也是本书所辑文字尝试论证的），恰恰认为，中国人类学中有点"土味"，是好事，或者说至少不完全是坏事。而就整个世界的人类学来说，如果不是只想要有欧美人类学中的"洋味"的话，则对中国人类学中的这种"土味"，似乎亦不妨如同人类学对待他者文化那般，当先持以谨慎的欣赏，然后再来谈反思。

在我看来，将来主要着眼于人类不同文明间善意交流、和谐相处和共

---

① 梁永佳：《超越社会科学的"中西二分"》，《开放时代》2019年第6期。
② 例如，《乡土中国》其实是费孝通在云南大学（正聘）和西南联合大学（兼职）教授"乡村社会学"课程讲义的基础上，整理出来的文字。而之所以要在课堂中讲"本土"（若要讲，则当然得要对"本土"有所研究），其中一个重要原因即他发现，如果用当时流行的美国教材、只讲西方案例，学生因为没有背景知识，是不容易听得懂的（参见费孝通《乡土中国·后记》，《费孝通文集》第五卷，群言出版社，1999，第388~395页）。

创美好未来世界的人类学，理应是各种"土味"相融的人类学（欧美之"洋味"亦成为诸多"土味"中的一种）。没了"土味"，人类学则将成为少数人拥有花瓶中的珍品，甚或是特权。没了"土味"，人类学还将失去对"他者"报以关怀的温热灵魂，而只剩下冷漠的专业知识和技巧。没了"土味"，人类学也就不成其为人类学，可能根本就没有存在的必要了。

谭同学

2022 年 4 月 22 日

谨识于昆明金竹林书社

"后记"草稿写就后，曾传 Hans 先生雅正。他认为这是对其文有力的回应，论点总体上"公平而精准"、能接受，只是感觉依然没有解释清楚：为什么费孝通关于乡土中国的分析很有中国文化"本真性"乃至模式化意味，却能吸引到如此多中国同行和学生的注意（他很关心这一问题）。这个问题，我想可能已远非我们在这里三言两语能说得清楚，姑且留作以后另作专门讨论。其对学术讨论乃至批评大度而开放的心态，倒让我这"后记"写作显得颇有些较真和"小气"了。惟愿这些讨论能促使我们更好地反思当代（中国）人类学知识生产中的一些问题，及其方法论改进的可能性（而这正是本书所关心的主题），则较真和"小气"也算是有学术严谨上的必要吧。况且，在人类学智慧探索之路上，其实我辈仍属十分之年轻，尚可有些"气盛"而较真的理由？

2022 年 4 月 26 日补记

图书在版编目（CIP）数据

人类学方法论的中国视角／谭同学著. -- 北京：
社会科学文献出版社，2022.12（2023.12 重印）
ISBN 978-7-5228-0212-1

Ⅰ.①人⋯　Ⅱ.①谭⋯　Ⅲ.①人类学-方法论-研究
-中国　Ⅳ.①Q98-0

中国版本图书馆 CIP 数据核字（2022）第 099229 号

人类学方法论的中国视角

著　　者／谭同学

出 版 人／冀祥德
组稿编辑／曹义恒
责任编辑／吕霞云
责任印制／王京美

出　　版／社会科学文献出版社（010）59367126
　　　　　　地址：北京市北三环中路甲 29 号院华龙大厦　邮编：100029
　　　　　　网址：www.ssap.com.cn
发　　行／社会科学文献出版社（010）59367028
印　　装／唐山玺诚印务有限公司

规　　格／开本：787mm × 1092mm　1/16
　　　　　　印张：15.25　字数：235 千字
版　　次／2022 年 12 月第 1 版　2023 年 12 月第 2 次印刷
书　　号／ISBN 978-7-5228-0212-1
定　　价／98.00 元

读者服务电话：4008918866